SIEMENS

西门子S7-200 SMART PLC 应用技术

——编程、通信、装调、案例

北岛李工　编

U0194648

化学工业出版社
·北京·

本书对西门子 S7-200 SMART PLC 做了详细介绍，主要内容包括 PLC 硬件、PLC 软件、PLC 通信、PLC 现场装调及诊断、PLC 应用进阶，最后通过一个综合案例，帮助读者从项目全局的角度对 PLC 的应用进行综合理解。

本书完整地包括了西门子 S7-200 SMART PLC 从认识到编程、通信再到应用的整个流程，能够帮助技术人员快速掌握和使用 PLC。

图书在版编目（CIP）数据

西门子S7-200 SMART PLC应用技术：编程、通信、装调、案例 / 北岛李工编. —北京：化学工业出版社，2020.3（2024.6重印）

ISBN 978-7-122-35710-6

Ⅰ.①西…　Ⅱ.①北…　Ⅲ.① PLC 技术　Ⅳ.① TM571.61

中国版本图书馆 CIP 数据核字（2019）第 242468 号

责任编辑：宋　辉　　　　　　　　　　　　文字编辑：毛亚囡
责任校对：刘曦阳　　　　　　　　　　　　装帧设计：王晓宇

出版发行：化学工业出版社（北京市东城区青年湖南街13号　邮政编码100011）
印　　装：北京天宇星印刷厂
787mm×1092mm　1/16　印张24¾　字数618千字　2024年6月北京第1版第5次印刷

购书咨询：010-64518888　　　　　　　　售后服务：010-64518899
网　　址：http://www.cip.com.cn
凡购买本书，如有缺损质量问题，本社销售中心负责调换。

定　　价：88.00元　　　　　　　　　　　　　　　　　版权所有　违者必究

　　SIMATIC S7-200 SMART 是西门子公司针对中国小型自动化应用市场研发的一款高性价比 PLC 产品，其目标是逐步取代目前市场上的 S7-200 系列 PLC 产品。作为 SIMATIC 家族的新成员，S7-200 SMART 的市场定位是小型自动化应用场合，在 SIMATIC 家族中的地位介于 SIMATIC LOGO! PLC 和 SIMATIC S7-1200 系列 PLC 之间。

　　本书对西门子公司的小型 PLC 产品——S7-200 SMART 做了比较全面的介绍，主要包括如下内容。

　　第 1 章简单介绍 S7-200 SMART 的家族地位及产品特点。第 2 章主要介绍 S7-200 SMART 的电源模块、CPU 模块、输入 / 输出模块、扩展模块、通信模块、信号板、人机界面、存储卡等内容。第 3 章介绍 S7-200 SMART 的编程开发环境、编程的基本概念、常用指令、用户指令库、变量表、符号表的使用及系统块的组态等内容。第 4 章介绍基于 S7-200 SMART 的串行通信、PROFIBUS-DP 通信、以太网通信等内容，每一种通信都有详细的实例讲解。第 5 章介绍了硬件的安装、如何创建 PLC 程序并下载到 CPU 中、如何根据 CPU 的 LED 或内部缓存进行诊断等内容。第 6 章介绍基于 S7-200 SMART 的 PLC 高级应用技术，包括高速计数器的使用、PID 控制、脉宽调制（PWM）技术及运动控制等方面的内容。第 7 章通过燃油密封性监测系统的综合案例，使读者能够从项目全局的角度对本书的内容进行综合理解。

　　本书具有以下特点：

　　① 紧跟技术发展。工业自动化控制行业的技术更新换代很快，以 S7-200 SMART 为例，2019 年 3 月，西门子公布了 CPU V2.4 固件版本，从此标准型 CPU 开始支持 PROFINET 通信。这是个具有里程碑意义的事件，它标志着 S7-200 SMART 正式进入 PROFINET 大家庭，开启了"通信新纪元"。2020 年 1 月，西门子公司公布了 CPU V2.5 固件版本，标准型 CPU 可以作为智能设备（I-Device）使用。本书第一时间增加了 PROFINET 通信的章节（具体可以在 4.3.6 节查看）。

　　② 大量工程实例介绍。本书的第 3 章、第 4 章、第 6 章及第 7 章有大量的工程实例，使读者从实际例程中领会书中讲解的知识点，做到学以致用。

③ 工程实例贴近市场应用。本书的实例都是根据实际工程应用而设计的。例程中的传感器/执行器都使用市场上常用的产品，读者在实际项目中可以根据书中实例进行选型设计。

④ 必要的工艺介绍。工业自动化控制必须符合生产工艺，工艺是设计的依据，也是工控系统工作的目标。本书在编写时对必要的工艺进行了介绍（比如第 7 章的燃油密封性测试）。读者在清楚生产工艺的情况下，才能更好地理解系统的设计及程序代码。

⑤ 提供在线反馈交流。读者可以登录网站 https：//www.founderchip.com 与作者进行交流。

本书在编写过程中得到了程丽元、程金凤的帮助和支持，在此表示衷心的感谢。

尽管已经尽最大努力保证内容的正确性，但限于能力，仍然可能存在疏漏。望各位读者不吝批评指正。

李杰（北岛李工）

目录

PLC 软件

第4章

PLC 通信

第5章

PLC 现场装调及诊断

第6章

263

PLC 应用进阶

第 1 章 概述

1.1 S7-200 SMART 的家族地位

SIMATIC S7-200 SMART 是西门子公司针对中国小型自动化应用市场研发的一款高性价比 PLC 产品，其目标是逐步取代目前市场上的 S7-200 系列 PLC 产品。作为 SIMATIC 家族的新成员，S7-200 SMART 的市场定位是小型自动化应用场合，在 SIMATIC 家族中的地位介于 SIMATIC LOGO！ PLC 和 SIMATIC S7-1200 系列 PLC 之间。

图 1-1 列出了西门子 SIMATIC 家族所有的成员。

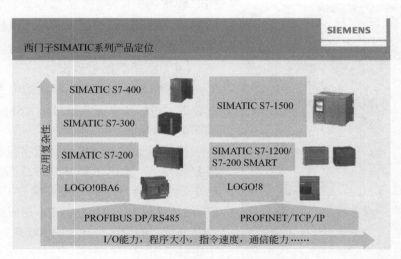

图 1-1 西门子 SIMATIC 家族所有的成员

图 1-1 的左边是 SIMATIC 家族的老成员，包括简单应用场合的"LOGO！ 0BA6"、中低端应用的 S7-200、中高端应用的 S7-300 及高端应用的 S7-400。这些产品有的已经停产

了（比如 S7-200），有的会逐步退出市场（比如 S7-300/400）。那些计划退出市场的老产品，会逐步被新产品取代。

图 1-1 的右边是 SIMATIC 家族的新成员，包括简单应用场合的"LOGO！8"、低端应用的 S7-200 SMART、中低端应用的 S7-1200 以及高端应用的 S7-1500。

本书的主角——S7-200 SMART 是在中国设计、研发和生产的，是为中国小型自动化客户量身打造的一款高性价比 PLC 产品，具有明显的价格优势及优良的性能。

1.2　S7-200 SMART 的产品特点

（1）CPU 芯片的运算速度更快

S7-200 SMART 的 CPU 模块使用西门子专用高速芯片，与 S7-200 相比，运算速度更快。S7-200 的布尔指令运算速度为 0.22μs/ 条，而 S7-200 SMART 的布尔指令的运算速度为 0.15μs/条。这个速度在同级别的小型 PLC 里遥遥领先，保证了对复杂程序的快速处理。

（2）存储区容量更大

S7-200 SMART CPU 模块的内置存储区比 S7-200 更大。S7-200 的 CPU226，其用户程序存储区大小为 20KB，用户数据存储区的大小为 10KB；而 S7-200 SMART 的 CPU ST60，其用户程序存储区的大小为 30KB，用户数据存储区的大小为 20KB。更大的存储容量意味着支持更大、更复杂的代码。

（3）机型丰富、模块多样

S7-200 SMART 提供标准型和经济型两个系列的 CPU 模块，标准型 CPU 模块包括 ST20/SR20、ST30/SR30、ST40/SR40、ST60/SR60；经济型 CPU 模块包括 CR20s、CR30s、CR40s 和 CR60s。CPU 模块本身集成了数字量信号输入 / 输出（DI/DO）通道，并且标准型 CPU 模块还支持使用扩展信号板来增加信号通道的数量，最多支持扩展 6 个信号模块，大大增强了信号处理能力。

（4）创新的信号板设计

S7-200 SMART CPU 模块的中央有一块预留的位置，可以用来安装信号板（Signal Board），如图 1-2 所示。

信号板支持的功能包括数字量输入 / 输出、模拟量输入 / 输出、RS485/RS232 通信、实时时钟电池等。通过将信号板安装在 CPU 模块上，既可以增加 CPU 的功能，又不占用额外的空间。这种创新式的设计，在 S7-1200 系列 PLC 的设计上也被采用。

图 1-2　S7-200 SMART 信号板

（5）通用 SD 卡，可及时更新固件

S7-200 SMART 标准型 CPU 支持使用市面上通用的 Micro SD 卡来进行 CPU 固件版本更新，省去了 CPU 返厂更新固件的不便，可以最大限度地利用新版本的优势，这是 S7-200

没有的功能。另外，通用 SD 卡还可以执行程序传输及恢复出厂默认设置的功能。

（6）集成以太网口，经济方便

S7-200 SMART 标准型 CPU 集成了以太网口，可以使用一根普通的网线将程序下载到 CPU 中，省去了专用编程电缆的费用，经济方便。该以太网口具有强大的以太网通信功能，可以与人机界面（HMI）、其他 CPU 模块及第三方以太网通信设备进行通信，可以十分方便地组建局域网。从 V2.4 版本开始该网口还支持 PROFINET 通信。

（7）CPU 模块集成工艺功能

S7-200 SMART CPU 模块支持高速脉冲输入计数。以 CPU ST40 为例，最多支持 6 个高速脉冲计数器（HSC），如果使用单相输入，最高支持 200kHz 的输入频率；如果使用 A/B 相输入，最高支持 100kHz 的输入频率。

S7-200 SMART CPU 模块支持高速脉冲输出。CPU ST40 最多支持 3 个 100kHz 的高速脉冲输出，支持脉冲串输出（PTO）和脉宽调制（PWM）两种方式，可以用来控制伺服驱动器进行调速或定位。

CPU 模块集成的这些工艺功能，可以进行 PID 控制和运动控制。同时其内部提供了 PID 和运动控制的指令库，编程十分方便。

（8）更加友好的编程开发环境

STEP7 Micro-WIN/SMART 是西门子专门为 S7-200 SMART PLC 打造的软件编程开发平台，秉承西门子编程软件的强大功能，融入了很多人性化的设计（例如全新的软件界面、新颖的带状菜单、移动式窗口界面、方便的程序注释及强大的密码保护功能），可以更快、更方便地进行编程开发。

（9）支持PROFINET通信协议

2019 年 3 月，V2.4 版本的 S7-200 SMART 标准型 CPU 集成的以太网口正式支持 PROFINET 协议。这标志着 SMART 系列 PLC 已经完全融入 SIMATIC 家族，这必将对 SMART 系列产品的更广泛的应用打下更加坚实的基础。V2.4 版本的 S7-200 SMART 标准型 CPU 最多支持 8 个 PROFINET 设备，每台设备最大支持 128 个字节的输入和 128 个字节输出；PROFINET 网络最多可以有 64 个模块。

2020 年 1 月，V2.5 版本发布，新版本可以使 S7-200 SMART 标准型 CPU 作为智能设备（I-Device）使用，最大支持 128 个输入字节和 128 个输出字节的数据交换区。

第2章 PLC硬件

2.1 电源模块

2.1.1 供电功率计算

　　S7-200 SMART 的 CPU 模块可以向外提供两种电源：直流 24V（DC）电源和直流 5V（DC）电源。直流 24V 电源用于模块的输入通道、输出继电器线圈及其他外部的传感器的供电。若输入/输出及外部传感器消耗的电流总和超过了 CPU 模块的供电能力，可以通过外接 24V DC 电源的方法进行补充。直流 5V 电源用来给扩展模块和信号板供电。

　　CPU 模块提供的 5V DC 的电流的大小，决定了能连接的模块的数量。若系统对 5V DC 电流需求的总和超过了 CPU 可提供的最大电流，则不能通过增加外部 5V 电源的方法进行补充，必须移除某些模块。

　　下面我们举例来讲解如何计算 S7-200 SMART 的电源需求。

　　假设系统由如下硬件组成：

　　① CPU ST40 DC/DC/DC；

　　② 2 个 EM DR08（8 通道数字量继电器输出）；

　　③ 2 个 EM DE16（16 通道数字量输入）；

　　④ 1 个 EM AQ02（2 通道模拟量输出）。

　　CPU ST40 可向外提供 5V DC 的最大电流为 1400mA；可向外提供 24V DC 的最大电流为 300mA。本身集成 24 个数字量输入通道，每个通道消耗 24V 电流 4mA，因此 CPU ST40 本身消耗 24V 电流 =4×24=96(mA)。EM DR08 每个输出通道消耗 24V 电流 11mA；整个模块消耗 5V 电流 120mA。EM DE16 每个输入通道消耗 24V 电流 4mA；整个模块消耗 5V 电流 105mA。EM AQ02 每个模拟量通道消耗 24V 电流 90mA；整个模块消耗 5V 电流 60mA。

系统电流消耗如表 2-1 所示。

表 2-1 S7-200 SMART 电源需求计算

CPU 供电能力	5V DC	24V DC
CPU ST40 DC/DC/DC	1400mA	300mA
减去		
系统组成	5V DC	24V DC
CPU ST40（集成 24 个数字量输入通道）		4×24=96(mA)
2 个 EM DR08（8 通道数字量继电器输出）	2×120=240(mA)	2×8×11=176(mA)
2 个 EM DE16（16 通道数字量输入）	2×105=210(mA)	2×16×4=128(mA)
1 个 EM AQ02（2 通道模拟量输出）	60(mA)	1×2×90=180(mA)
电流总需求	510mA	580mA
电流差值	890mA	-280mA

从表 2-1 中可以看出，CPU ST40 能满足该系统对 5V 电源的需求（电流差值 890mA），但是不能满足系统对 24V 电源的需求（电流差值为 -280mA）。因此，该系统必须增加外部电源才能满足所有输入、输出对 24V 电流的消耗。

 建议将外部 24V DC 电源与 CPU 的 24V 电源的公共端接在一起，但是不要将正极并联。两者应该分别连接到不同的供电点。

2.1.2 PM207 电源模块

PM207 是西门子为 S7-200 SMART 量身打造的电源模块。名称中的"PM"为"电源模块"。PM207 目前总共有三种型号：PM207 24V/3A、PM207 24V/5A 和 PM207 24V/10。其外形和设计与 S7-200 SMART 完美匹配，能够把输入的交流电（AC）经过整流、滤波后变成直流电（DC）进行输出。同时，也能连接直流电网。也就是说，输入端也能接受直流电。当输入端连接交流电时，其输入电压的范围为 85 ～ 264V AC，电流的频率为 50Hz 或者 60Hz（我国交流电的频率为 50Hz）；当输入端连接直流电时，其输入电压的范围为 88 ～ 370V DC。以 PM207 24V/5A 为例，其额定输出电压为 24V DC，且输出电压的范围可调，为 22.8 ～ 26.4V DC，额定输出电流为 5A；建议使用额定电流为 10A、脱扣特性为 C型的微型断路器。

PM207 24V/5A 的外观如图 2-1 所示。

在图 2-1 中，PM207 模块的下端有三个接线端子：L、

图 2-1 PM207 24V/5A 外观

N 和 PE。当使用交流供电时，"L"接相线，"N"接中性线，"PE"接保护地线；当使用直流电供电时，"L"接正极，"N"接负极。在底部接线端子的上部，有一个可调旋钮，可以调节输出电压的大小，其范围为：22.8 ～ 26.4V DC。可调旋钮的上面有一个 LED 指示灯，当输出电压正常时会点亮，为绿色。最上部的四个接线端子为输出电压的接线端子，左边两个为正极，右边两个为负极。

PM207（24V/3A、24V/5A 和 24V/10A）三种型号的模块有很多相似之处，比如：输入电压 / 频率；输出电压范围；防护等级（均为 IP20）；安装导轨尺寸（35mm DIN）。其主要区别在于额定输出电流的不同，分别是 3A、5A 和 10A。当然，其输入电流也是不同的。另外在外形尺寸上，PM207 24V/10A 模块是最大的，为 60mm×125mm×125mm，其质量为 0.925kg；PM207 24V/3A 模块的外形尺寸最小，为 45mm×100mm×81mm，质量为 0.46kg。

2.2 CPU 模块

2.2.1 CPU 模块概述

S7-200 SMART 系列 PLC 的 CPU 模块可以分为标准型和经济型两种。标准型 CPU 的名称以"S"开头（Standard 的首字母），比如 CPU SR40；经济型 CPU 的名称以"C"开头（Compact 的首字母），比如 CPU CR60s。

CPU SR40 的外观如图 2-2 所示。

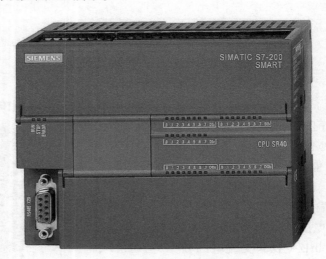

图 2-2　CPU SR40 外观

标准型 CPU 有如下几个特点：

① 最多支持 6 个扩展信号模块；

② 最多支持 1 个信号板；

③ 集成 Micro SD 卡的插槽，可以使用市面上通用的 Micro SD 卡；

④ 集成 1 个 RJ45 网口，支持使用以太网连接编程设备（PG/PC）或者人机界面（HMI），

支持基于以太网的通信协议（TCP/IP 协议集）；

⑤ V2.4 以上固件版本可通过 RJ45 网口进行 PROFINET 通信；

⑥ 支持实时时钟和数据日志。

目前，S7-200 SMART 推出的标准型 CPU 包括：ST20 DC/DC/DC、SR20 AC/DC/Relay、ST30 DC/DC/DC、SR30 AC/DC/Relay、ST40 DC/DC/DC、SR40 AC/DC/Relay、ST60 DC/DC/DC、SR60 AC/DC/Relay。

经济型 CPU 与标准型 CPU 相比，具有如下特点：

① 不支持扩展信号模块；

② 不支持信号板；

③ 没有集成 Micro SD 卡插槽，不能使用 Micro SD 卡；

④ 没有集成 RJ45 网口，不支持以太网通信；

⑤ 支持使用 RS485 接口进行编程，可通过 RS485 接口连接人机界面（HMI）。

目前，S7-200 SMART 推出的经济型 CPU 模块包括：CR20s AC/DC/Relay、CR30s AC/DC/Relay、CR40s AC/DC/Relay、CR60s AC/DC/Relay。

无论是标准型 CPU 还是经济型 CPU，其模块本身都集成了数字量输入/输出（DI/DO）通道。不同型号的 CPU 集成的 DI/DO 的数量不同，但二者的比例都为 3：2。

2.2.2　标准型 CPU 模块的特点

本节以 ST40 为代表，介绍标准型 CPU 模块的特点。CPU ST40 的全称是"CPU ST40 DC/DC/DC"。

CPU ST40 的尺寸为 125mm×100mm×81mm（宽度 × 高度 × 厚度），功率为 18W。其外观如图 2-3 所示。

CPU ST40 模块的左下角是 RS485 接口，编号为 X20。其右边是一个端盖，掀开盖子可以看到两个接线端子排，左边编号为 X12，右边编号为 X13，如图 2-4 所示。X12 和 X13 是数字量输出的接线端子排，其具体的针脚定义见表 2-2（X12）和表 2-3（X13）。

图 2-3　CPU ST40 外观

图 2-4　CPU ST40 接线端子排

表 2-2　CPU ST40 接线端子排 X12 针脚定义

X12 端子	名称	功能描述
1	2L+	24V+（电源）
2	2M	0V
3	DQa.0	数字量输出 -Q0.0
4	DQa.1	数字量输出 -Q0.1
5	DQa.2	数字量输出 -Q0.2
6	DQa.3	数字量输出 -Q0.3
7	DQa.4	数字量输出 -Q0.4
8	DQa.5	数字量输出 -Q0.5
9	DQa.6	数字量输出 -Q0.6
10	DQa.7	数字量输出 -Q0.7
11	3L+	24V+（电源）

表 2-3　CPU ST40 接线端子排 X13 针脚定义

X13 端子	名称	功能描述
1	3M	0V
2	DQb.0	数字量输出 -Q1.0
3	DQb.1	数字量输出 -Q1.1
4	DQb.2	数字量输出 -Q1.2
5	DQb.3	数字量输出 -Q1.3
6	DQb.4	数字量输出 -Q1.4
7	DQb.5	数字量输出 -Q1.5
8	DQb.6	数字量输出 -Q1.6
9	DQb.7	数字量输出 -Q1.7
10	L+	24V+（直流输出）
11	M	0V

　　端子排 X13 的上方是一个微型 SD 卡插槽（Micro SD Card），可以使用市面上通用的 SD 卡。微型 SD 卡可用于固件升级或程序传输，具体请参考 2.14.1 节。
　　CPU ST40 模块的上部也有一个端盖，掀开后可以看到两个接线端子排，左边编号为 X10，右边编号为 X11，这是数字量输入和电源供电的地方。其中 X11 的 18 号端子为 24V 供电的正极，19 号为负极，20 号为功能性接地。端子排 X10 的针脚定义见表 2-4。端子排 X11 的针脚定义见表 2-5。

表 2-4 CPU ST40 接线端子排 X10 针脚定义

X10 端子	名称	功能描述
1	1M	0V
2	DIa.0	数字量输入 -I0.0
3	DIa.1	数字量输入 -I0.1
4	DIa.2	数字量输入 -I0.2
5	DIa.3	数字量输入 -I0.3
6	DIa.4	数字量输入 -I0.4
7	DIa.5	数字量输入 -I0.5
8	DIa.6	数字量输入 -I0.6

表 2-5 CPU ST40 接线端子排 X11 针脚定义

X11 端子	名称	功能描述
1	DIa.7	数字量输入 -I0.7
2	DIb.0	数字量输入 -I1.0
3	DIb.1	数字量输入 -I1.1
4	DIb.2	数字量输入 -I1.2
5	DIb.3	数字量输入 -I1.3
6	DIb.4	数字量输入 -I1.4
7	DIb.5	数字量输入 -I1.5
8	DIb.6	数字量输入 -I1.6
9	DIb.7	数字量输入 -I1.7
10	DIc.0	数字量输入 -I2.0
11	DIc.1	数字量输入 -I2.1
12	DIc.2	数字量输入 -I2.2
13	DIc.3	数字量输入 -I2.3
14	DIc.4	数字量输入 -I2.4
15	DIc.5	数字量输入 -I2.5
16	DIc.6	数字量输入 -I2.6
17	DIc.7	数字量输入 -I2.7
18	L+	24V+（电源）
19	M	0V
20	GND	功能性接地

在端子排 X10 的左边有 1 个 RJ45 网口，可以用来连接以太网，如图 2-5 所示。该网口具有网线自动交叉功能，支持 10MB/100MB 的数据传输速率，支持 TCP/IP 协议集及 PROFINET 协议。

ST40 CPU 模块的中央有个方形的盖板，可以用来插接信号板（Signal Board），具体请参考 2.9 节。

ST40 CPU 模块提供了很多指示 LED 灯，用来指示 CPU 模块的状态。比如 CPU 的运行（RUN）、停止（STOP）、报错（ERROR）指示灯，数字量输入 / 输出指示灯，以太网网络连接（LINK）和数据传输（Rx/Tx）指示灯等，如图 2-6 所示。

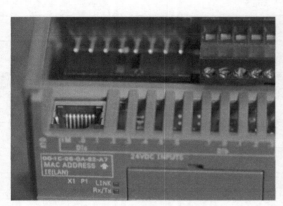

图 2-5　CPU 模块的 RJ45 网口　　　　　图 2-6　CPU 模块上的 LED 指示灯

S7-200 SMART CPU 的存储区分为用户存储区和系统存储区。用户存储区又分为程序存储区、数据存储区和保持存储区。系统存储区包括过程映像区、模拟量存储区、位存储区、临时存储区、顺序控制继电器存储区。

CPU ST40 的用户程序存储区的大小为 24KB；用户数据存储区的大小为 16KB；保持存储区的大小为 10KB。CPU ST40 的过程映像区包括 256 位的输入映像和 256 位的输出映像；模拟量存储区包括 56 字的输入和 56 字的输出；位存储区的大小为 256 位；每一个程序组织单元（POU）都有 64 个字节的临时存储区；顺序控制继电器存储区的大小为 256 位。

CPU ST40 最多支持 6 个扩展模块和 1 个信号板模块。

CPU ST40 集成了 6 路高速脉冲计数器：在单相脉冲输入的情况下，其中 4 路最大支持 200kHz 的脉冲输入，两位 2 路支持 30kHz 的脉冲输入；在 A/B 相脉冲输入的情况下，最大支持 100kHz 的脉冲输入。

CPU ST40 集成了 3 路高速脉冲输出通道，最高输出频率为 100kHz；集成了 14 路脉冲输入捕获，可以捕获快速的脉冲信号。

CPU ST40 的接线图见附录中附图 1-3。

2.2.3　经济型 CPU 模块的特点

本节以 CR60s 为代表，介绍经济型 CPU 模块的特点。CPU CR60s 的全称是"CPU

CR60s AC/DC/Relay"。

　　CPU CR60s 的尺寸为 175mm×100mm×81mm（宽度 × 高度 × 厚度），功率为 10W。其外观如图 2-7 所示。

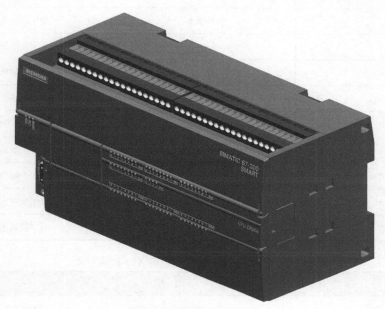

图 2-7　CPU CR60s 外观

　　与 CPU ST40 相同，CPU CR60s 的左下角也是 RS485 接口，编号为 X20。

　　在 X20 的右边是一个端盖，打开盖子可以看到两个接线端子排，左边编号为 X12，右边编号为 X13。X12 和 X13 均为继电器输出通道的接线端子排。

　　X12 总共有 20 个端子，各端子的定义见表 2-6。X13 总共有 10 个接线端子，各端子的定义见表 2-7。

表 2-6　CPU CR60S 接线端子排 X12 针脚定义

X12 端子	名称	功能描述
1	1L	24V+（电源）
2	DQa.0	数字量输出 -Q0.0
3	DQa.1	数字量输出 -Q0.1
4	DQa.2	数字量输出 -Q0.2
5	DQa.3	数字量输出 -Q0.3
6	2L	24V+（电源）
7	DQa.4	数字量输出 -Q0.4
8	DQa.5	数字量输出 -Q0.5
9	DQa.6	数字量输出 -Q0.6
10	DQa. 7	数字量输出 -Q0.7

续表

X12 端子	名称	功能描述
11	3L	24V+（电源）
12	DQb.0	数字量输出 -Q1.0
13	DQb.1	数字量输出 -Q1.1
14	DQb.2	数字量输出 -Q1.2
15	DQb.3	数字量输出 -Q1.3
16	4L	24V+（电源）
17	DQb.4	数字量输出 -Q1.4
18	DQb.5	数字量输出 -Q1.5
19	DQb.6	数字量输出 -Q1.6
20	DQb.7	数字量输出 -Q1.7

表 2-7　CPU CR60s 接线端子排 X13 针脚定义

X13 端子	名称	功能描述
1	5L	24V+（电源）
2	DQc.0	数字量输出 -Q2.0
3	DQc.1	数字量输出 -Q2.1
4	DQc.2	数字量输出 -Q2.2
5	DQc.3	数字量输出 -Q2.3
6	6L	24V+（电源）
7	DQc.4	数字量输出 -Q2.4
8	DQc.5	数字量输出 -Q2.5
9	DQc.6	数字量输出 -Q2.6
10	DQc.7	数字量输出 -Q2.7

　　CPU 模块的上端也有两个接线端子排，左边编号为 X10，右边编号为 X11，均为数字量输入的接线端子排。X10 总共有 20 个接线端子，各端子的定义见表 2-8。X11 总共有 20 个接线端子，其中第 18、19 号端子用来给 CPU 模块供电。该 CPU 模块使用 120 ～ 240V 的交流电作为电源，18 号端子连接相线（L），19 号端子连接中性线（N），20 号端子为功能性接地。从 1 号到 17 号，均为数字量输入端子，其定义见表 2-9。

表 2-8　CPU CR60s 接线端子排 X10 针脚定义

X10 端子	名称	功能描述
1	1M	0V

X10 端子	名称	功能描述
2	DIa.0	数字量输入 -I0.0
3	DIa.1	数字量输入 -I0.1
4	DIa.2	数字量输入 -I0.2
5	DIa.3	数字量输入 -I0.3
6	DIa.4	数字量输入 -I0.4
7	DIa.5	数字量输入 -I0.5
8	DIa.6	数字量输入 -I0.6
9	DIa.7	数字量输入 -I0.7
10	DIb.0	数字量输入 -I1.0
11	DIb.1	数字量输入 -I1.1
12	DIb.2	数字量输入 -I1.2
13	DIb.3	数字量输入 -I1.3
14	DIb.4	数字量输入 -I1.4
15	DIb.5	数字量输入 -I1.5
16	DIb.6	数字量输入 -I1.6
17	DIb.7	数字量输入 -I1.7
18	DIc.0	数字量输入 -I2.0
19	DIc.1	数字量输入 -I2.1
20	DIc.2	数字量输入 -I2.2

表 2-9 CPU CR60s 接线端子排 X11 针脚定义

X11 端子	名称	功能描述
1	DIc.3	数字量输入 -I2.3
2	DIc.4	数字量输入 -I2.4
3	DIc.5	数字量输入 -I2.5
4	DIc.6	数字量输入 -I2.6
5	DIc.7	数字量输入 -I2.7
6	DId.0	数字量输入 -I3.0
7	DId.1	数字量输入 -I3.1
8	DId.2	数字量输入 -I3.2
9	DId.3	数字量输入 -I3.3
10	DId.4	数字量输入 -I3.4
11	DId.5	数字量输入 -I3.5

续表

X11 端子	名称	功能描述
12	DId.6	数字量输入 -I3.6
13	DId.7	数字量输入 -I3.7
14	DIe.0	数字量输入 -I4.0
15	DIe.1	数字量输入 -I4.1
16	DIe.2	数字量输入 -I4.2
17	DIe.3	数字量输入 -I4.3
18	L1	120 ～ 240V AC（相线）
19	N	中性线
20	GND	功能性接地（地线）

CPU CR60s 的用户存储区中程序存储区的大小为 12 KB，用户数据存储区的大小为 8 KB，保持存储区的大小为 2 KB。系统存储区中过程输入缓存区的大小为 256 位，输出缓存区的大小为 256 位，位存储区的大小为 256 位。

CPU CR60s 板载 36 个数字量输入通道和 24 个数字量输出通道，没有模拟量存储区，不支持信号模块的扩展，不支持信号板的扩展。

CPU CR60s 集成了 4 个高速计数器，单相最高输入频率 100kHz，A/B 相输入频率 50kHz；没有高速脉冲输出功能。

CPU CR60s 没有集成以太网网口，不能进行以太网通信；集成的 RS485 接口（X20）可以连接人机界面（HMI）或变频器，串口有光电隔离，支持 Modbus-RTU、USS、自由口通信协议；不支持 PROFIBUS 通信协议。

CPU CR60s 的接线图见附录中附图 1-4。

2.3 数字量输入模块

2.3.1 数字量输入模块概述

在工控行业中，"数字量"又称为"开关量"。顾名思义，它有"开"和"关"两种状态，反映在信号值上就是"1"和"0"两种值。数字量输入模块（Digital Input Module）用来接收外部的开关信号输入，并把接收到的信号传递给 CPU。

图 2-8 是典型的数字量输入电气原理图。电路中的按钮是外部数字量输入元件。当按下按钮后，电流从 24V 电源的正极流入到数字量输入模块中，此时模块的输入通道能检测到输入信号，因此该通道的值为 1；当松开按钮时，电路断开，模块的输入通道检测不到电流，因此通道的值为 0。

其实数字量模块除了有外部输入电路，还有内部的检测电路，而且内部和外部电路没有电气上的连接，是通过光电耦合在一起的，也就是常说的光电耦合电路。

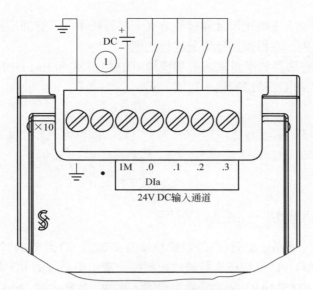

图 2-8　数字量输入电气原理图

　　PLC 的数字量输入有两种方式：源型输入和漏型输入。所谓"源型输入"，是指电流从模块的公共端流入，从模块的通道流出的方式。公共端作为电源正极（共阳极），外部的输入线路相当于电源的负极。源型输入可以等效为在模块内部连接一节干电池，电池的负极连接在 PLC 输入模块的公共端，电池的正极经过输入通道连接到开关，再从开关连接到公共端。当开关闭合后，电流从模块的输入通道流出，经过开关后，从模块的公共端流回到负极。数字量输入通道的内部有光耦合电路，所以不用担心开关闭合会造成短路。源型输入电气原理图如图 2-9 所示。所谓"漏型输入"，是指电流经过外部开关，从模块的通道流入到模块内部，再经过内部电路，从公共端流出的输入方式。公共端作为电源负极（共阴极）。漏型输入相当于在模块外部连接一节干电池，电池的正极连接开关一端，再从开关另一端连接到输入通道，然后经过模块内部电路从公共端流出返回到电池的负极。漏型输入电气原理图如图 2-10 所示。

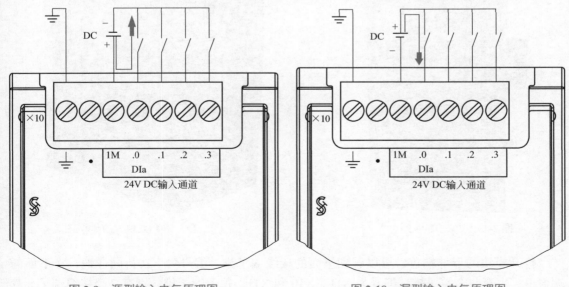

图 2-9　源型输入电气原理图　　　　　　　图 2-10　漏型输入电气原理图

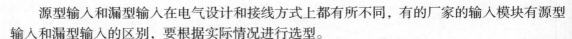

源型输入和漏型输入在电气设计和接线方式上都有所不同，有的厂家的输入模块有源型输入和漏型输入的区别，要根据实际情况进行选型。

S7-200 SMART 有两种数字量输入扩展模块：EM DE08 和 EM DE16。这两种模块既支持源型输入接线方式，也支持漏型输入接线方式。

 严格来讲，数字量并不等于开关量，但我们在讲述 PLC 的数字量模块时，由于这些模块通道的值仅有 0 和 1 两种状态，因此也将其称为开关量。

2.3.2 数字量输入模块——EM DE08

在系统 I/O 点数（通道）超过了 CPU 模块本身集成的 I/O 点数的时候，S7-200 SMART 标准型 CPU 模块还支持通过扩展模块来扩展系统的 I/O 点数。

EM DE08 是 S7-200 SMART 的扩展数字量输入模块，名称中的 "EM" 是英文 "Expansion Module" 的缩写，中文翻译为 "扩展模块"；"DE" 是 "数字量输入" 的缩写，"08" 表示有 8 个输入通道。EM DE08 的外观如图 2-11 所示。

EM DE08 的外形尺寸为 45mm×100mm×81mm（宽度 × 高度 × 厚度），EM DE08 消耗背板 5V 电流 105mA，每个输入通道消耗 24V 传感器电流 4mA；模块功耗为 1.5W。

模块的左边有一个插接销，可以连接到标准型 CPU 模块或者其他扩展模块上；模块右边的插接孔可以继续扩展其他模块，如图 2-12 所示。

图 2-11　EM DE08 外观

图 2-12　EM DE08 右侧插接孔

打开模块的上部端盖，可以看到里面的接线端子排，编号为 X10；同样地，在下面的端盖里，也有一个端子排，编号为 X11。X10 和 X11，每个端子排分别有 7 个接线端子。其中 X10-1 为功能性接地，X10-3 为公共端，X10-4 ～ X10-7 为 4 个输入通道（a.0 ～ a.3）；
X11-3 为公共端，X11-4 ～ X11-7 为 4 个输入通道（a.4 ～ a.7）。

X10 和 X11 中端子的定义如表 2-10 所示。

表 2-10　EM DE08 接线端子定义

端子	X10	X11
1	功能性接地	无连接
2	无连接	无连接
3	1M	2M
4	DI a.0	DI a.4
5	DI a.1	DI a.5
6	DI a.2	DI a.6
7	DI a.3	DI a.7

EM DE08 的每一个输入通道都有一个 LED 指示灯，当通道有输入信号时，相应的 LED
灯会亮起。EM DE08 的输入通道既支持源型输入（Sourcing Input），又支持漏型输入（Sinking
Input）。漏型输入接线图见附录中附图 2-1。

EM DE08 模块上有一个 DIAG 的诊断指示灯，当模块有故障时，DIAG 指示灯会红色闪烁。

2.3.3　数字量输入模块——EM DE16

EM DE16 是具有 16 个输入通道的数字量扩展模块，其外形尺寸为 45mm×100mm×
81mm（宽度 × 高度 × 厚度）。EM DE16 消耗背板 5V 电流 105mA，每个输入通道消耗
24V 传感器电流 4mA；模块功耗为 2.3W。EM DE16 外观如图 2-13 和图 2-14 所示。

图 2-13　EM DE16 实物外观

图 2-14　EM DE16 模型外观

EM DE16 上面端盖里有两个接线端子排，分别是 X10 和 X11；下面端盖里有两个

接线端子排，分别是 X12 和 X13。每个接线端子排有 7 个接线端子，各端子的定义见表 2-11。

表 2-11　EM DE16 接线端子定义

端子	X10	X11	X12	X13
1	无连接	功能性接地	无连接	无连接
2	无连接	无连接	无连接	无连接
3	1M	2M	3M	4M
4	DI a.0	DI a.4	DI b.0	DI b.4
5	DI a.1	DI a.5	DI b.1	DI b.5
6	DI a.2	DI a.6	DI b.2	DI b.6
7	DI a.3	DI a.7	DI b.3	DI b.7

EM DE16 的每一个输入通道都有一个 LED 指示灯，当通道有输入信号时，相应的 LED 灯会亮起。EM DE16 的输入通道既支持源型输入，又支持漏型输入。漏型输入接线图见附录中的附图 2-2。

2.4　数字量输出模块

2.4.1　数字量输出模块概述

根据输出类型的不同，S7-200 SMART 系列 PLC 的数字量输出模块可分为晶体管输出型和继电器输出型。根据输出通道数量的不同可分为 8 通道型和 16 通道型。两者的组合产生了 4 种类型：8 通道晶体管输出型（EM DT08）、8 通道继电器输出型（EM DR08）、16 通道晶体管输出型（EM QT16）和 16 通道继电器输出型（EM QR16）。

继电器输出型和晶体管输出型的区别：

① 继电器输出型比晶体管输出型能承受更大的电流。比如，EM DR08 每个通道可以承载最大 2A 的电流；而同系列的晶体管输出型 EM DT08，每个通道最大承载 0.75A 的电流。

② 继电器输出型可以接交流负载，也可以接直流负载；晶体管输出型只能接直流负载。

③ 继电器输出型由于机械特性，不适合作为脉冲串（PTO）输出。如果要使用 PTO 来控制伺服驱动器，必须选择晶体管输出型的 CPU 模块。

④ 继电器输出型触点有寿命，S7-200 SMART CPU 模块继电器输出型在负载情况下能开合 10 万次；晶体管输出型没有开合的次数限制。

2.4.2　数字量输出模块——EM DT08

EM DT08 是具有 8 个晶体管型输出通道的数字量输出模块，其外形尺寸为 45mm×100mm×81mm（宽度 × 高度 × 厚度）。每个 EM DT08 消耗背板 5V 电流 120mA。图 2-15 是 EM DT08 的实物外观。

EM DT08 有上下两个接线端子排，上面的编号为
X10，下面的编号为 X11。该模块需要外接 24V DC 电源，
电压范围为 20.4 ～ 28.8 V DC。X10-1 号为电源正极，
X10-2 为电源负极，X10-3 为功能性接地；X11-2 号为电
源正极，X11-3 为电源负极。详细的端子定义见表 2-12。

表 2-12　EM DT08 端子针脚定义

端子	X10	X11
1	1L+/24V DC	无连接
2	1M/24V DC	2L+/24V DC
3	功能性接地	2M/24V DC
4	DQ a.0	DQ a. 4
5	DQ a.1	DQ a. 5
6	DQ a.2	DQ a. 6
7	DQ a.3	DQ a. 7

图 2-15　EM DT08 实物外观

　　EM DT08 的输出通道均为源型输出。EM DT08 接线图（源型）见附录中附图 3-1。

2.4.3　数字量输出模块——EM DR08

　　EM DR08 是继电器输出型数字量模块，总共有 8 个输出通道，模块的外形尺寸为 45mm×
100mm×81mm（宽度 × 高度 × 厚度）。每个 EM DR08 模块消耗背板 5V 电流 120mA，
每个继电器输出线圈消耗 24V 传感器电流 11mA。图 2-16 是 EM DR08 的外观。

　　EM DR08 模块的上部和下部各有一个接线端子
排，编号分别为 X10 和 X11。各端子的定义见表 2-13。
EM DR08 的接线图见附录中附图 3-2。

表 2-13　EM DR08 端子针脚定义

端子	X10	X11
1	1L+/24V DC	功能性接地
2	1M/24V DC	无连接
3	1L	2L
4	DQ a.0	DQ a. 4
5	DQ a.1	DQ a. 5
6	DQ a.2	DQ a. 6
7	DQ a.3	DQ a. 7

图 2-16　EM DR08 外观

2.4.4 数字量输出模块——EM QT16

EM QT16 是具有 16 个晶体管输出通道的数字量输出模块，其外形尺寸为 45mm×100mm×81mm（宽度 × 高度 × 厚度）。每个 EM QT16 模块消耗背板 5V 电流 120mA，消耗 24V 传感器电流 50mA。

EM QT16 的输出通道仅支持源型输出，上下各有两个接线端子排。上面两个端子排编号为 X10 和 X11，下面两个端子排编号为 X12 和 X13。端子排中各端子的定义见表 2-14。EM QT16 的接线原理图（源型）见附录中附图 3-3。

表 2-14 EM QT16 端子针脚定义

端子	X10	X11	X12	X13
1	无连接	1L+/24V DC	4L+/24V DC	无连接
2	DQ a.0	1M/24V DC	4M/24V DC	DQ b.2
3	DQ a.1	功能性接地	无连接	DQ b.3
4	DQ a.2	2L+/24V DC	3L+/24V DC	DQ b.4
5	DQ a.3	2M/24V DC	3M/24V DC	DQ b.5
6	DQ a.4	DQ a.6	DQ b.0	DQ b.6
7	DQ a.5	DQ a.7	DQ b.1	DQ b.7

2.4.5 数字量输出模块——EM QR16

EM QR16 是具有 16 个通道的继电器型数字量输出模块，模块的外形尺寸为 45mm×100mm×81mm（宽度 × 高度 × 厚度）。每个 EM QR16 模块消耗背板 5V 电流 110mA；当所有的输出通道均接通时，总计可消耗 24V 传感器电流 150mA。EM QR16 的外观如图 2-17 所示。

EM QR16 模块的上部和下部各有两个接线端子排，上面两个端子排编号为 X10 和 X11；下面两个端子排编号为 X12 和 X13。各端子的定义见表 2-15。EM QR16 的接线图见附录中附图 3-4。

图 2-17 EM QR16 外观

表 2-15 EM QR16 端子针脚定义

端子	X10	X11	X12	X13
1	1L	1L+/24V DC	无连接	4L
2	DQ a.0	1M/24V DC	无连接	DQ b.2
3	DQ a.1	功能性接地	无连接	DQ b.3
4	DQ a.2	无连接	无连接	DQ b.4
5	DQ a.3	2L	3L	DQ b.5
6	DQ a.4	DQ a.6	DQ b.0	DQ b.6
7	DQ a.5	DQ a.7	DQ b.1	DQ b.7

2.5　数字量输入及输出模块

2.5.1　数字量输入及输出模块概述

　　之前介绍的数字量输入模块的通道全部是输入型，而数字量输出模块的通道全是输出型。如果工程项目还需要少量的输入及少量的输出通道，就需要分别购买数字量输入及数字量输出模块才能满足要求。有没有一种模块，其本身既集成了数字量输入通道，又集成了数字量输出通道呢？

　　S7-200 SMART 的设计人员考虑到了这种需求，提供了四种同时集成数字量输入及输出的模块，分别是：EM DT16、EM DR16、EM DT32 和 EM DR32。

2.5.2　数字量输入及输出模块——EM DT16

　　EM DT16 是具有 8 通道的数字量输入及 8 通道的晶体管输出型数字量模块，模块的外形尺寸为 45mm×100mm×81mm（宽度 × 高度 × 厚度）。每个 EM DT16 模块消耗背板 5V 电流 145mA，每个输入通道消耗 24V 传感器电流 4mA。

　　EM DT16 上下各有两个接线端子排，上面两个编号为 X10 和 X11，为数字量输入接线端子；下面两个编号为 X12 和 X13，为数字量输出接线端子。各接线端子的定义见表 2-16。

表 2-16　EM DT16 端子针脚定义

端子	X10	X11	X12	X13
1	无连接	功能性接地	无连接	无连接
2	无连接	无连接	3L+/24V DC	4L+/24V DC
3	1M	2M	3M	4M
4	DI a.0	DI a.4	DQ a.0	DQ a.4
5	DI a.1	DI a.5	DQ a.1	DQ a.5
6	DI a.2	DI a.6	DQ a.2	DQ a.6
7	DI a.3	DI a.7	DQ a.3	DQ a.7

　　EM DT16 的数字量输入通道既支持源型接线方式，也支持漏型接线方式，而数字量输出通道仅支持漏型接线方式。EM DT16 的接线图见附录中附图 4-1。

2.5.3　数字量输入及输出模块——EM DR16

　　EM DR16 模块具有 8 个数字量输入通道和 8 个继电器型数字量输出通道，其外形尺寸为 45mm×100mm×81mm（宽度 × 高度 × 厚度）。每个模块消耗背板 5V 电流 145mA；模块的每个数字量输入通道消耗 24V 传感器电流 4mA，每个继电器线圈消耗 24V 传感器电流 11mA。

　　EM DR16 上下各有两个接线端子排，上面两个编号为 X10 和 X11，为数字量输入接线端子；下面两个编号为 X12 和 X13，为数字量输出接线端子。各接线端子的定义见表 2-17。

表 2-17　EM DR16 接线端子定义

端子	X10	X11	X12	X13
1	L+/24V DC	功能性接地	无连接	无连接
2	M/24V DC	无连接	无连接	无连接
3	1M	2M	1L	2L
4	DI a.0	DI a.4	DQ a.0	DQ a.4
5	DI a.1	DI a.5	DQ a.1	DQ a.5
6	DI a.2	DI a.6	DQ a.2	DQ a.6
7	DI a.3	DI a.7	DQ a.3	DQ a.7

图 2-18　EM DT32 外观

EM DR16 的数字量输入通道既支持源型接线方式，也支持漏型接线方式；而数字量输出通道为继电器的常开触点，在负载情况下，支持 10 万次的开合。EM DR16 的接线图见附录中附图 4-2。

2.5.4　数字量输入及输出模块——EM DT32

EM DT32 是具有 16 通道的数字量输入及 16 通道的晶体管输出型数字量模块，模块的外形尺寸为 70mm×100mm×81mm（宽度×高度×厚度）。该模块消耗背板 5V 电流 185mA，每个输入通道消耗 24V 传感器电流 4mA。模块的外观如图 2-18 所示。

EM DT32 上下各有两个接线端子排，上面两个编号为 X10 和 X11，为数字量输入接线端子；下面两个编号为 X12 和 X13，为数字量输出接线端子。每个端子排有 11 个接线端子，各接线端子的定义见表 2-18。

表 2-18　EM DT32 接线端子定义

端子	X10	X11	X12	X13
1	4L+/24V DC	功能性接地	3L+/24V DC	DQ b.0
2	4M/24V DC	无连接	3M/24V DC	DQ b.1
3	1M	2M	DQ a.0	DQ b.2
4	DI a.0	DI b.0	DQ a.1	DQ b.3
5	DI a.1	DI b.1	DQ a.2	无连接
6	DI a.2	DI b.2	DQ a.3	5L+/24V DC
7	DI a.3	DI b.3	DQ a.4	5M/24V DC
8	DI a.4	DI b.4	DQ a.5	DQ b.4

端子	X10	X11	X12	X13
9	DI a.5	DI b.5	DQ a.6	DQ b.5
10	DI a.6	DI b.6	DQ a.7	DQ b.6
11	DI a.7	DI b.7	无连接	DQ b.7

EM DT32 的输入通道既支持源型接线方式，也支持漏型接线方式，而输出通道仅支持漏型接线方式。其接线图见附录中附图 4-3。

2.5.5　数字量输入及输出模块——EM DR32

EM DR32 模块具有 16 个数字量输入通道及 16 个继电器型数字量输出通道，模块的外形尺寸为 70mm×100mm×81mm（宽度 × 高度 × 厚度）。该模块消耗背板 5V 电流 180mA；每个输入通道消耗 24V 传感器电流 4mA，每个继电器线圈消耗 24V 传感器电流 11mA。模块的外观如图 2-19 所示。

EM DR32 上下各有两个接线端子排，上面两个编号为 X10 和 X11，为数字量输入接线端子；下面两个编号为 X12 和 X13，为数字量输出接线端子。每个端子排有 11 个接线端子，各接线端子的定义见表 2-19。

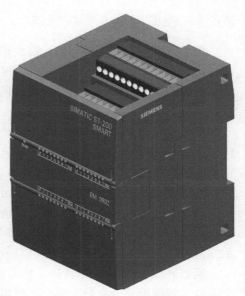

图 2-19　EM DR32 外观

表 2-19　EM DR32 接线端子定义

端子	X10	X11	X12	X13
1	L+/24V DC	功能性接地	1L	3L
2	M/24V DC	无连接	DQ a.0	DQ b.0
3	1M	2M	DQ a.1	DQ b.1
4	DI a.0	DI b.0	DQ a.2	DQ b.2
5	DI a.1	DI b.1	DQ a.3	DQ b.3
6	DI a.2	DI b.2	无连接	无连接
7	DI a.3	DI b.3	2L	4L
8	DI a.4	DI b.4	DQ a.4	DQ b.4
9	DI a.5	DI b.5	DQ a.5	DQ b.5
10	DI a.6	DI b.6	DQ a.6	DQ b.6
11	DI a.7	DI b.7	DQ a.7	DQ b.7

EM DR32 的数字量输入通道既支持源型接线方式，也支持漏型接线方式；而数字量输出通道为继电器的常开触点，在负载情况下，支持 10 万次的开合。EM DR32 的接线图见附录中附图 4-4。

2.6 模拟量输入模块

2.6.1 模拟量输入模块概述

工业现场有很多模拟量信号需要采集和控制。所谓"模拟量"，是指其信号值随着时间的变化而连续变化的物理量，比如温度、压力、转速等。模拟量与数字量的区别在于：数字量是离散的，只有 0 和 1 两种取值；模拟量的值是连续变化的曲线，在最大值和最小值之间连续变化。

模拟量信号采集基本是这样一个过程：现场的模拟量传感器将采集的信号通过信号线传送到 PLC 的模拟量输入模块中，CPU 通过读取模拟量输入模块的值来获取实际的物理量。常见的模拟量传输信号有：4 ～ 20mA、±10V 等。

假如当前信号线上的电流等于 5mA，那么它表达了一个什么样的含义呢？这 "5mA" 的信号是怎样被转换成温度或压力的值的呢？我们知道现代的微电子计算机都是基于冯·诺依曼的二进制理论，它只能处理 0 和 1 组成的数字量的信号，CPU 是无法理解 "5mA" 表示的含义的。模拟量的信号在被 CPU 处理之前，都要先转换成数字量，这就常说的模数转换。

模数转换也称为 A/D 转换，由专门的模数转换器完成。总体来说，模数转换器包括两个部分，即模拟部分和数字部分，模拟部分主要包括采样器和调节器，采样后的信号经过调制器，然后输出一位一位的数据位流；数字部分是一个数字滤波器，它对模拟部分输出的数字流进行除噪处理，滤除大部分的量化噪声，最终得到转换后的数字量结果。

听起来有点抽象，对于模数转换，我们不探究太多的细节，先弄清楚几个与模拟量模块型号选择有关的概念。

① 分辨率：是指将满量程的信号分成 N 等份，每一份所表示的大小。N 越大，分辨率就越高，转换后的数字量就越接近实际模拟量。比如 S7-1200 的模拟量输入模块 SM 1231 AI 4×13bit，名称中的 "13bit" 表示 "12bit" 的分辨率 + "1bit" 的符号位。"12bit" 的分辨率表示把满量程信号分成 2 的 12 次方（4096）等份；比如满量程信号为温度 100℃，那么每一份等于 100℃/4096=0.0244℃，表示该模拟量模块能检测到的最小温度变化是 0.0244℃。如果我们选择 "8bit" 的模块，它表示把满量程信号分成 2 的 8 次方（256）等份；仍以满量程信号为温度 100℃ 为例，则每一份等于 100℃/256=0.39℃，所以 "8bit" 的模块能检测到的最小温度变化为 0.39℃，显然它的分辨率比 12bit 的要小很多，对测量信号的变化的敏感度要低。

② 精度：是指测量值和实际值的偏差。模拟量转换的精度除了取决于 A/D 转换的分辨率，还受到转换芯片的外围电路的影响。在现场的实际应用中，输入的模拟量信号会有波动、噪声和干扰，内部模拟电路也会产生噪声、漂移，这些都会对转换的最后精度造成影响，这些因素造成的误差要大于 A/D 芯片的转换误差。因此，高精度必须要具有高分辨率，但高分辨率并不表示高精度。

③ 转换速率：是能够重复进行数据转换的速度，即每秒转换的次数。而完成一次 A/D 转换所需的时间（包括稳定时间），则是转换速率的倒数。

经过模数转换后，外部的模拟量信号被转换成数字信号存储在模拟量模块中，CPU 根据模拟量模块的地址，读取相应的值，就可以进行运算处理了。

2.6.2　模拟量输入模块——EM AE04

EM AE04 是具有 4 路模拟量输入通道的模块，其外形尺寸为 45mm×100mm×81mm（宽度 × 高度 × 厚度）。该模块无负载功率 1.5W，消耗背板 5V 电流 80mA。EM AE04 模拟量模块支持的输入电压信号包括 ±10V、±5V、±2.5V、±1.25V 四种，支持的输入电流信号包括 0 ～ 20mA 和 4 ～ 20mA 两种。

CPU 并不能直接处理模拟量的信号，而是需要将其转换成相应的数值。对于电压信号而言，EM AE04 的转换精度为 12bit+1bit 符号位；对于电流信号而言，EM AE04 的转换精度为 12bit。对于双极性信号（比如 ±10V），其正常转换量程范围为"−27648 ～ +27648"；对于单极性信号（比如 4 ～ 20mA），其正常转换量程范围为 "0 ～ 27648"。关于模拟量电压信号和电流信号转换数值的更详细信息如表 2-20 和表 2-21 所示。

表 2-20　电流信号与模拟量转换数值对照表

转换数值	电流信号		状态
	0 ～ 20mA	4 ～ 20mA	
32767	23.70mA	22.96mA	上限溢出
32512			
32511	23.52mA	22.81mA	上限
27649			
27648	20mA	20mA	正常值范围
20376	15mA	16mA	
1	723.4nA	4mA+578.7nA	
0	0mA	0mA	
−1			下限
−4864	−3.52mA	1.185mA	
−4865			下限溢出
−32768			

表 2-21　电压信号与模拟量转换数值对照表

转换数值	电压信号				状态
	±10V	±5V	±2.5V	±1.25V	
32767	11.851V	5.926V	2.963V	1.481V	上限溢出
32512					

西门子S7-200 SMART PLC 应用技术

续表

转换数值	电压信号				状态
	±10V	±5V	±2.5V	±1.25V	
32511	11.759V	5.879V	2.940V	1.470V	上限
27649					
27648	10V	5V	2.5V	1.25V	正常值范围
20736	7.5V	3.75V	1.875V	0.938V	
1	361.7uV	180.8uV	90.4uV	45.2uV	
0	0V	0V	0V	0V	
−1					
−20736	−7.5V	−3.75V	−1.875V	−0.938V	
−27648	−10V	−5V	−2.5V	−1.25V	
−27649					下限
−32512	−11.759V	−5.879V	−2.940V	−1.470V	
−32513					下限溢出
−32768	−11.851V	−5.926V	−2.963V	−1.481V	

EM AE04 的外观如图 2-20 所示。

EM AE04 的上部和下部各有一个接线端子排,上面的编号为 X10,下面的编号为 X11。X10 的 1 号端子为 24V 电源正极;2 号端子为 24V 电源负极;3 号端子为功能性接地;剩下的端子为模拟量通道 0(AI0)和模拟量通道 1(AI1)的输入通道。关于 X10 和 X11 的接线端子定义见表 2-22。

图 2-20　EM AE04 外观

表 2-22　EM AE04 接线端子定义

端子	X10	X11
1	L+/24V DC	无连接
2	M/24V DC	无连接
3	功能性接地	无连接
4	AI 0+	AI 2+
5	AI 0−	AI 2−
6	AI 1+	AI 3+
7	AI 1−	AI 3−

对于电流信号的传感器，分为两线制的传感器和四线制的传感器两种。两线制的电流传感器有正负两条线，其正极（"+"）需要连接电源的正极（24V+），用来为传感器供电；而负极（"−"）是信号输出线，需要连接到模拟量输入通道的正极，模拟量输入通道的负极连接到电源的负极（24V−），如图 2-21 所示。四线制电流传感器有四条线，其中两条为电源线（正负），两条为信号线（正负）。接线的时候，将电源线的正负分别接到电源的正极和负极，将信号线的正负分别接到输入通道的正负两端即可，如图 2-22所示。

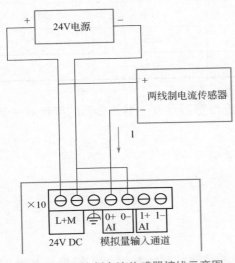

图 2-21　两线制电流传感器接线示意图

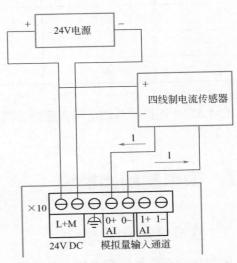

图 2-22　四线制电流传感器接线示意图

当使用电压型传感器时，直接将传感器的正负信号线分别与模拟量输入通道的正负极相连接即可。

2.6.3　模拟量输入模块——EM AE08

EM AE08 是具有 8 路模拟量输入通道的模块，其外形尺寸为 45mm×100mm×81mm（宽度 × 高度 × 厚度）。该模块无负载功率为 2.0W，消耗背板 5V电流 80mA。EM AE08 模拟量模块支持的输入电压信号包括 ±10V、±5V、±2.5V、±1.25V 四种，支持的输入电流信号包括 0 ～ 20mA 和 4 ～ 20mA 两种。其模块的转换精度及转换的数值与 EM AE04 相同（参考 2.6.2 节）。EM AE08 的外观如图 2-23 所示。

EM AE08 上下各有两个接线端子排，上面两个编号为 X10 和 X11，下面两个编号为 X12 和 X13。每个接线端子排有 7 个接线端子，其中 X10 的 1 号为 24V 电源正极；2 号为电源负极；3 号为功能性接地；4 号为输入通道 0 的正极（AI 0+），5 号为输入通道 0 的负极（AI 0−）；其他各端子的定义请参考表 2-23。

图 2-23　EM AE08 外观

表 2-23　EM AE08 接线端子定义

端子	X10	X11	X12	X13
1	L+/24V DC	无连接	无连接	无连接
2	M/24V DC	无连接	无连接	无连接
3	功能性接地	无连接	无连接	无连接
4	AI 0+	AI 2+	AI 4+	AI 6+
5	AI 0−	AI 2−	AI 4−	AI 6−
6	AI 1+	AI 3+	AI 5+	AI 7+
7	AI 1−	AI 3−	AI 5−	AI 7−

　　EM AE08 连接两线制电流传感器、四线制电流传感器及电压型传感器的接线方法请参考 2.6.2 节。

2.7　模拟量输出模块

2.7.1　模拟量输出模块概述

　　模拟量输出模块实现这样一种功能：把 CPU 的运算结果（数字量）转换成标准的电压信号或电流信号进行输出。这种电压或电流信号，通过电缆输入到执行机构中。随着输出电压或电流信号的变化，执行机构也相应地发生变化。例如：我们可以把模拟量输出模块和比例阀相连，通过输出信号的大小，来控制比例阀的开度（可在 0% ~ 100% 之间连续变化）。常见的模拟量电压信号包括：±5V，±10V；常见的模拟量电流信号包括：0 ~ 20mA；4 ~ 20mA。

　　从数字量到模拟量的转换，称为数模转换。数模转换又称为 D/A 转换，它是靠模块内部的数模转换器完成的。数模转换器可以将输入的二进制数字量转换成模拟量，并以电压或电流的形式向外输出。一般常用的线性数模转换器，其输出的模拟量电压 U_0 与输入数字量 D_n 之间成正比关系，$U_0=U_{ref}D_n$，U_{ref} 为参考电压。

　　数模转换的简单原理如下：数模转换器将输入的每一位二进制数值按其权重大小转换成相应的模拟量，然后将这些模拟量相加，得到的总的模拟量就与之前输入的数字量成正比关系，这样便实现了数字量到模拟量的转换。数模转换方框图（电压信号）如图 2-24 所示。工程上的 PLC 的模拟量输出模块的工作过程，就是典型的数模转换过程。

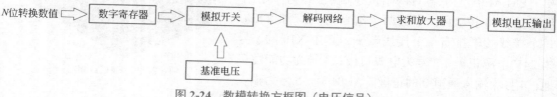

图 2-24　数模转换方框图（电压信号）

判断一个模拟量输出模块功能的强弱，或者说判断数模转换的技术指标，主要有如下几个。

① 分辨率：分辨率用于表示数模转换器对于输入值微小变化的敏感程度。分辨率越高，转换时对输入值的微小变化的反应越灵敏。用输入数值的位数 n 来表示数模转换器的分辨率，n 越大，分辨率越高；对于 n 位数模转换器，其分辨率为：

$$分辨率 = \frac{1}{2^n - 1}$$

对于电压信号的数模转换器，分辨率也可以用输出电压的最小变化量与满量程输出电压的比值来表示。

② 转换精度：是指电路实际输出的模拟值与理论输出的模拟值之差，通常用最大误差与满量程输出模拟值之比的百分数表示。例如：某数模转换器满量程输出电压为 10V，如果误差为 1%，就意味着输出电压的最大误差为 ±0.1V。百分数越小，精度越高。

转换精度是一个综合指标，包括零点误差、增益误差等。它不仅与数模转换器中元件的精度有关，还与环境温度、集成运放的温度漂移及数模转换器的位数有关。

③ 转换速度：是指数模转换器从输入数字量数值发生突变开始，到转换成稳定的模拟量数值所需要的时间。不同的数模转换器其转换速度不同，一般在几微秒到几十微秒之间。

④ 温度系数：在输入数值不变的情况下，输出模拟量随着温度的变化而产生的变化量，称为数模转换器的温度系数。一般用满刻度的百分比表示温度每升高 1℃输出模拟量变化的值。

S7-200 SMART 有两款模拟量输出模块：EM AQ02 和 EM AQ04。

2.7.2　模拟量输出模块——EM AQ02

EM AQ02 是具有 2 路模拟量输出通道的模块，其外形尺寸为 45mm×100mm×81mm（宽度 × 高度 × 厚度）。每个模块消耗背板 5V 电流 60mA；在不带负载的情况下，消耗 24V 传感器电流 50mA；在带负载的情况下，消耗 24V 传感器电流 90mA。模拟量输出通道支持 ±10V 的电压信号输出及 0 ～ 20mA 的电流信号输出；使用电压信号输出时，其精度为 11bit+1bit 符号位，量程范围为 −27648 ～ +27648；使用电流信号输出时，其分辨率为 11 位，量程范围为 0 ～ 27648。EM AQ02 的外观如图 2-25 所示。

EM AQ02 有上下两个接线端子，上面编号为 X10，下面编号为 X11。X10-1 为 24V 电源正极；X10-2 为 24V 电源负极；X10-3 为功能性接地；X11-4 和 X11-5 为模拟量输出通道 0，其中 X11-4 为通道的负极；X11-6 和 X11-7 为模拟量输出通道 1，其中 X11-5 为通道的负极，如表 2-24 所示。

图 2-25　EM AQ02 外观

表 2-24 EM AQ02 接线端子定义

端子	X10	X11
1	L+/24V DC	无连接
2	M/24V DC	无连接
3	功能性接地	无连接
4	无连接	AQ 0M
5	无连接	AQ0
6	无连接	AQ 1M
7	无连接	AQ1

EM AQ02 的接线图见附录中附图 5-1。

2.7.3 模拟量输出模块——EM AQ04

图 2-26 EM AQ04 外观

EM AQ04 是具有 4 路模拟量输出通道的模块，其外形尺寸为 45mm×100mm×81mm（宽度×高度×厚度）。每个模块消耗背板 5V 电流 60mA；在不带负载的情况下，消耗 24V 传感器电流 75mA；在带负载的情况下，消耗 24V 传感器电流 155mA。模拟量输出通道支持 ±10V 的电压信号输出及 0～20mA 的电流信号输出。

使用电压信号输出时，其精度为 11bit+1bit 符号位，量程范围为 −27648～+27648；使用电流信号输出时，其分辨率为 11bit，量程范围为 0～27648。关于输出数值与输出电压及输出电流的关系，请参考 2.7.2 节。EM AQ04 的外观如图 2-26 所示。

EM AQ04 上下各有两个接线端子排，上面两个编号为 X10 和 X11，下面两个编号为 X12 和 X13。各端子的定义见表 2-25。

表 2-25 EM AQ04 接线端子定义

端子	X10	X11	X12	X13
1	L+/24V DC	无连接	无连接	无连接
2	M/24V DC	无连接	无连接	无连接
3	功能性接地	无连接	无连接	无连接
4	无连接	无连接	AQ 0M	AQ 2M
5	无连接	无连接	AQ0	AQ2

端子	X10	X11	X12	X13
6	无连接	无连接	AQ 1M	AQ 3M
7	无连接	无连接	AQ1	AQ3

其中：X10-1 为 24V 电源正极；X10-2 为 24V 电源负极；X10-3 为功能性接地；X12-4 和 X12-5 为模拟量输出通道 0；X12-6 和 X12-7 为模拟量输出通道 1；X13-4 和 X13-5 为模拟量输出通道 2；X13-6 和 X13-7 为模拟量输出通道 3。

EM AQ04 的接线图见附录中附图 5-2。

2.8　模拟量输入及输出模块

2.8.1　模拟量输入及输出模块概述

除了单独的模拟量输入和模拟量输出模块，S7-200 SMART 还提供两种同时具有模拟量输入和模拟量输出的模块：EM AM03 和 EM AM06。

2.8.2　模拟量输入及输出模块——EM AM03

EM AM03 是具有两路模拟量输入和一路模拟量输出的模块，其外形尺寸为 45mm×100mm×81mm（宽度 × 高度 × 厚度）。在无负载的情况下，模块消耗的功率为 1.1W；每个模块消耗背板 5V 电流 60mA；在不带负载的情况下，消耗 24V 传感器电流 30mA；在带负载的情况下，消耗 24V 传感器电流 50mA。EM AM03 的外观如图 2-27 所示。

EM AM03 有两路模拟量输入通道，支持电压信号和电流信号两种。电压信号包括：±10V、±5V、±2.5V；分辨率为：12bit+1bit 符号位。

关于电压信号和转换数值的关系可以参考 2.6.2 节。

电流信号为 0 ～ 20mA；分辨率为 12bit。

关于电流信号和转换数值的关系可以参考 2.6.2 节。

EM AM03 有一路模拟量输出通道，支持的信号包括：±10V 的电压信号或者 0 ～ 20mA 的电流信号。电压信号的分辨率为 11 bit+1bit 符号位；电流信号的分辨率为 11bit。

图 2-27　EM AM03 外观

EM AM03 的上面有 2 个接线端子排，编号为 X10 和 X11；下面有 1 个接线端子排，编号为 X12。每个端子排有 7 个接线端子，其中：X10-1 为 24V 电源正极；X10-2 为 24V 电源负极；X10-3 为功能性接地；X11 为模拟量输入接线端子排；X12 为模拟量输出接线端子排。

具体的定义见表 2-26。

表 2-26　EM AM03 接线端子定义

端子	X10	X11	X12
1	L+/24V DC	无连接	无连接
2	M/24V DC	无连接	无连接
3	功能性接地	无连接	无连接
4	无连接	AI 0+	无连接
5	无连接	AI 0−	无连接
6	无连接	AI 1+	AQ 0M
7	无连接	AI 1−	AQ 0

EM AM03 的接线图见附录中附图 5-3。

2.8.3　模拟量输入及输出模块——EM AM06

图 2-28　EM AM06 外观

EM AM06 是具有 4 路模拟量输入和 2 路模拟量输出的模块，其外形尺寸为 45mm×100mm×81mm（宽度 × 高度 × 厚度）。在无负载的情况下，模块消耗的功率为 2.0W；每个模块消耗背板 5V 电流 80mA；在不带负载的情况下，消耗 24V 传感器电流 60mA；在带负载的情况下，消耗 24V 传感器电流 100mA。EM AM06 的外观如图 2-28 所示。

EM AM06 有四路模拟量输入通道，支持电压信号和电流信号两种。电压信号包括 ±10V、±5V、±2.5V；分辨率为 12 bit+1bit 符号位。

关于电压信号和转换值的关系可以参考 2.6.2 节。

电流信号为 0 ~ 20mA；分辨率为 12 bit。

关于电流信号和转换值的关系可以参考 2.6.2 节。

EM AM06 有两路模拟量输出通道，支持的信号包括：±10V 的电压信号或者 0 ~ 20mA 的电流信号。电压信号的分辨率为 11bit+1bit 符号位；电流信号的分辨率为 11bit。

EM AM06 模块的上面有 2 个接线端子排，编号为 X10 和 X11；下面有 1 个接线端子排，编号为 X12。每个端子排有 7 个接线端子，其中：X10-1 为 24V 电源正极；X10-2 为 24V 电源负极；X10-3 为功能性接地；X11 为模拟量输入接线端子排；X12 为模拟量输出接线端子排。具体的定义见表 2-27。

表 2-27　EM AM06 接线端子定义

端子	X10	X11	X12
1	L+/24V DC	无连接	无连接

端子	X10	X11	X12
2	M/24V DC	无连接	无连接
3	功能性接地	无连接	无连接
4	AI 0+	AI 2+	AQ 0M
5	AI 0–	AI 2–	AQ 0
6	AI 1+	AI 3+	AQ 1M
7	AI 1–	AI 3–	AQ 1

EM AM06 的接线图见附录中附图 5-4。

2.9 信号板

2.9.1 信号板概述

在 S7-200 SMART 标准型 CPU 模块的中央有一块预留的区域，可以用来安装信号板，如图 2-29 和图 2-30 所示。

图 2-29 信号板在 CPU 模块上的位置

图 2-30 在 CPU 模块上安装信号板

信号板不会增加额外的空间，特别适合空间有限的情况下对系统功能进行扩展。

S7-200 SMART 提供如下几种信号板：数字量输入及输出信号板——SB DT04；模拟量输入信号板——SB AE01；模拟量输出信号板——SB AQ01；串行通信信号板——SB CM01（RS485/RS232）；电池板——SB BA01。

2.9.2 数字量输入及输出信号板——SB DT04

信号板 SB DT04 消耗背板 5V 电流 50mA，有两路数字量输入和两路数字量输出。数字量输入仅支持漏型接线方式，正常输入电压为24V DC，最大运行输入电压为30V DC；数字量输出为晶体管源型输出，输出电压范围为20.4 ～ 28.8 V DC，每个通道的最大输出电流为0.5A。SB DT04 的外观如图 2-31 所示。

信号板的下端有一个接线端子排，编号为 X19。X19 端子排有 6 个接线端子，从左到右编号为 1 ～ 6。各端子的定义见表 2-28。

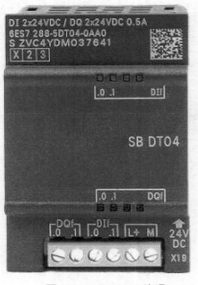

图 2-31　SB DT04 外观

表 2-28　SB DT04 接线端子定义

X19 端子	名称	功能描述
1	DQ f1.0	数字量输出 -Q7.0
2	DQ f1.1	数字量输出 -Q7.1
3	DI f1.0	数字量输入 -I7.0
4	DI f1.1	数字量输入 -I7.1
5	L+/24V DC	电源正极
6	M/24V DC	电源负极

信号板端子的接线图见附录中附图 5-5。

使用 SB DT04 时需要在硬件上进行组态，请参考 3.7.7 节。

2.9.3　模拟量输入信号板——SB AE01

信号板 SB AE01 消耗背板 5V 电流 50mA，有 1 路模拟量输入通道。支持的模拟量输入信号包括电压信号和电流信号。电压信号包括 ±10V、±5V、±2.5V，分辨率为 12bit（11bit+1bit 符号位），数据范围为 –27648 ～ +27648；电流信号为 0 ～ 20mA，分辨率为 11bit，数据范围为 0 ～ +27648。SB AE01 的外观如图 2-32 所示。

信号板的下端有一个接线端子排，编号为 X19。X19 端子排有 6 个接线端子，从左到右编号为 1 ～ 6。各端子的定义见表 2-29。

图 2-32　SB AE01 外观

表 2-29　SB AE01 接线端子定义

X19 端子	名称	功能描述
1		无连接
2		无连接
3	AI R	电流信号连接电阻
4	AI 0+	电流信号连接正极
5	AI 0+	通道 0+
6	AI 0–	通道 0–

在连接电流型传感器时，需要将 X19-3 和 X19-4 短接。SB AE01 支持两线制电流传感器和四线制电流传感器。两线制电流传感器的接线图见附录中附图 5-6。四线制电流传感器的接线图见附录中附图 5-7。

连接电压型传感器的接线图见附录中附图 5-8。

使用 SB AE01 时需要在硬件上进行组态，请参考 3.7.8 节。

2.9.4　模拟量输出信号板——SB AQ01

信号板 SB AQ01 消耗背板 5V 电流 15mA，有 1 路模拟量输出通道，可以选择电压输出或者电流输出。使用电压输出时，电压信号的范围为 ±10V，分辨率为 12bit（11bit+1bit 符号位），数据范围为 −27648 ～ +27648；使用电流输出时，电流信号的范围为 0 ～ 20mA，分辨率为 11bit，数据范围为 0 ～ +27648。信号板 SB AQ01 的外观如图 2-33 所示。

信号板的下端有一个接线端子排，编号为 X19。
X19 端子排有 6 个接线端子，从左到右编号为 1 ～ 6。
各端子的定义见表 2-30。

表 2-30　SB AQ01 接线端子定义

X19 端子	名称	功能描述
1		无连接
2		无连接
3		无连接
4	GND	功能性接地
5	AQ 0	通道 0+
6	AQ 0M	通道 0−

图 2-33　SB AQ01 外观图

SB AQ01 的接线图见附录中附图 5-9。

使用 SB AQ01 时需要在硬件上进行组态，请参考 3.7.9 节。

2.9.5　串行通信信号板——SB CM01

在介绍 SB CM01 信号板之前，我们先来认识下"串口"。"串口"是"串行通信接口"的简称。所谓"串行通信"，是指数据一位接着一位按照顺序在一条数据线上进行传输。根据电气信号的不同，常见的串口可以分为 RS232 接口和 RS485 接口。

最简单的 RS232 接口由三根线组成：发送（TX）、接收（RX）及公共地（GND）。之所以说"最简单"，是因为这里不涉及 RS232 的握手信号（RTS、CTS 等）。RS232 传输的逻辑信号是根据发送或者接收线路与公共地之间的电压来确定的。当线路上的电压范围为 +3 ～ +15V 时，表示逻辑"0"；当线路上的电压范围为 −3 ～ −15V 时，表示逻辑"1"。这种正电压代表逻辑"0"，负电压代表逻辑"1"的逻辑，被称为"负逻辑"，RS232 的电气接口是典型的负逻辑接口。

RS485 接口由两根线组成：信号正（+）和信号负（−）。通常，信号正（+）被称为 A 线，信号负（−）被称为 B 线。但在西门子产品中，RS485 中的 B 线是信号正（＋），A 线是信号负（−），要注意区分。

图 2-34　SB CM01 外观

RS485 电气信号的逻辑值由两条线之间的电压差确定。对于发送端而言，当 AB 之间的电压差在 +2 ～ +6V 之间时，表示逻辑"1"；当 AB 之间的电压差在 −2 ～ −6V 之间时，表示逻辑"0"。对于接收端而言，当 AB 之间的电压差大于 +200mV 时，输出逻辑"1"；当 AB 之间的电压小于"−200mV"时，输出逻辑"0"。RS485 接口可以组成网络，在网络的两端需要匹配终端电阻。

接下来我们来认识下 SB CM01 串行通信板。SB CM01 消耗背板 5V 电流 50mA，支持 RS232 或者 RS485 两种接口，其外观如图 2-34 所示。

信号板的下端有一个接线端子排，编号为 X20。

X20 端子排有 6 个接线端子，从左到右编号为 1 ～ 6。

各端子的定义见表 2-31。

表 2-31　SB CM01 接线端子定义

X20 端子	名称	功能描述
1	GND	功能性接地
2	Tx/B	RS232 发送数据（Tx），或者 RS485 的 B 线（＋）
3	RTS	请求发送数据（RS232）
4	M	公共逻辑地
5	Rx/A	RS232 接收数据（Rx），或者 RS485 的 A 线（−）
6	5V	偏置电阻电源

 SB CM01 的 RS485 通信中，A 线为信号负（−），B 线为信号正（＋）。

当 SB CM01 进行 RS232 通信时，把信号板的 2 号端子（Tx）与 RS232 的接收端（Rx）相连；把信号板的 5 号端子（Rx）与 RS232 的发送端（Tx）相连；把信号板的 4 号端子（M）与 RS232 的公共地（GND）相连，如图 2-35 所示。

当 SB CM01 进行 RS485 通信时，把信号板的 2 号端子（B）与 RS485 的信号正（＋）相连；把信号板的 5 号端子（A）与 RS485 的信号负（−）相连。这里要注意的是：在 RS485 的接线中，要搞清楚 A、B 两条线哪个是信号正，哪个是信号负。很多厂家把 A 线定义为信号正，但是西门子的 A 线是信号负，因此，不能简单地把 A-A 相连、B-B 相连，而是要把两个信号正（＋）相连，把两个信号负（−）相连，如图 2-36 所示。

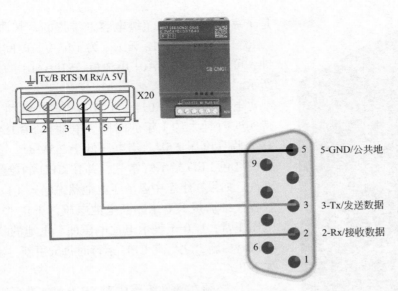

图 2-35   SB CM01 与 RS232 接线原理图

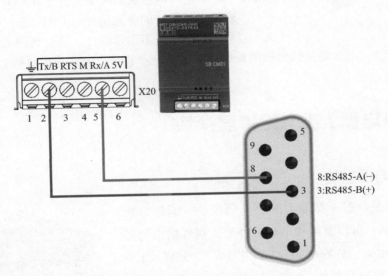

图 2-36   SB CM01 与 RS485 接线原理图

当信号板 SB CM01 作为 RS485 网络终端通信节点时，需要接终端电阻和连接偏置电阻，接线原理图如图 2-37 所示。

使用 SB CM01 前需要进行硬件组态，请参考3.7.10 节。

2.9.6 电池板——SB BA01

电池板（SB BA01）的功能是用来长时间维持 CPU 的实时时钟（Real Time Clock，RTC）。在断电的情况下，如果没有电池板，CPU 的实时时钟

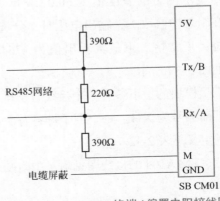

图 2-37   SB CM01 终端 / 偏置电阻接线图

图 2-38　SB BA01 外观

是依靠电路板上的超级电容来维持的，其典型值为 20 天（40℃的情况下约 12 天）。为了能更长时间地维持实时时钟，可以使用 SB BA01 电池板。SB BA01 的外观如图 2-38 所示。

电池板 SB BA01 消耗背板 5V 电流约 18mA，能保持实时时钟大约 1 年的时间。电池板 SB BA01 额定电压 3V，临界电压 2.5V。当电压低于 2.5V 时，会使 SB BA01 上的红色 LED 指示灯常亮，并在 CPU 的诊断缓冲区写入事件。如果在组态中激活了电池状态输入（I7.0），则可以在程序中通过 I7.0 来判断电池电压是否正常。I7.0=0 表示电压正常；I7.0=1 表示电池电压低。电池的状态会在 CPU 开机时更新，之后在 CPU 运行时每天更新一次。需要注意如下几点：

① 必须在硬件组态中对 SB BA01 进行组态并下载到 CPU 中才能激活电池板的功能（参考 3.7.11 节）；

② 电池板支持的电池型号为 CR1025；

③ 购买电池板不附带电池，要分别购买。

电池的安装：电池是从信号板的底部插进去的。安装时将电池的正面朝上，负极靠近印刷线路板。

2.10　热电偶/热电阻扩展模块

2.10.1　热电偶模块——EM AT04

EM AT04 是具有 4 路通道的热电偶模块，消耗背板总线电流 80mA，可以温度和电压两种形式对外输出测量结果。输出温度时，分辨率为 0.1℃/℉（$t/℃=5/9$（$t/℉-32$），输出值是测量值的 10 倍。比如，输出值为 600，则表示测量的温度值为 60.0℃/℉（测量温度单位可以在组态中修改）；输出电压时，分辨率为 15bit+1bit 符号位，正常情况下最大输出值为 27648。EM AT04 的外观如图 2-39 所示。

模块的上下各有一个接线端子排，上面编号为 X10，下面编号为 X11。每个端子排各有 7 个接线端子，各端子的定义见表 2-32。

EM AT04 的接线图见附录中附图 5-10。

图 2-39　EM AT04 外观

表 2-32　EM AT04 接线端子定义

端子	X10	X11
1	L+/24V DC	无连接
2	M/24V DC	无连接
3	GND	无连接
4	AI 0+/TC	AI 2+/TC
5	AI 0−/TC	AI 2−/TC
6	AI 1+/TC	AI 3+/TC
7	AI 1−/TC	AI 3−/TC

 注意

使用 EM AT04 前需要进行硬件组态。

2.10.2　热电阻模块——EM RTD

S7-200 SMART 有两种 RTD 模块：EM AR02 和 EM AR04。EM AR02 消耗背板总线电流 80mA，具有两路 RTD 连接通道，可以温度和电阻两种形式对外输出测量结果。输出温度时，分辨率为 0.1℃ / ℉，输出值是测量值的 10 倍。比如，输出值为 219，则表示测量的温度值为 21.9℃ / ℉（测量温度单位可以在组态中修改）；输出电阻时，分辨率为 15bit+1bit 符号位，正常情况下最大输出值为 27648。EM AR04 与 EM AR02 类似，不同之处在于它有四路 RTD 连接通道。我们以 EM AR02 为例介绍 S7-200 SMART 的 RTD 模块。EM AR02 的外观如图 2-40 所示。

模块的上下各有一个接线端子排，上面编号为 X10，下面编号为 X11。每个端子排各有 7 个接线端子，各端子的定义见表 2-33。

图 2-40　EM AR02 外观

表 2-33　EM AR02 接线端子定义

端子	X10	X11
1	L+/24V DC	无连接
2	M/24V DC	无连接
3	功能性接地	无连接
4	AI 0 M+/RTD	AI 1 M+/RTD
5	AI 0 M−/RTD	AI 1 M−/RTD

端子	X10	X11
6	AI 0 I+/RTD	AI 1 I+/RTD
7	AI 0 I−/RTD	AI 1 I−/RTD

当连接两线制 RTD 传感器时，将传感器的一条线接到"I+"上，将另一条线接到"I−"上，同时将"I+"与"M+"并联，将"I−"与"M−"并联，如图 2-41 所示。

当连接三线制 RTD 传感器时，将传感器的一条线接到"I+"上，同时将"I+"与"M+"并联，将另一端的两条线分别接到"I−"和"M−"上，如图 2-42 所示。

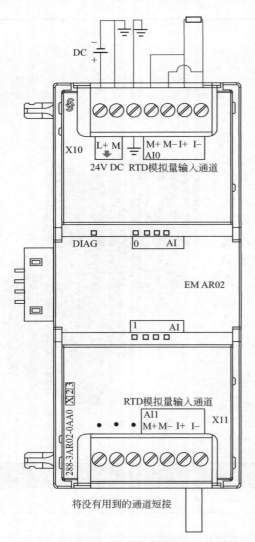

图 2-41 EM AR02 连接两线制 RTD 传感器

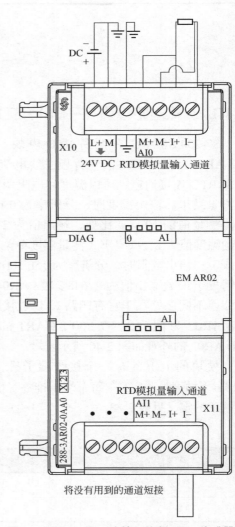

图 2-42 EM AR02 连接三线制 RTD 传感器

当连接四线制 RTD 传感器时，将传感器一端的两条线分别接到"I+"和"M+"上，将另一端的两条线分别接到"I−"和"M−"上，如图 2-43 所示。

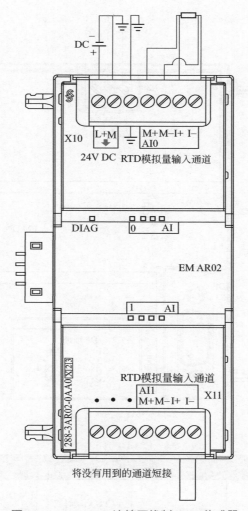

图 2-43　EM AR02 连接四线制 RTD 传感器

 使用 EM AR02 前需要进行硬件组态。

2.11　PROFIBUS-DP 通信模块

　　S7-200 SMART CPU 本体的 RS485 接口不支持 PROFIBUS-DP 协议,不能直接连接到 PROFIBUS-DP 网络中。为了让 S7-200 SMART 能够进行 PROFIBUS-DP 通信,西门子推出扩展模块——EM DP01。EM DP01 需要单独供电,其示意图如图 2-44 所示。

　　在模块的上端有编号为 X80 的端子排,其中 1 号针脚(Pin1)接 24V DC 正极;2 号针脚(Pin2)接 24V DC 负极;3 号针脚(Pin3)为功能性接地。端子排的下端有四个 LED 指示灯,从左到右分别是诊断(DIAG)、电源(POWER)、DP 错误(DP ERROR)和数据交换模式(DX MODE)。各 LED 灯的具体含义见表 2-34。

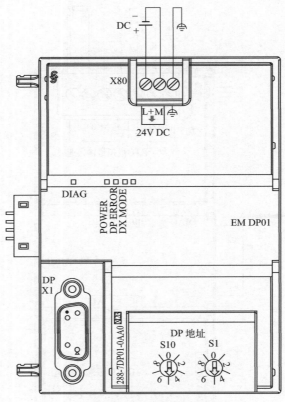

图 2-44 EM DP01 示意图

表 2-34 EM DP01 LED 含义

LED	不亮	红灯亮	红灯闪烁	绿灯闪烁	绿灯亮
DIAG		模块内部故障	CPU 启动时或发现故障	EM DP01 等待 Smart CPU 传输组态参数或正在固件升级	无故障,EMDP01 组态正常
POWER	无 24V DC 电源				24V DC 电源正常
DP ERROR	无错误	DP 通信中断,数据交换停止	组态参数错误		
DX MODE	数据交换模式未激活或数据通信中断				数据交换模式激活

　　模块的左下角是 RS485 的接口,接口的针脚定义见表 2-35。

　　EM DP01 的 RS485 接口支持 PROFIBUS-DP 和 MPI 两种协议,但都是从站模式。也就是说,EM DP01 用于 PROFIBUS-DP 通信时,只能作为 PROFIBUS 的从站,而不能作为主站。因此两个 EM DP01 模块之间不能通信。

　　EM DP01 支持多种波特率,比如常见的 9.6kbps、19.2kbps、500kbps 等, 最大支持12Mbps。

在 RS485 接口的右侧，有两个旋钮开关（S10 和 S1），用来设置 EM DP01 的 PROFIBUS 网络地址。把 S10 的值乘以 10 加上 S1 的值，就是当前模块的网络地址。地址范围：$0 \sim 99$。

表 2-35　EM DP01 接口针脚定义

编号	端口（母头）	名称	含义
1		屏蔽	端子接地
2		24V 返回	24V 负极（公共端）
3		RS485-B	RS485 信号 B
4		RTS	请求发送数据
5		5V 返回	5V 负极（公共端）
6		5V+	5V 正极
7		24V+	24V 正极
8		RS485-A	RS485 信号 A
9		—	可选信号，编程电缆检测

EM DP01 一方面和 PROFIBUS 网络的主站进行通信，另一方面和 S7-200 SMART CPU 进行通信，为了保证数据传输的准确性，EM DP01 采用"缓冲区一致性"的方式进行数据传输。"缓冲区一致性"是 PROFIBUS 协议支持的一种"数据一致性"方案。

PROFIBUS 协议支持三种"数据一致性"方案：字节一致性、字一致性和缓冲区一致性。字节一致性是将"字节"作为一个整体进行传输，不会因为中断而被打断；字一致性是将"字"作为一个整体进行传输，不会因为中断而被打断；缓冲区一致性是将"缓冲区"作为一个整体进行传输，不会因为中断而被打断。

EM DP01 采用的数据一致性是"缓冲区一致性"，具体的实现方法如下：当 EM DP01 接收到来自 PROFIBUS-DP 主站的消息时，它会将这个消息作为一个整体，传送给 S7-200 SMART CPU，传送的过程不能被中断；S7-200 SMART CPU 接收到整个消息后，会将其作为一个整体，传送到 V 存储区，这个传送过程也不能被中断。发送的过程也是采用类似的方式，只是方向相反。这种把缓冲区的内容作为一个整体进行传输的方式，保证了数据的一致性，提高了通信的可靠性。

2.12　I/O 扩展电缆

在 CPU 和扩展模块不能安装到同一个导轨的情况下，S7-200 SMART 提供 I/O 扩展电缆来连接 CPU 和扩展模块（EMs）。I/O 扩展电缆长度 1m，一端为公头，另一端为母头。可以安装在 CPU 与第一个扩展模块之间，或者任意两个扩展模块之间。I/O 扩展电缆的安装示意图如图 2-45 所示。

...

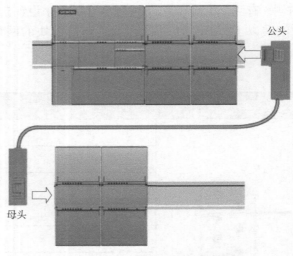

公头

母头

图 2-45 I/O 扩展电缆的安装示意图

2.13 人机界面（HMI）设备

2.13.1 TD400C 文本显示器

TD400C 是一种能够与 S7-200 SMART CPU 进行通信的文本显示器，其外观如图 2-46 所示。

图 2-46 TD400C 外观

TD400C 的外形尺寸为 174mm×102mm，具有 4 英寸显示屏，屏幕分辨率为 192×64 像素，能够显示 4 行文本，每行最多 24 个字符，显示器上有四个方向键（上、下、左、右）、16 个功能键（F9～F16 需同时按下 SHIFT 键）、1 个退出键和 1 个回车键。采用 RS485 PPI 通信协议，最高通信速率 187.5kbps，随机附赠通信线缆，无需单独购买。可单独连接电源线，也可通过通信电缆从 S7-200 SMART CPU 通信口获取电源。不需专用组态软件，使用 STEP7 Micro/WIN SMART TD 文本显示器向导即可组态。最多可组态 64 个画面，80 条报警信息。支持屏幕保护、密码保护功能。

2.13.2 实例：使用文本显示向导配置 TD400C

本例程介绍如何使用文本显示向导来配置 TD400C 的显示及报警信息。S7-200 SMART 提供文本显示配置向导，可以配置 TD 屏幕的菜单及报警信息，最多支持 5 个 TD 屏幕（TD0～TD4）的显示配置。

（1）TD 400C 的基本配置

单击 STEP 7-Micro/WIN SMART 的"工具"-"文本显示"向导，可调出文本显示配置项向导。

本例程使用 TD0 进行配置。

① 为 TD 显示器命名，例如 TD_ConsoleA，如图 2-47 所示。

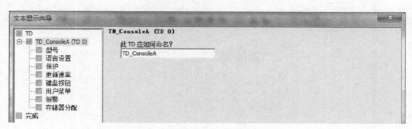

图 2-47　文本显示向导配置（1）

② 设置 TD400C 的型号。有 2.0 和 1.0 两种选择，根据实际硬件的型号和版本号进行配置，如图 2-48 所示。

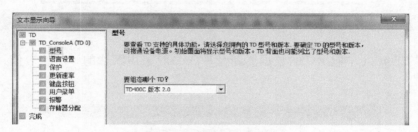

图 2-48　文本显示向导配置（2）

③ 设置语言。支持的语言包括中文、德文、法文、英文、意大利语和西班牙语，可以根据需要添加，如图 2-49 所示。

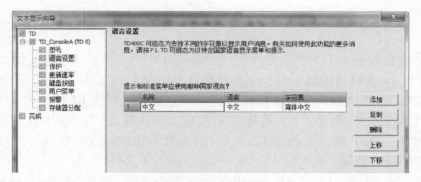

图 2-49　文本显示向导配置（3）

④ 设置密码。可以通过设置密码来防止在未经许可的情况下对 TD400C 系统菜单的访问。密码由四个数字组成，不能设置为字符。如图 2-50 所示将密码设置为 1689。

访问权限：勾选"启用'时间（TOD）'菜单"可以使能 TD400C 对 CPU 的时间设置功能；勾选"启用强制菜单"可以使能 TD400C 对 CPU 的 I/O 点的强制功能；勾选"启用'程

序存储卡'菜单",用户可以利用 TD400C 将 CPU 的程序拷贝到 Micro SD 卡中;勾选"启用'更改 CPU 操作模式'菜单",用户可以通过 TD400C 来改变 CPU 的运行或停止模式;勾选"启用'编辑 V 存储器'菜单",用户可以通过 TD400C 来编辑 V 存储区的数据。

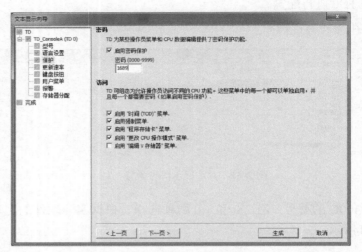

图 2-50　文本显示向导配置（4）

⑤ 配置 TD400C 与 CPU 的数据更新频率,一般采用默认的"尽快"值,如图 2-51所示。

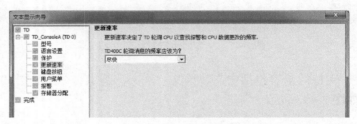

图 2-51　文本显示向导配置（5）

⑥ 定义键盘按键。TD400C 有 8 个键盘按键（F1 ~ F8）,通过使用 SHIFT 键,总计可以配置 16 个键盘按键。每一个键盘按键对应 V 可设置为"置位位"或者"顺动触点"。以 F1 为例,如果设置按钮操作为"置位位",则当 F1 按下时,其对应的 V 存储区（TD0_F1）将会被置 1;若将其配置成"顺动触点",则当 F1 按下时,其对应的 V 存储区（TD0_F1）会被置 1,当松开 F1 时,其对应的 V 存储区（TD0_F1）会被置 0,如图 2-52 所示。

⑦ 配置菜单。TD400C 最多支持 8 个用户菜单,每个菜单支持 8 个屏幕（总计 64 个画面）。通过按屏幕的上下键可以访问向导配置的画面。这里我们创建一个"过程监测"的菜单,在该菜单中创建两个屏幕,即"罐体_温度"和"电机电流及转速",如图 2-53 所示。

"罐体_温度"屏幕中,有 A 罐和 B 罐的温度显示,如图 2-54 所示。通过"插入CPU 数据"按钮,可以创建于 CPU 变量的关联。比如,我们将 A 罐的温度关联到 VW10,将 B 罐的温度关联到 VW12。

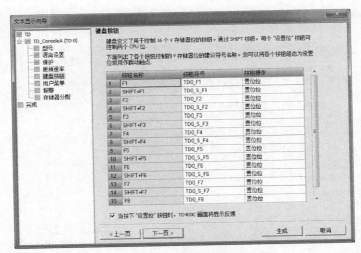

图 2-52 文本显示向导配置（6）

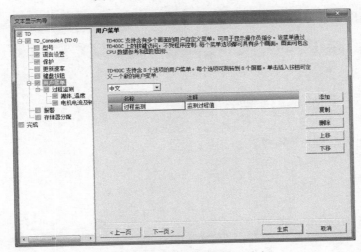

图 2-53 文本显示向导配置（7）

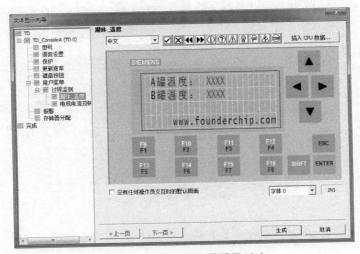

图 2-54 文本显示向导配置（8）

关联 A 罐温度地址见图 2-55。

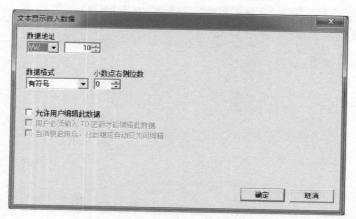

图 2-55　文本显示向导配置（9）

关联 B 罐温度地址见图 2-56。

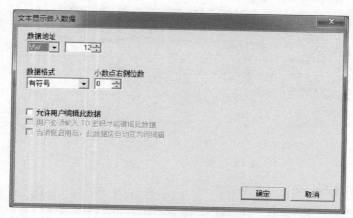

图 2-56　文本显示向导配置（10）

同样的方法，可以创建"电机电流及转速"屏幕，如图 2-57 所示。

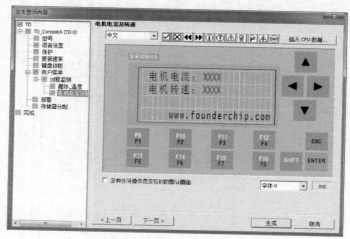

图 2-57　文本显示向导配置（11）

⑧ 配置报警信息。TD400C 可以在用户程序控制下显示报警信息，支持单行、双行或全屏三种模式报警。比如，创建一个电机电流报警的界面，如图 2-58 所示。

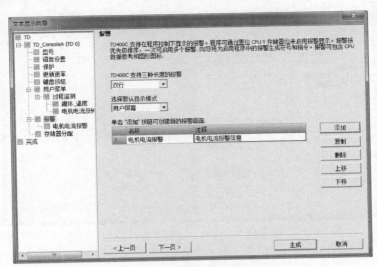

图 2-58　文本显示向导配置（12）

在电机电流报警界面中，配置报警信息，并显示当前电流值，如图 2-59 所示。如果勾选屏幕中的"报警应需要操作员确认"，则即便在报警触发条件消失后，报警画面也不能自动消失，必须人工按下屏幕的"ENTER"键确认；如果不勾选该选项，则当报警触发条件消失后，画面会自动消失。

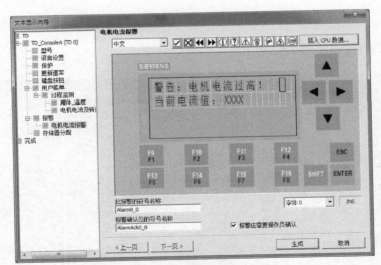

图 2-59　文本显示向导配置（13）

⑨ 分配 V 存储区。通过单击"建议"按钮，可以分配向导需要的 V 存储区地址，如图 2-60 所示。

⑩ 生成子程序。单击向导的"生成"按钮，向导会自动生成子程序及符号表。本例程生成"TD_CTRL_0"和"TD_ALM_0"两个子程序，如图 2-61 所示。

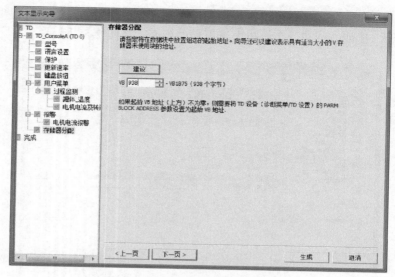

图 2-60　文本显示向导配置（14）

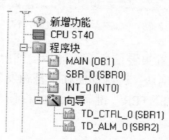

图 2-61　向导生成子程序

向导生成的符号表如图 2-62 所示。

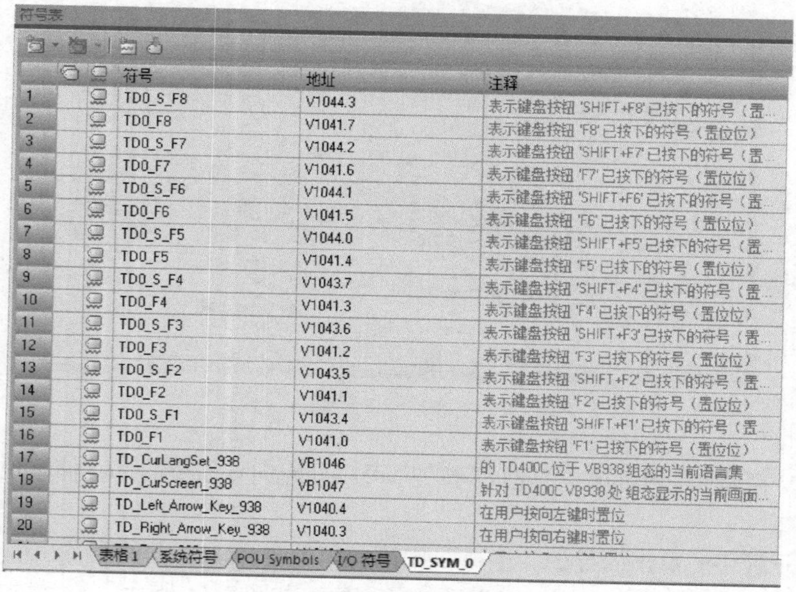

		符号	地址	注释
1		TD0_S_F8	V1044.3	表示键盘按钮 'SHIFT+F8' 已按下的符号（置…
2		TD0_F8	V1041.7	表示键盘按钮 'F8' 已按下的符号（置位位）
3		TD0_S_F7	V1044.2	表示键盘按钮 'SHIFT+F7' 已按下的符号（置…
4		TD0_F7	V1041.6	表示键盘按钮 'F7' 已按下的符号（置位位）
5		TD0_S_F6	V1044.1	表示键盘按钮 'SHIFT+F6' 已按下的符号（置…
6		TD0_F6	V1041.5	表示键盘按钮 'F6' 已按下的符号（置位位）
7		TD0_S_F5	V1044.0	表示键盘按钮 'SHIFT+F5' 已按下的符号（置…
8		TD0_F5	V1041.4	表示键盘按钮 'F5' 已按下的符号（置位位）
9		TD0_S_F4	V1043.7	表示键盘按钮 'SHIFT+F4' 已按下的符号（置…
10		TD0_F4	V1041.3	表示键盘按钮 'F4' 已按下的符号（置位位）
11		TD0_S_F3	V1043.6	表示键盘按钮 'SHIFT+F3' 已按下的符号（置…
12		TD0_F3	V1041.2	表示键盘按钮 'F3' 已按下的符号（置位位）
13		TD0_S_F2	V1043.5	表示键盘按钮 'SHIFT+F2' 已按下的符号（置…
14		TD0_F2	V1041.1	表示键盘按钮 'F2' 已按下的符号（置位位）
15		TD0_S_F1	V1043.4	表示键盘按钮 'SHIFT+F1' 已按下的符号（置…
16		TD0_F1	V1041.0	表示键盘按钮 'F1' 已按下的符号（置位位）
17		TD_CurLangSet_938	VB1046	的 TD400C 位于 VB938 组态的当前语言集
18		TD_CurScreen_938	VB1047	针对 TD400C VB938 处 组态显示的当前画面…
19		TD_Left_Arrow_Key_938	V1040.4	在用户按向左键时置位
20		TD_Right_Arrow_Key_938	V1040.3	在用户按向右键时置位

图 2-62　向导生成的符号表

50

（2）调用子程序

使用 SM0.0（始终接通）作为条件调用 TD_CTRL_0 子程序。当电机电流（VD14）大于 3.2A 时，启动报警（Alarm0_0），如图 2-63 所示。

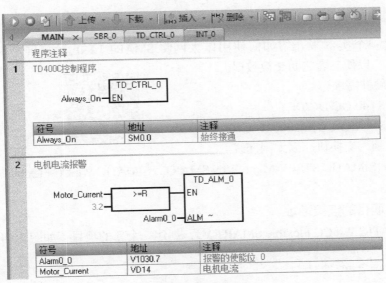

图 2-63　子程序调用

（3）TD400C 的配置及使用

① TD400C 的配置　通过 TD400C 的"诊断菜单"-"TD400C 设置"来配置必要的参数。

a. 设置 TD400C 的通信地址。通过上下按键来设置 TD400C 的 RS485 通信地址，该值在网络中必须唯一。默认地址为 1。

b. 设置与 TD400C 通信的 CPU 的地址，默认为 2。

c. 设置参数块地址，即向导中配置的 V 存储区的地址，本例程为 VB938。

d. 通信波特率。必须与 CPU 硬件配置中的波特率设置相同，默认为 9600bps。

② TD400C 的使用

a. ENTER 键用于选择菜单、确认故障或者数据的编辑。

b. ESC 键用于退出当前菜单或者取消当前设置。

c. 上下键菜单用于上下翻看菜单或者编辑数据。

2.13.3　SMART LINE 触摸屏

SIMATIC 精彩系列（SMART LINE）面板是西门子推出的经济适用、具有标准功能的高性价比触摸屏，目前最新版本是 SMART LINE V3。

V3 系列触摸屏面板有 7 英寸和 10 英寸两种尺寸，7 英寸触摸屏的分辨率为 800×480 像素，10 英寸触摸屏的分辨率为 1024×600 像素。两种尺寸的触摸屏都集成以太网口，可以与 S7-200 SMART、S7-200 及 "LOGO！" 系列 PLC 进行通信；都集成隔离串口（RS422/485 自适应切换），最大通信速率 187.5kbps，可连接西门子、三菱、施耐德、欧姆龙以及台达部分系列 PLC；都集成 USB 2.0 host 接口，支持 U 盘、鼠标、键盘、HUB；都支持 Modbus RTU 协议；都支持硬件实时时钟功能；都支持横向安装或竖向安装；都支持数据和报警记录归档功能，可创建 800 个变量、150 个画面和 256 条报警缓存（掉电保持）；都可创建 10×100 个配方，支持趋势曲线；可以使用 WinCC Flexible SMART V3 组态软件进行画面设计，简单直观，功能强大。

2.13.4 实例：使用以太网连接 SMART LINE

我们通过一个实例来介绍如何使用以太网将 SMART LINE 触摸屏与 S7-200 SMART CPU 进行连接，以便二者之间交换数据。

本实例的硬件需求：

① CPU：ST40 DC/DC/DC；

② HMI：SMART LINE 1000 IE（10 英寸）；

③ 编程电脑、交换机、以太网网线。

软件需求：SIMATIC STEP 7-Micro/WIN SMART，SIMATIC WinCC Flexible SMART V3。

步骤：

（1）设置项目的连接地址

打开 SIMATIC WinCC Flexible SMART V3，创建一个新的项目，如图 2-64 所示。

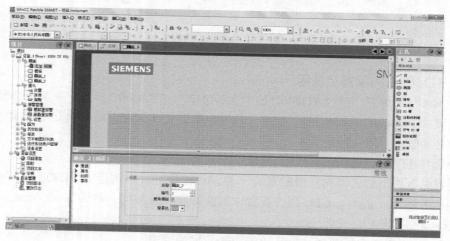

图 2-64　创建新项目

双击项目树的"通信"-"连接"，双击创建一条新的连接"连接 1"。修改"连接 1"的"通信驱动程序"为"SIMATIC S7 200 SMART"，如图 2-65 所示。

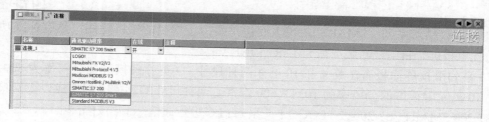

图 2-65　修改连接驱动

在"参数"-"接口"选择"以太网"，如图 2-66 所示。

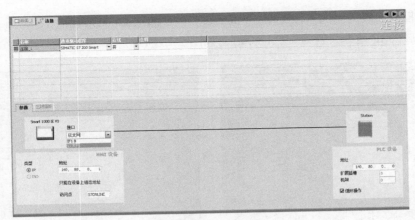

图 2-66　修改接口类型

　　根据实际情况修改触摸屏和 PLC 的 IP 地址，这里我们将"连接 1"中触摸屏的 IP 地址修改为 192.168.0.1；将 PLC 的 IP 地址设置为 192.168.0.2；编程电脑 PG 的 IP 地址为 192.168.0.100，如图 2-67 所示。

图 **2-67**　修改连接的 IP 地址

 　　这里修改的只是"连接 1"中的通信双方的 IP 地址，不是真实的触摸屏和 PLC 的地址。这两者的地址我们后续还要单独修改。另外编程电脑的 IP 地址必须与通信双方在同一个网段内。

（2）设置 SMART LINE 触摸屏的 IP 地址

给触摸屏上电，看到启动画面，点击"控制面板（Control Panel）"，如图 2-68 所示。

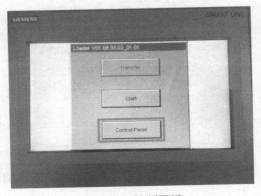

图 **2-68**　控制面板

双击"控制面板"中的"以太网（Ethernet）"，如图 2-69 所示。

将触摸屏的 IP 地址设置为 192.168.0.1，如图 2-70 所示。

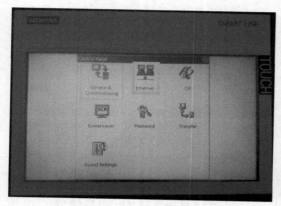 

图 2-69　控制面板中的以太网选项　　　　　图 2-70　设置触摸屏 IP 地址

（3）设置PLC的IP地址

打开 STEP 7-Micro/WIN SMART，双击"CPU ST40"，在"通信"-"以太网端口"设置 CPU ST40 的 IP 地址为 192.168.0.2，如图 2-71 所示。

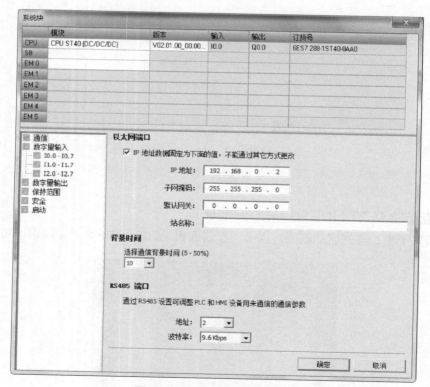

图 2-71　设置 CPU 的 IP 地址

将 PLC 的程序及触摸屏画面程序分别编译下载，然后 CPU ST40 就可以通过以太网与 SMART LINE 10 IE 交换数据了。

2.14　存储卡

2.14.1　存储卡的特性及功能

S7-200 SMART 标准型 CPU 模块的右下角有一个 Micro SD 卡的插槽，支持使用市面上通用的 Micro SD 卡来行使功能，支持 FAT32 文件系统，支持的卡的容量范围为 4G～32G。

使用该 Micro SD 卡可以进行如下功能：

① 恢复 CPU 到出厂默认设置；

② 进行 CPU 的固件版本升级；

③ 进行程序传输。

2.14.2　使用存储卡恢复出厂设置

S7-200 SMART CPU 模块的 SD 卡支持使用 FAT32 文件系统，可以使用通用的 Micro SD 卡让其恢复出厂的默认设置。恢复出厂默认设置包括如下几项操作：将 CPU IP 地址恢复为出厂默认设置，清空 CPU 程序块、数据库和系统块。具体步骤如下。

（1）准备恢复出厂默认设置的文件

① 用 Windows 系统自带的记事本新建一个文本文档，在其中写入字符串"RESET_TO_FACTORY"，并保存。

② 将该文本文档重新命名为 S7_JOB.S7S（注意后缀名必须是 .S7S）。

③ 将文件"S7_JOB.S7S"拷贝到一个空白的 Micro SD 卡中。

（2）开始恢复出厂默认设置

① 将 S7-200 SMART CPU 模块断电，然后插入刚才的 Micro SD 卡。

② 将 CPU 模块重新上电，它会自动检测到 Micro SD 卡中的内容，并开始执行恢复出厂默认设置。在这个过程中，CPU 模块的运行指示灯与停止指示灯会以 2Hz 的频率交替点亮。

（3）恢复成功的提示

当运行指示灯熄灭，而停止指示灯开始闪烁时，表示已经成功恢复出厂设置。此时可以取下 Micro SD 卡。

2.14.3　使用存储卡进行固件升级

S7-200 SMART 支持使用存储卡（Micro SD 卡）进行固件升级，极大地方便了广大用户对产品功能的扩展。使用 Micro SD 卡进行固件升级的步骤如下。

① 到西门子官网下载需要升级的固件文件。

② 在 Windows 操作系统下，用普通读卡器将下载的新的固件文件拷贝到一个空白的 Micro SD 卡中。

③ 将 CPU 模块断电，然后插入带有升级文件的 Micro SD 卡。

④ 将 CPU 模块上电，CPU 会检测到 Micro SD 卡的内容并自动进行固件升级。升级的过程中运行指示灯和停止指示灯会以 2Hz 的频率交替点亮。

⑤当运行指示灯熄灭，而停止指示灯开始闪烁时，表示固件升级完成。此时可以取下 Micro SD 卡。

固件，英文名称"firmware"，是 CPU 厂商设计开发的一种软件，其功能是管理 CPU 的存储、外设等，相当于操作系统的角色。因其被固化到 CPU 模块的内部，因此称为"固件"。固件升级其实是一种软件版本的更新，新版本的软件可以更好地利用现有的硬件资源，扩展软件功能，修改老版本的缺陷，提供更多的软件支持。在 S7-200 的时代，CPU 一旦出厂，其固件版本基本就定了，客户不能自己升级版本。要更新版本，必须将 CPU 返厂，可想而知，这很不方便。如果设备正在被使用，返厂升级固件根本就不能做到。现在 S7-200 SMART 支持使用 SD 卡进行固件升级，确实很方便。

2.14.4 使用存储卡进行程序传输

使用存储卡进行程序传输包括两个步骤：第一，制作一张程序传输卡；第二，使用程序传输卡进行程序拷贝。

（1）制作程序传输卡的步骤

①将源程序下载到 CPU 模块中。

②将 CPU 模块设置为停止运行（STOP）状态，然后插入事先装备好的空白存储卡（注意：必须是空白卡，不能是有固件的或恢复出厂设置的卡）。

③在 STEP 7-Micro/WIN SMART 中，点击"PLC"→"设定/存储卡"，打开"程序存储卡"对话框，选择需要被拷贝到存储卡上的块（程序块、数据块、系统块），点击"编程"按钮，如图 2-72 所示。

图 2-72　"程序存储卡"对话框

④ 程序卡制作成功后，STEP 7-Micro/WIN SMART 的"程序存储卡"对话框会显示"编程已成功完成！"，此时程序传输存储卡已经制作完成，如图 2-73 所示。

图 2-73　"编程已成功完成"界面

　使用 STEP 7-Micro/WIN SMART 的"PLC"-"设定/存储卡"功能时，是将CPU 内部存储区的程序拷贝至存储卡，而不是在 STEP 7-Micro/WIN SMART 软件中打开的程序，所以必须先将程序下载到 CPU 中，才能执行该操作。

（2）使用程序传输卡进行程序拷贝

① 将目标 CPU 模块断电，并插入准备好的程序传输卡。

② 给 CPU 模块上电，CPU 会自动识别程序传输卡并将其内容拷贝到内部存储区。拷贝的过程中，CPU 模块的运行（RUN）指示灯和停止（STOP）指示灯以 2Hz 的频率交替点亮。

③ 当运行指示灯熄灭，只有停止指示灯闪烁时，表示程序已经传输完成。此时可以从CPU 模块中取下程序传输卡。

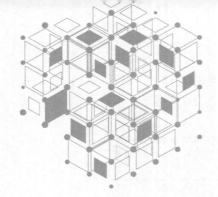

第 3 章 PLC 软件

3.1 编程开发环境

3.1.1 STEP 7-Micro/WIN SMART 简介

STEP 7-Micro/WIN SMART 是西门子专门为 S7-200 SMART 系列 PLC 设计的编程开发软件。目前最新的版本为 V2.5，其界面如图 3-1 所示。

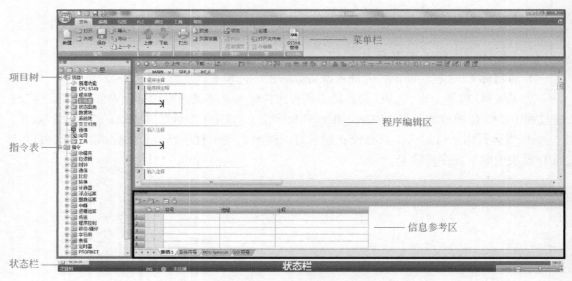

图 3-1 STEP 7-Micro/WIN SMART 界面

STEP 7-Micro/WIN SMART 编程软件是免费的，可以在西门子官网（http://www.siemens.com.cn/s7-200smart）下载，目前最新版本为 V02.05.00.00_00.02，软件的大小为575MB。

3.1.2　使用 STEP 7-Micro/WIN SMART 进行固件升级

STEP 7-Micro/WIN SMART 支持 Windows 7（32 位和 64 位）和 Windows 10（支持 64 位），对计算机的配置要求不高，不小于 350MB 的空闲硬盘空间就可以供其运行。

从 V2.3 版本开始，STEP 7-Micro/WIN SMART 还支持对 CPU 进行固件升级。

S7-200 SMART V2.4 固件版本的标准型 CPU 模块开始支持 PROFINET 通信，V2.5 版本标准型 CPU 开始支持智能设备（I-Device）功能，而之前的版本是不支持的。因此，为了使用 S7-200 SMART 的新功能，必须对 CPU 的固件进行升级。

固件升级可以采用 2.14.3 节介绍的 Micro SD 卡的方法。如果没有 Micro SD 卡，可以使用 STEP 7-Micro/WIN SMART 软件（V2.3 以上版本）进行固件升级，具体步骤如下。

① 到 S7-200 SMART 官网（http://www.siemens.com.cn/s7-200smart）下载 CPU 的最新固件版本。

② 图 3-2 是作者下载的最新的 V2.5 版本固件的截图。

本地磁盘 (E:) > Software > PLC > Siemens > SMARTCPU_V02.05.00_00.00.07.00			
名称	修改日期	类型	大小
6ES7 288-1SR20-0AA0 V02.05.00	2019/11/21 14:32	压缩(zipped)文件...	1,395 KB
6ES7 288-1SR30-0AA0 V02.05.00	2019/11/21 14:33	压缩(zipped)文件...	1,395 KB
6ES7 288-1SR40-0AA0 V02.05.00	2019/11/21 14:33	压缩(zipped)文件...	1,395 KB
6ES7 288-1SR60-0AA0 V02.05.00	2019/11/21 14:34	压缩(zipped)文件...	1,395 KB
6ES7 288-1ST20-0AA0 V02.05.00	2019/11/21 14:34	压缩(zipped)文件...	1,395 KB
6ES7 288-1ST30-0AA0 V02.05.00	2019/11/21 14:34	压缩(zipped)文件...	1,395 KB
6ES7 288-1ST40-0AA0 V02.05.00	2019/11/21 14:34	压缩(zipped)文件...	1,395 KB
6ES7 288-1ST60-0AA0 V02.05.00	2019/11/21 14:35	压缩(zipped)文件...	1,395 KB

图 3-2　S7-200 SMART V2.5 版本固件截图

③ 打开 STEP 7-Micro/WIN SMART V2.5，查找 CPU（图 3-3）。

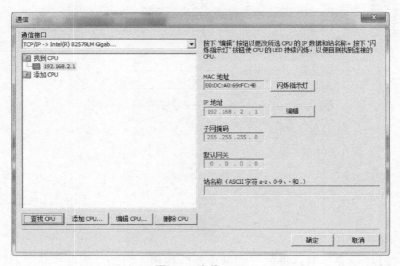

图 3-3　查找 CPU

④ 单击菜单栏"PLC"选项卡的"PLC"按钮（图 3-4）。

图 3-4　PLC 按钮

⑤ 在弹出的"PLC 信息"对话框中，可以看到当前 PLC 的信息，包括订货号、序列号、固件版本号等，如图 3-5 和图 3-6 所示。

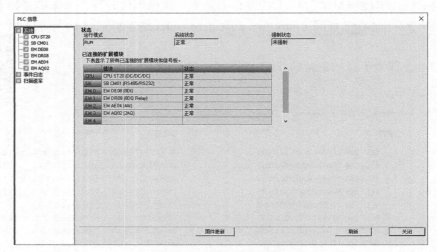

图 3-5　当前 CPU 系统

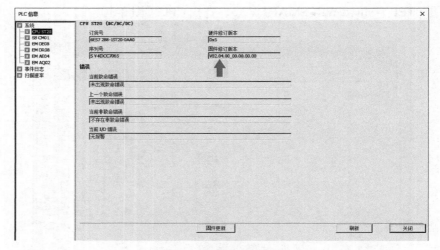

图 3-6　当前 CPU 信息

⑥ 单击"PLC 信息"对话框的"固件更新"按钮，启动"固件更新"对话框。在"固件更新"对话框中，单击"浏览"按钮，找到之前准备好的要更新的固件，如图 3-7～图 3-9 所示。

⑦ 单击"更新"按钮对 CPU 的固件进行更新，更新过程中不要关闭 CPU 的电源。根据通信接口的类型及波特率设置的不同，固件更新可能需要几分钟或更长时间。固件更新期间 CPU 的输出被禁用。

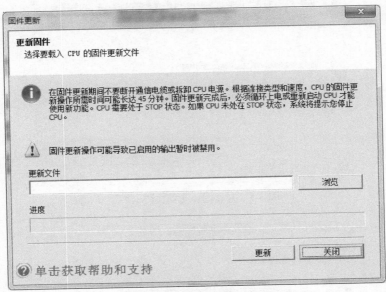

图 3-7　"固件更新"对话框

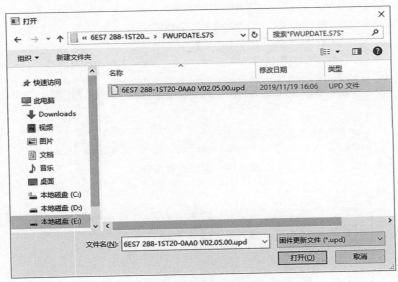

图 3-8　查找固件更新文件（1）

⑧ 固件更新过程不要断电。更新完成后，STEP 7-Micro/WIN SMART 会给予提示，如图 3-10 所示。

⑨ 固件更新完成后，给 CPU 断电，稍等几秒后，重新上电，以激活新的固件。重新上电后连接 CPU 模块，检查固件版本是否得到更新，如图 3-11 所示。可以看到，CPU 的固件版本已经由原来的 V2.4 变成了 V2.5。

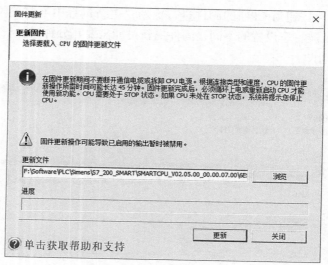

图 3-9　查找固件更新文件（2）

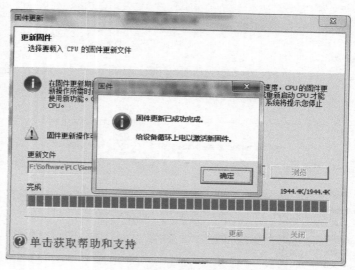

图 3-10　固件更新完成

图 3-11　检查更新后的固件版本号

3.1.3　S7-200 SMART 的编程语言

S7-200 SMART 支持三种编程语言，即梯形图（LAD）、功能块图（FBD）和语句表（STL），语句表等同于 IEC 61131-3 标准中的指令表。

（1）梯形图

梯形图（LAD）是从早期的继电器控制系统原理图演变而来的，与继电器电路相似，保留了继电器电路的风格和习惯。梯形图语言编程的基本概念包括能量线、常开触点、常闭触点、线圈等，这些都来自实际的继电器控制电路，很容易理解。用梯形图编写的代码直观易懂，对于熟悉继电器控制系统人员来说，梯形图是最容易接受和使用的编程语言。图 3-12 是用梯形图语言编写的电机启动、保持、停止的程序代码。

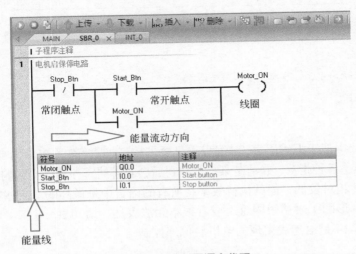

图 3-12　梯形图语言代码

从图 3-12 中可以看出，在梯形图的最左边有一条能量线，能量可以沿着能量线按照从左到右的方向进行流动。能流可以流过闭合的触点，但不能流过断开的触点。当程序中从左到右的方向形成一条通路时，能量可以到达线圈，此时线圈就会得电（有输出信号）。比如图 3-12 所示程序代码中，由于 "Stop_Btn" 为常闭触点，默认情况下能量可以从能量线流过该触点；其后连接的 "Start_Btn" 为常开触点，因此，能量停在这里无法通过。此时线圈 "Motor_ON" 不会得电，电机处于停止状态。当按下 "Start_Btn" 后，Start_Btn 变成导通状态，能量可以流过从而到达线圈 "Motor_ON"。于是线圈得电，电机开始运行。

（2）功能块图

功能块图（FBD）编程语言从数字电路演化而来，它采用数字电路的逻辑符号，用类似于 "与门" "或门" "非门" 等方框来表示逻辑关系。功能块图中的方框被称为指令框，指令框的左右两边都有引脚。左边引脚为指令运算的输入，右边引脚为指令运算的输出。多个指令框用 "导线" 连接，能量可以从左往右流动。

上述电机启保停电路用 FBD 语言编写时如图 3-13 所示。

在方框图中，最左边并没有能量线，程序的执行主要看指令的逻辑运算结果。图 3-13 中的 "AND" 表示与门，"OR" 表示或门。

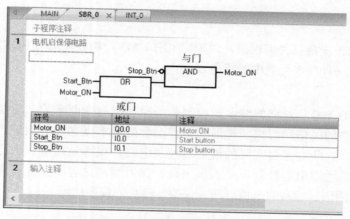

图 3-13　FBD 语言代码

 本书以 FBD 作为主要编程语言。

（3）语句表

语句表（STL）类似于汇编语言，对编程人员要求较高，需要熟悉 PLC 内部的各种寄存器、状态字等；需要熟悉各种指令，并清楚某指令执行后会对哪些寄存器产生影响。语句表（STL）编写的程序可读性相对较低，但其执行效率在所有的语言中是最高的。有些特殊的功能使用其他语言（比如梯形图）表达很困难，或者根本无法表达，语句表（STL）可能通过几行代码就完成了。图 3-14 是语句表实现的电机启保停控制。

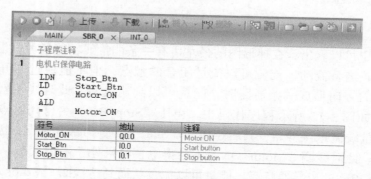

图 3-14　语句表电机启保停控制

3.2　编程的基本概念

3.2.1　数据类型

数据类型（Data Type）是数据在 CPU 中的组织形式，它明确了数据的长度及数据的操作方式（支持哪些指令）。编程时给变量指定数据类型后，编译器会给该变量分配相应长度的存储空间并明确该变量的操作方式。在 S7-200 SMART 中，使用变量表进行赋值时，必须为每一个变量指定数据类型。

S7-200 SMART 支持的数据类型包括基本数据类型和复杂数据类型。基本数据类型包括如下几种。

① 布尔型（BOOL）数据。布尔型数据占用内存的一个位，其取值只有两种情况：0 或者 1。在 PLC 的编程中，通常用字节的某个"位"来表示布尔型的变量。比如数字量输入点"I 0.0"就是一个布尔型变量，它表示输入缓冲区的第 0 个字节的第 0 位。

② 字节（BYTE）。8 个位组成一个字节，如图 3-15 所示。

在 PLC 中，输入模块和输出模块的通道也是按照字节的顺序来存放的。比如 I0.0 ~ I0.7，这 8 个输入"位"组成"IB0"。字节类型可以作为有符号数或者无符号数。当作为有符号数时，其取值范围为 −128 ~ +127；当作为无符号数时，其取值范围为 0 ~ 255（0xFF）。

③ 整型（INT）数据。整型数据占用两个字节，用来表示有符号数，其取值范围为 −32768 ~ +32767。整型数据的最高位为符号位，"0"表示正数，"1"表示负数，如图 3-16 所示。

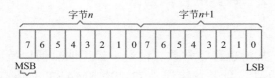

符号位：0 表示正数；1 表示负数
MSB：最高权重位
LSB：最低权重位

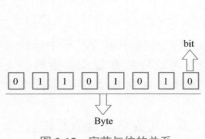

图 3-15　字节与位的关系　　　　　图 3-16　整型数据

④ 双整型（DINT）数据。双整型数据由两个整型数据组成，是 32 位的有符号数，其取值范围为 −2147483648 ~ +2147483647。

⑤ 字（WORD）：字是由两个字节组成的 16 位的无符号数，其取值范围为 0 ~ 65535。与整型数据不同，字类型没有符号。

⑥ 双字（DWORD）数据。顾名思义，"双字"由两个"字"组成，它是 32 位的无符号数，取值范围为 0 ~ 4294967295。

⑦ 实型（REAL）数据。实型数据占用四个字节，用来表示浮点数。表示的取值范围为：正数，+1.175495E−38 ~ +3.402823E+38；负数，−1.175495E−38 ~ −3.402823E+38。

实型数据总计 32 个"位"，被分成三个部分：

a. 符号位：最高位（第 31 位），正数为"0"，负数为"1"。

b. 指数位：第 23 ~ 30 位，用于存储科学计数法中的指数数据，并且采用移位存储。

c. 尾数部分：第 0 ~ 22 位，表示浮点数的尾数部分。

对于"指数位"，为了处理负指数的需要，其存储的值为实际指数加上偏移量"127"。比如，若实际指数为"0"，则存储值为"127"；若实际指数为"−64"，则存储值为"63"，如图 3-17 所示。

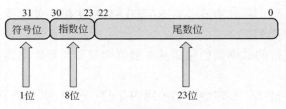

图 3-17　实型数据

⑧ 字符串（STRING）。字符串是字符的集合，其长度的取值范围为 1 ~ 255。字符串的第一个字节用来表示其长度，其后是以 ASCII 码表示的字符串的内容。长度为 n 的字符串占用内存的大小为 $n+1$ 个字节，如图 3-18 所示。

Length	Character1	Character2	Character3	Character4	...	Character254
字节0	字节1	字节2	字节3	字节4		字节254

图 3-18　字符串在内存中存放

3.2.2　数据的存储方式

3.2.2.1　常量

常量也称为常数。常量一经声明后便保持不变，试图在程序运行过程中修改一个常量的值将会引发错误。S7-200 SMART 的很多指令都可以使用常量作为参数，支持的常量形式包括二进制常量、十进制常量、十六进制常量、ASCII 常量、字符串常量、实数常量。

① 二进制常量。二进制常量以标识符"2#"开头，其数字基数为 0 和 1，比如：2#1101_1111。它代表的二进制数为 1101 1111，即十进制数 223。

　常量 2#1101_1111 中的下划线也可以去掉，写作 2#11011111，两种方式都是允许的。下划线的好处是可以增加程序的可读性。

② 十进制常量。十进制常量不需要特殊的标识符，直接写一个数值即可，比如：2018。

③ 十六进制常量。十六进制常量以标识符"16#"开头，其数字基数为 0 ~ 9 及英文字母 A ~ F。比如：16#1A_1B。它代表的十六进制数为 1A1B，即十进制数 6683。

④ ASCII 常量。ASCII 常量是使用英文的单引号包含的常数字符，比如："ABC"。

⑤ 字符串常量。字符串常量是使用英文的双引号包含的字符串，比如："ABC"。

从外观上看，ASCII 常量与字符串常量的区别仅在于前者使用单引号，后者使用双引号。但是，在 PLC 的存储上二者有所不同。以数据"ABC"为例，假设将其存放到地址 VB0，当将其作为 ASCII 常量使用时，它占用三个字节：VB0 存放"A"，VB1 存放"B"，VB2 存放"C"。当将其作为字符串常量使用时，它占用四个字节，VB0 存放的是字符串的长度"3"；VB1 存放"A"，VB2 存放"B"，VB3 存放"C"，如表 3-1 所示。

表 3-1 ASCII 常量和字符串常量

数据	存放形式	起始地址	内存映射			
			VB0	VB1	VB2	VB3
ABC	ASCII 常量	VB0	A	B	C	
ABC	字符串常量	VB0	3	A	B	C

在 ASCII 常量和字符串常量中，如果要表示特殊字符，需要用符号 "$" 转义。比如，要使用一个含有双引号的字符串 A "BC" D，要写成 "A$" BC$" D"。或者要显示一个字符串 "Cost $50"，需要写成 "Cost $$50"。常见的转义字符见表 3-2。

表 3-2 常见转义字符

转义字符	含义
$$	美元符号
$'	英文单引号
$"	英文双引号
$L 或 $l	换行符号
$N 或 $n	新行符号
$P 或 $p	换页符号
$T 或 $t	制表符号

⑥ 实数常量。表达一个十进制的浮点数。当数值带有小数点时，即被视为实数常量。比如，可以在数据块表中定义 VD0 为 3.1415926，也可以在某些支持实数的指令参数中直接写入实数。

3.2.2.2 变量

变量是指在程序的运行中值可以改变的量。与常量不同，变量必须明确其存放的内存区域及访问方式。比如输入缓存区的第 0 个字节的第 0 位，其物理地址为 "I0.0"。"I0.0" 就是一个物理地址表示的变量，它表明了其存放的内存位置及支持的操作指令（位操作指令）。由于物理地址并不能表示实际的工程意义，比如 "I0.0"，仅从字面上来看，并不知道它代表的是一个按钮的输入还是一个压力开关的信号。为了增加程序的可读性，在 STEP 7 Micro-WIN/SMART 中，可以为物理地址的变量起一个易于记忆的名字，这就是变量的符号名。比如，可以为 I0.0 起一个符号名：Start_Button，这样在阅读程序时就方便很多。

定义变量的符号名时应该遵循如下语法规则：

① 符号名可包含字母、数字、字符、下划线以及从 ASCII 128 ~ ASCII 255 的扩充字符；

② 符号名的第一个字符不能为数字；

③ 不要使用关键字作为符号名；

④ 符号名的最大长度不能超过 23 个字符。

常量也可以定义符号名，遵循相同的规则。

（1）变量的作用域

变量的作用域是指变量的作用范围，也就是在哪些范围内该变量是有效的。根据作用域的不同，变量可以分为全局变量和局部变量。在 S7-200 SMART 中，除了存放在局部数据存储区的变量，其他的都是全局变量。全局变量在整个程序范围内都有效。比如，存放在变量存储区中的变量就属于全局变量（例如 VB0），可以在主程序、子程序或中断程序中使用。存放在局部变量存储区中的变量属于局部变量。

局部变量仅能在特定的程序组织单元（POU）中使用。S7-200 SMART 为每一个程序组织单元分配了 64 字节的局部变量存储区。

程序组织单元是 S7-200 SMART PLC 程序的基本单元，更多信息请参考 3.2.4 节程序结构的介绍。

（2）系统变量

S7-200 SMART 提供一些系统级的变量供用户在程序中使用，这些变量存放在特殊存储区（Special Memory），并为每一个变量定义了符号名。比如 SM0.0 是特殊存储器第一个字节的第 0 位，它的值在 CPU 的扫描周期中始终为 1（ON），可以作为程序中始终要运行的代码的使能条件。再比如 SM0.1，它的值仅在 CPU 的第一个扫描周期中为 1（ON），可以作为程序中仅需要运行一次的代码的使能条件。

3.2.3 数据存储区

S7-200 SMART 的存储区可以分为两大类：一是跟外部物理信号相关的输入 / 输出映像区 / 存储区；二是 CPU 内部的存储区。

（1）输入/输出映像区/存储区

数字量输入映像区（DI）；数字量输出映像区（DO）；模拟量输入存储区（AI）；模拟量输出存储区（AO）。

（2）内部存储区

变量存储区（V）；标志存储区（M）；定时器（T）；计数器（C）；高速计数器（HC）；累加器；特殊存储器（SM）；局部存储区（L）；顺序控制继电器存储区（S）。

CPU 在每个扫描周期的初期将物理外设的数字量输入信号扫描到数字量输入映像区（DI）中，程序在运行过程中的数字量输出值暂存在数字量输出映像区（DO）中，并在扫描周期的末期将数字量输出映像区的值刷新到物理输出模块。数字量输入 / 输出映像区是可读且可写的，在程序中对某些数字量输入位进行写操作，便可以模拟外部的数字量输入信号。CPU 对模拟量的处理有所不同，模拟量的值存放在模拟量输入 / 输出存储区中。

模拟量的存放区被称为"存储区"而不是"映像区"或者"缓存区"。对于程序中使用的模拟量，是直接从存储区进行读取或写入的。模拟输入（AI）存储区是只读的，模拟量输出（AO）存储区是只写的；变量存储区（V）用来存放程序在运行过程中的中间变量或者需要的配方数据；标志存储区（M）用来存放逻辑运算的中间结果。其实，在编程时，变量存储区和标志存储区没有明显的界限，也可以用变量存储区来存放逻辑运算的中间结果。两者都可以位、字节、字或者双字的方式进行访问，其区别在于变量存储区（V）比标志存储区（M）要大很多。比如，在 CPU ST40 中，变量存储区的范围为 VB0 ~ VB16383，而标志存储区的范围为 MB0 ~ MB31。程序运行过程中需要的配方数据，需要在数据块编辑器中设置并存放在变量存储区（V）中。

　　① 定时器　用来计时。S7-200 SMART 定时器的时间基准有 1ms、10ms 和 100ms 三种。定时器有两种变量：当前值和定时器位。当前值是一个 16 位的无符号整数，用来记录当前的时间；定时器位是一个位，用来记录定时器是否已经被触发（当前值大于设定值）。以定时器的地址（T+ 编号）既可以访问当前值，也可以访问定时器位，取决于访问指令的类型。位操作指令访问的是定时器的位，字操作指令访问的是定时器的当前值。以图 3-19 为例：第一段程序是读取定时器 T3 的当前值，并将其存放到 VW10，属于字操作；第二段程序是读取定时器 T3 的位，并将其输出到 Q0.0，属于位操作。

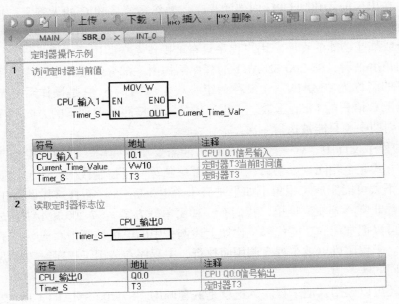

图 3-19　定时器的字操作与位操作

　　② 计数器　用来进行计数。S7-200 SMART 提供三种计数器：向上计数器、向下计数器和上下计数器。与定时器类似，计数器也有一个当前值（16 位无符号整数）和一个计数器位，其地址以字母 C 加上编号表示（比如 C10）。使用字操作指令可以访问计数器的当前值，使用位操作指令可以访问计数器的位。S7-200 SMART 的 CPU 最大支持 256 个计数器（编号 C0 ~ C255）。

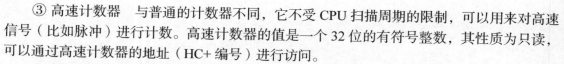

③ 高速计数器　与普通的计数器不同，它不受 CPU 扫描周期的限制，可以用来对高速信号（比如脉冲）进行计数。高速计数器的值是一个 32 位的有符号整数，其性质为只读，可以通过高速计数器的地址（HC+ 编号）进行访问。

④ 累加器　可以用来传递参数或存放指令运算的中间结果。S7-200 SMART 提供 4 个 32 位的累加器（AC0 ～ AC3）。累加器可以字节、字或者双字的方式进行访问。

⑤ 特殊存储器（SM）　存放着与系统运行有关的特殊变量。S7-200 SMART PLC 的操作系统会将系统状态等信息写入到特殊存储器中，用户程序通过访问特定的特殊存储器，就可以获取一些系统级的信息。比如，SM0.0 始终为 1，SM0.5 会产生 1s 的时钟脉冲等。S7-200 SMART 有非常多的特殊存储器，可以参考 8.7 节中的常用特殊存储器。

⑥ 局部存储区（L）　用来保存程序块的运行信息。S7-200 SMART 为每一个程序组织单元（POU）分配了 64 个字节的局部存储区，其中可以存放程序运行所需要的输入、输出、输入输出及临时变量。局部存储区中的变量仅在当前 POU 运行时有效，POU 运行结束后将被释放。

⑦ 顺序控制继电器存储区（S）　与顺序控制继电器相关，在编写顺序控制流程图中使用。它可以位、字节、字和双字的方式进行访问，其地址符号为 S，比如 S3.1、SB6 等。

3.2.4　程序结构

在 S7-200 SMART CPU 的内部运行着两类程序：操作系统和用户程序。操作系统是由厂家设计的、在出厂前固化到 CPU 内部的程序。操作系统是 PLC 的大管家，担负着管理系统内存、执行用户程序、处理中断、状态诊断及各种通信处理。用户程序是由用户编写的、用来完成某个或某些功能的程序。用户程序只有被操作系统调用后才能执行。

从用户的角度来看，S7-200 SMART 的程序结构由三部分组成：主程序、子程序和中断程序。主程序的名称为"MAIN"，又称为组织块 1（OB1），它是操作系统调用用户程序的接口，类似于 C 语言的 Main 函数。主程序中的指令按照从上到下的方向顺序执行，在每一个循环扫描周期中，只能被执行一次。

在 PLC 的程序设计中，有一些功能代码可能需要反复调用。比如，现场有五个相同的电机，其控制方式完全相同。如果每一个电机都单独写一段控制代码，会增加很多工作量，有时候甚至是不太可能完成（想象下如果是五十个电机呢？）。而且这样做对于代码的阅读和日后的维护都非常不方便。这里，我们有一种简单的方案。S7-200 SMART 支持模块化程序设计。我们可以把常用的功能代码（比如上述例子中的电机控制）写成一个子程序，根据需要设计形参。子程序可以被主程序调用而执行，主程序在调用子程序时，根据实际情况，为其形参赋不同的实参值。

子程序中还可以调用其他子程序，这就是嵌套调用。S7-200 SMART CPU 支持最大嵌套深度为 8 层（从主程序开始算）。子程序的另一个好处是增加了程序的可移植型。

中断程序也是操作系统与用户程序的一种接口，用户把中断处理的代码写在中断程序中。当中断发生时，操作系统调用相应的中断程序，而执行中断处理。

S7-200 SMART 中，主程序、子程序和中断程序都被称为程序组织单元（POU）。

 注意　　OB 是 Organization Block 的缩写，中文翻译为"组织块"。

70

3.3　常用指令

3.3.1　逻辑指令

逻辑指令包括位逻辑指令和字逻辑指令。位逻辑指令的操作数是一个位。由于位只有 0 和 1 两种状态，当位的值为 1 时，也称作"真"，当位的值为 0 时，也称作"假"。常见的位逻辑指令包括：与（AND）、或（OR）、非（NOT）、置位（S）、复位（R）、线圈输出等。

① 与指令（AND）：与指令有两个操作数。当指令两边的操作数都为真时，指令的运算结果为真；否则，结果为假。

与指令示例如图 3-20 所示。当程序执行到该指令时，若 I0.0（CPU_ 输入 0）和 I0.1（CPU_ 输入 1）两个输入信号都为 1 时，M0.0（中间变量 M0）的值为 1；否则，M0.0 的值为 0。

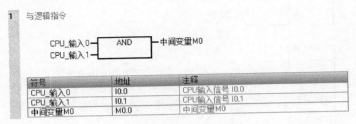

图 3-20　与指令示例

与指令梯形图语言代码如图 3-21 所示。

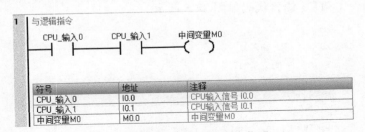

图 3-21　与指令梯形图语言代码

与指令语句表（STL）语言代码如图 3-22 所示。

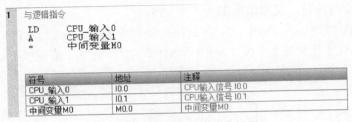

图 3-22　与指令 STL 语言代码

② 或指令（OR）：或指令有两个操作数。当指令两边的任何一个操作数为真时，指令的运算结果为真；当指令两边的操作数都为假时，结果为假。

或指令示例如图 3-23 所示。当程序执行到该指令时，I0.0（CPU_输入 0）或者 I0.1（CPU_输入 1）两个输入信号任何一个为 1 时，M0.0（中间变量 M0）的值便为 1；否则，M0.0 的值为 0。

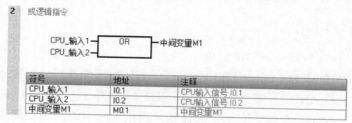

图 3-23　或指令示例

或指令梯形图语言代码如图 3-24 所示。

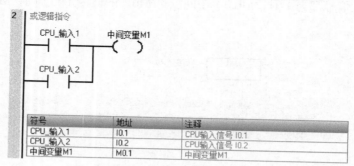

图 3-24　或指令梯形图语言代码

或指令语句表（STL）语言代码如图 3-25 所示。

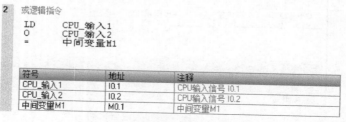

图 3-25　或指令 STL 语言代码

③ 置位指令（S）：置位指令可以将指定地址开始的 n 个位置位（将其值变为 1）。指令中的 n 表示置位的位数，其取值范围为 1 ~ 255。

置位指令示例如图 3-26 所示。当 CPU 执行该指令时，若 I0.2（CPU_输入 2）的输入信号为 1，则从 M1.0 开始的 8 个位（M1.0 ~ M1.7）会被置位（值变成 1）。

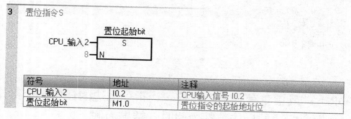

图 3-26　置位指令示例

置位指令梯形图语言代码如图 3-27 所示。

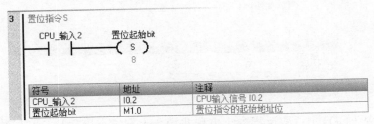

图 3-27　置位指令梯形图语言代码

置位指令 STL 语言代码如图 3-28 所示。

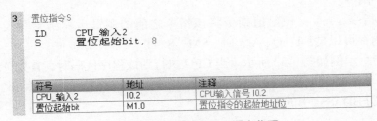

图 3-28　置位指令 STL 语言代码

④ 复位指令（R）：复位指令可以将指定地址开始的 n 个位复位（将其值变为 0）。指令中的 N 表示复位的位数，其取值范围为 1 ～ 255。

复位指令示例如图 3-29 所示。当 CPU 执行该指令时，若 I0.3（CPU_ 输入 3）的输入信号为 1，则从 M2.0 开始的 8 个位（M2.0 ～ M2.7）会被复位（值变成 0）。

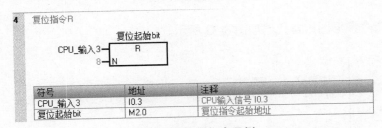

图 3-29　复位指令示例

复位指令梯形图语言代码如图 3-30 所示。

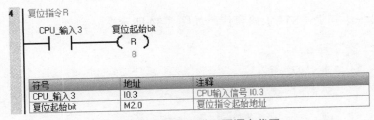

图 3-30　复位指令梯形图语言代码

复位指令语句表（STL）语言代码如图 3-31 所示。

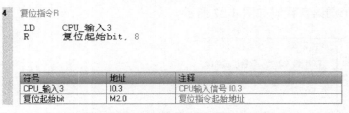

图 3-31　复位指令 STL 语言代码

⑤ 取反指令（NOT）：取反指令（也称非指令）有一个操作数，其运算结果是将操作数的值取反。当操作数为真时，运算结果为假；当操作数为假时，运算结果为真。在 S7-200 SMART 的 STL 语句中，取反指令为：NOT。当使用 FBD 语言时，取反指令为程序框前面加上一个小圆圈。

⑥ 位赋值指令（＝）：位赋值指令将该指令之前的逻辑运算结果写入指定的内存地址区。写入的内存可以是：I、Q、V、M、SM、S、T、C、L 等。

取反赋值指令示例如图 3-32 所示。当 CPU 执行到该程序代码时，首先读取 I0.2（CPU_输入 2）的值，然后将其取反，最后将取反后的值写入到 Q0.2（CPU_输出 2）中。程序框前面的小圆圈是 FBD 语言中的取反指令。

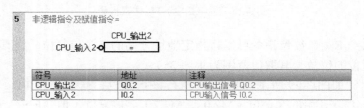

图 3-32　取反赋值指令示例

取反赋值指令梯形图语言代码如图 3-33 所示。

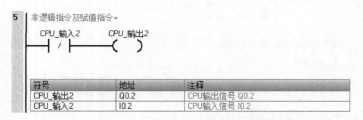

图 3-33　取反赋值指令梯形图语言代码

取反赋值指令语句表（STL）语言代码如图 3-34 所示。

图 3-34　取反赋值指令 STL 语言代码

字逻辑指令包括四种：与（AND）、或（OR）、异或（XOR）和取反（INVERT）。其操作数可以是字节（Byte）、字（Word）或者双字（Double Word）。这样，指令加上操作数总共有12种组合，见表3-3。

表3-3 字逻辑指令列表

FBD/LAD 语言指令名称	STL 语言指令名称	含义	说明
WAND_B	AND8	字节与	两个字节按位进行逻辑与运算
WAND_W	ANDW	字与	两个字按位进行逻辑与运算
WAND_DW	ANDD	双字与	两个双字按位进行逻辑与运算
WOR_B	ORB	字节或	两个字节按位进行逻辑或运算
WOR_W	ORW	字或	两个字按位进行逻辑或运算
WOR_DW	ORD	双字或	两个双字按位进行逻辑或运算
WXOR_B	XORB	字节异或	两个字节按位进行逻辑异或运算
WXOR_W	XORW	字异或	两个字按位进行逻辑异或运算
WXOR_DW	XORD	双字异或	两个双字按位进行逻辑异或运算
INV_B	INVB	字节取反	将操作数（字节）按位取反
INV_W	INVW	字取反	将操作数（字）按位取反
INV_DW	INVD	双字取反	将操作数（双字）按位取反

这些指令看起来很多，其实很有规律。比如WAND，名称中的"W"是"Word"的缩写，"AND"是"与"指令，所以WAND表示的是字逻辑指令中的与指令（简称"字与"）。同样的规律，WOR表示字（W）或（OR）逻辑指令，WXOR表示字（W）异或（XOR）逻辑指令。"WAND_B"中的字母B表示"字节"，因此"WAND_B"表示字节与指令。同样地，"WAND_W"中的字母W表示"字"，因此"WAND_W"表示字与指令；"WAND_DW"中的字母DW表示"双字"，因此"WAND_DW"表示双字与指令。

① 字与指令（WAND）是将两个操作数的每一位进行逻辑与运算，并将结果存放到指令的输出变量中。

字与指令示例如图3-35所示。当CPU执行该代码时，将字0（VW0）的值与字1（VW1）的值按位进行逻辑与运算，并将结果存放到字2（VW4）中。假设字0的值为1011 0010 1111 0011，字1的值为1110 1100 0000 0001，则进行WAND_W运算后，字2的值为：1010 0000 0000 0001。

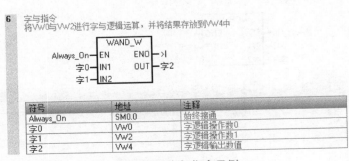

图3-35 字与指令示例

字与指令梯形图语言代码如图 3-36 所示。

符号	地址	注释
Always_On	SM0.0	始终接通
字0	VW0	字逻辑操作数0
字1	VW2	字逻辑操作数1
字2	VW4	字逻辑输出数值

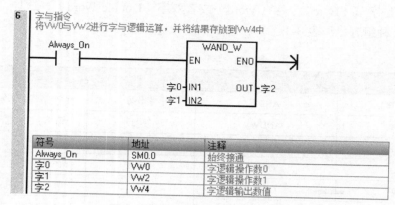

图 3-36　字与指令梯形图语言代码

字与指令语句表（STL）语言代码如图 3-37 所示。

6
字与指令
将VW0与VW2进行字与逻辑运算，并将结果存放到VW4中

```
LD      Always_On
MOVW    字0, 字2
ANDW    字1, 字2
```

符号	地址	注释
Always_On	SM0.0	始终接通
字0	VW0	字逻辑操作数0
字1	VW2	字逻辑操作数1
字2	VW4	字逻辑输出数值

图 3-37　字与指令 STL 语言代码

② 字或指令（WOR）是将两个操作数的每一位进行逻辑或运算，并将结果存放到指令的输出变量中。

字或指令示例如图 3-38 所示。当 CPU 执行该代码时，将字 3（VW6）的值与字 4（VW8）的值按位进行逻辑或运算，并将结果存放到字 5（VW10）中。假设字 3 的值为 1011 0010 1111 0011，字 4 的值为 1110 1100 0000 0001，则进行 WOR_W 运算后，字 5 的值为：1111 1110 1111 0011。

符号	地址	注释
Always_On	SM0.0	始终接通
字3	VW6	字逻辑操作数3
字4	VW8	字逻辑操作数4
字5	VW10	字逻辑输出5

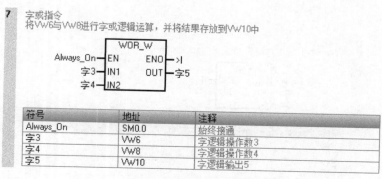

图 3-38　字或指令示例

字或指令梯形图语言代码如图 3-39 所示。

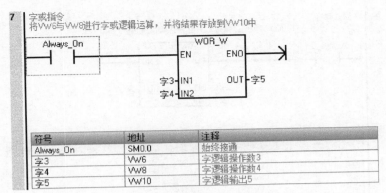

图 3-39　字或指令梯形图语言代码

字或指令语句表（STL）语言代码如图 3-40 所示。

图 3-40　字或指令 STL 语言代码

③ 字异或指令（WXOR）是将两个操作数的每一位进行逻辑异或运算，并将结果存放到指令的输出变量中。所谓逻辑"异或"运算，是指当进行逻辑运算的两个位的值相异时，运算结果为 1；当进行逻辑运算的两个位的值相同时，运算结果为 0。

字异或指令示例如图 3-41 所示。当 CPU 执行该代码时，将字 6（VW12）的值与字 7（VW14）的值按位进行逻辑异或运算，并将结果存放到字 8（VW16）中。假设字 6 的值为 1011 0010 1111 0011，字 7 的值为 1110 1100 0000 0001，则进行 WXOR_W 运算后，字 8 的值为：0101 1110 1111 0010。

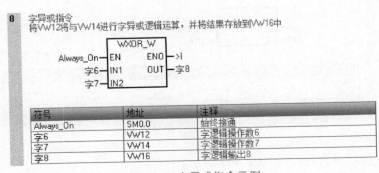

图 3-41　字异或指令示例

字异或指令梯形图语言代码如图 3-42 所示。

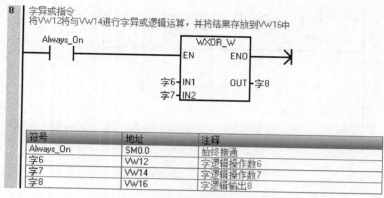

图 3-42 字异或指令梯形图语言代码

字异或指令语句表（STL）语言代码如图 3-43 所示。

图 3-43 字异或 STL 语言代码

④ 字取反指令（INV）将输入的操作数进行按位取反（求补）操作，并将结果存放到指令的输出结果中。

字取反指令示例如图 3-44 所示。假设字 9 的值为 1011 0010 1111 0011，则进行 INV_W 运算后，字 10 的值为：0100 1101 0000 1100。

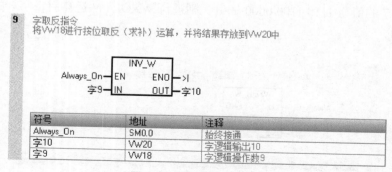

图 3-44 字取反指令示例

字取反指令梯形图语言代码如图 3-45 所示。

9
字取反指令
将VW18进行按位取反（求补）运算，并将结果存放到VW20中
Always_On
INV_W
EN
ENO
字9
IN
OUT
字10
符号
地址
注释
Always_On
SM0.0
始终接通
字10
VW20
字逻辑输出10
字9
VW18
字逻辑操作数9

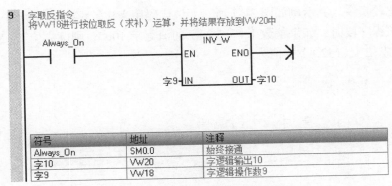

图 3-45　字取反指令梯形图语言代码

字取反指令语句表（STL）语言代码如图 3-46 所示。

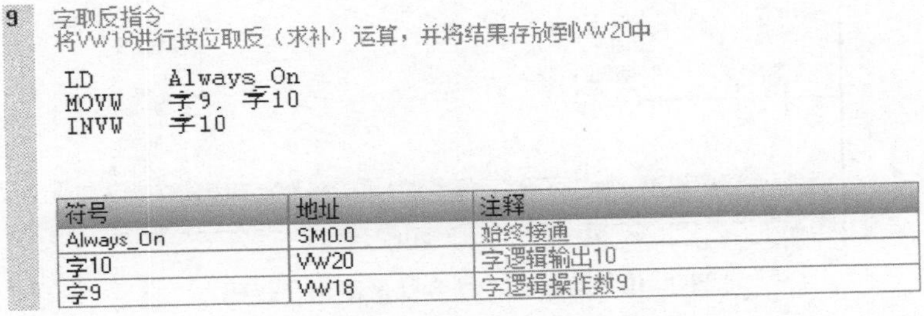

9
字取反指令
将VW18进行按位取反（求补）运算，并将结果存放到VW20中
LD　　Always_On
MOVW　字9，字10
INVW　字10
符号
地址
注释
Always_On
SM0.0
始终接通
字10
VW20
字逻辑输出10
字9
VW18
字逻辑操作数9

图 3-46　字取反指令 STL 语言代码

3.3.2　比较指令

比较指令包括数值比较指令和字符串比较指令。

（1）数值比较指令

数值比较指令用来比较两个数值的大小，总共有五种指令形式。每一种数值比较指令有两个输入参数 IN1 和 IN2 及一个输出参数 OUT。数值比较指令含义及说明见表 3-4。

表 3-4　数值比较指令含义及说明

FBD/LAD 语言指令名称	STL 语言指令名称	含义	说明
==	=	等于	比较两个输入参数 IN1 和 IN2 是否相等
<>	<>	不等于	比较两个输入参数 IN1 和 IN2 是否不相等
>=	>=	大于等于	比较输入参数 IN1 是否大于等于输入参数 IN2
<=	<=	小于等于	比较输入参数 IN1 是否小于等于输入参数 IN2
>	>	大于	比较输入参数 IN1 是否大于等于参数 IN2
<	<	小于	比较输入参数 IN1 是否小于等于参数 IN2

数值比较指令的输入参数可以是变量或者常量，其数据类型可以是整数（INT）、双整数（DINT）及实数（REAL）、字节（无符号数）。

① 整数比较指令。其示例如图 3-47 所示。该代码用来比较整数 1 是否等于常数 1000。当 CPU 执行该程序段时，如果整数 1（VW22）的值等于 1000，则标志位 1（M2.1）的值为真；否则，标志位 1（M2.1）的值为假。

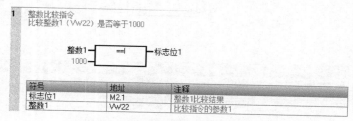

图 3-47　整数比较指令示例

该程序段的梯形图语言代码如图 3-48 所示。

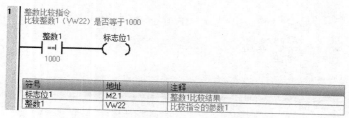

图 3-48　整数比较指令梯形图语言代码

该程序段的语句表（STL）语言代码如图 3-49 所示。

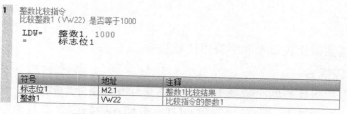

图 3-49　整数比较指令 STL 语言代码

上述代码用来比较有符号整数是否相等。如果要比较的数值是实数（有小数位），则需要使用实数比较指令。

② 双整数比较指令。由于整数数据能表示的范围为 $-32768 \sim +32767$，如果要比较的数值大于该范围，则应使用双整数比较指令。

双整数比较指令示例如图 3-50 所示。该程序代码用来比较两个双整数数据：双整数 1

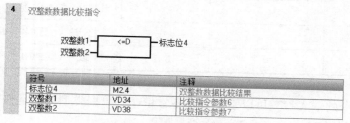

图 3-50　双整数比较指令示例

和双整数 2。如果双整数 1（VD34）的值小于等于双整数 2（VD38），则标志位 4 的值为真；否则，标志位 4 的值为假。

该程序段的梯形图语言代码如图 3-51 所示。

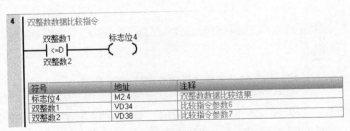

图 3-51　双整数比较指令梯形图语言代码

该程序段的语句表（STL）语言代码如图 3-52 所示。

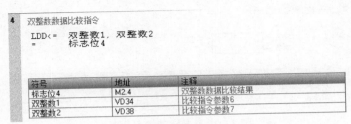

图 3-52　双整数比较指令 STL 语言代码

③ 实数比较指令。其示例如图 3-53 所示。该代码用来比较实数 1（VD24）是否大于实数 2（VD28）。当 CPU 执行该代码时，若实数 1 的值大于实数 2 的值，则标志位 2（M2.2）的值为真；否则，标志位 2（M2.2）的值为假。

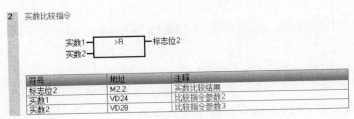

图 3-53　实数比较指令示例

该程序段的梯形图语言代码如图 3-54 所示。

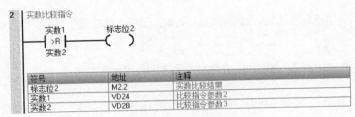

图 3-54　实数比较指令梯形图语言代码

该程序段的语句表（STL）语言代码如图 3-55 所示。

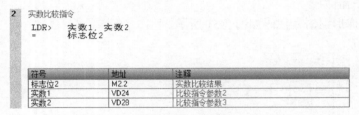

图 3-55　实数比较指令 STL 语言代码

④ 字节比较指令。如果要比较两个字节的值，则需要使用字节比较指令。

字节比较指令示例如图 3-56 所示。该代码用来表字节 1 是否不等于字节 2。当 CPU 执行该代码时，若字节 1 的值不等于字节 2 的值，则标志位 3（M2.3）的值为真；否则，标志位 3（M2.3）的值为假。

图 3-56　字节比较指令示例

该程序段的梯形图语言代码如图 3-57 所示。

图 3-57　字节比较指令梯形图语言代码

该程序段的语句表（STL）语言代码如图 3-58 所示。

图 3-58　字节比较指令 STL 语言代码

关于数值比较指令，需要说明以下几点：数值比较指令的输入参数的变量可以是变量或者是常量；如果输入参数是变量，可以是来自 I、Q、V、M、SM、AC 等存储区的变量。

（2）字符串比较指令

字符串比较指令用来比较两个字符串中包含的字符及长度是否相同。S7-200 SMART 有两种字符串比较指令：相等（==S）或者不相等（<>S）。比较的参数可以是两个字符串变量，或者一个字符串常量与一个字符串变量。

字符串常量是包含在英文双引号之内的字符的集合，最大长度为 126 个字节（可以包含汉字，每个汉字占用两个字节）。字符串变量通常存放在 V 存储区中，变量的第一个字节用来存放字符串的长度，其后相应长度的字节用来存放字符串的内容。包括长度字符在内，字符串变量的最大长度为 255 个字节（关于字符串的定义详见 3.2.2 节）。

字符串变量可以在数据块中进行初始化。举个例子：假设我们在 VB100 的起始地址定义了一个字符串，其名称为"字符串 1"，内容是"Hello China"。在 VB150 的起始地址定义了另一个字符串，其名称为"字符串 2"，内容是"Hello World"。可以在数据块中对两个字符串进行初始化，如图 3-59 所示。

图 3-59　数据块字符串初始化

可以使用字符串比较指令（==S）来比较字符串 1 与字符串 2 是否相等，如图 3-60 所示。由于字符串 1 与字符串 2 不同，本例程中标志位 5（M2.5）的值为假。

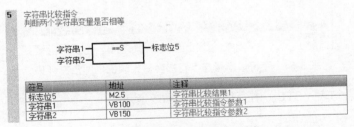

图 3-60　字符串比较指令示例

该程序段的梯形图语言代码如图 3-61 所示。

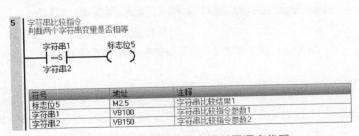

图 3-61　字符串比较指令梯形图语言代码

该程序段的语句表（STL）语言代码如图 3-62 所示。

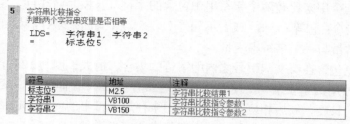

图 3-62　字符串比较指令 STL 语言代码

如果要对字符串常量与字符串变量进行比较，必须将字符串常量放在参数 1 中，如图 3-63 所示。字符串常量"我喜欢 200 Smart"与字符串 1（"Hello China"）进行不等于比较，其结果是标志位 6（M2.6）的值为真。

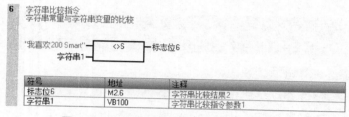

图 3-63　字符串常量与字符串变量比较示例

该程序段的梯形图语言代码如图 3-64 所示。

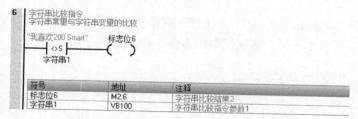

图 3-64　字符串常量与字符串变量比较梯形图语言代码

该程序段的语句表（STL）语言代码如图 3-65 所示。

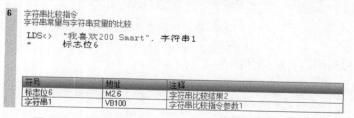

图 3-65　字符串常量与字符串变量比较 STL 语言代码

3.3.3　计数器指令

S7-200 SMART 的计数器包括普通计数器和高速计数器。S7-200 SMART 最多支持 256 个普通计数器，每一个计数器都有一个当前值（16 位无符号整数）和一个计数器标志位（bit），其地址以字母 C 加上编号表示（比如 C10）。计数器的当前值存放当前计数的值，计数器的标志位用来标识计数器是否已经被触发。S7-200 SMART 共有三种普通计数器指令：加计数器指令、减计数器指令和加减计数器指令。

（1）加计数器指令

加计数器指令包括 CU、R（复位）和 PV（预设值）三个参数（引脚）。当 CU 引脚的输入信号从 0 变成 1 时，计数器开始计数。最大计数值为 32767，达到最大值后计数器将停止计数；当计数器的当前值大于预设值（PV）时，计数器标志位被置 1；当复位引脚（R）的输入信号为 1 时，计数器的当前值及标志位被复位（置 0）。

加计数器指令示例如图 3-66 所示。当 I0.0（CPU_ 输入 0）的值从 0 变为 1 且 I0.1（CPU_ 输入 1）的值为 0 时，计数器 0（C0）开始计数；当计数器 0 的当前值大于 1000 时，计数器的标志位被置 1，代码段 2 将计数器的标志位写入到标志位 7（M2.7）中；当 I0.1（CPU_ 输入 1）的值为 1 时，计数器 0 的当前值及标志位均被复位。

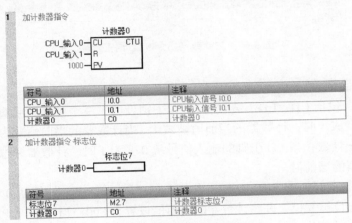

图 3-66　加计数器指令示例

该程序的梯形图语言代码如图 3-67 所示。

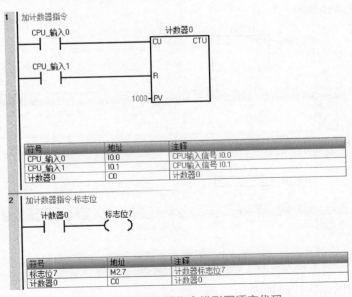

图 3-67　加计数器指令梯形图语言代码

该程序的语句表（STL）语言代码如图 3-68 所示。

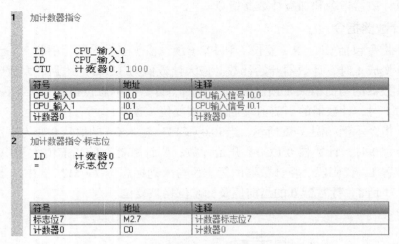

图 3-68　加计数器指令 STL 语言代码

（2）减计数器指令

减计数器指令包括 CD、LD（装载）和 PV（预设值）三个参数（引脚）。当 CD 引脚的输入信号从 0 变成 1 时，计数器的当前值被减 1；当计数器的当前值变为 0 时，计数器标志位被置 1 并停止计数；当 LD 引脚的输入信号从 0 变为 1 时，计数器标志位被复位并将预设值加载到计数器的当前值。

减计数器指令示例如图 3-69 所示。当 I0.3（CPU_ 输入 3）的值从 0 变为 1 时，计数器 1（C1）的标志位被复位，并将计数器的当前值设置为 800；当 I0.2（CPU_ 输入 2）的值从 0 变为 1 且 I0.3 的值为 0 时，计数器 1 的当前值被减 1；当计数器的当前值变为 0 时，计数器停止计数，并且标志位被置 1，程序段 4 将计数器 1 的标志位赋值给 M3.0（标志位 8）。

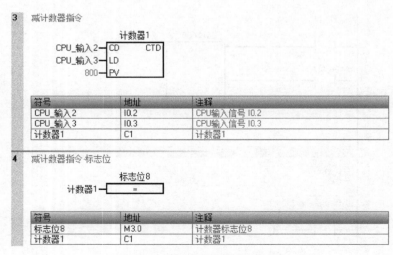

图 3-69　减计数器指令示例

该程序的梯形图语言代码如图 3-70 所示。

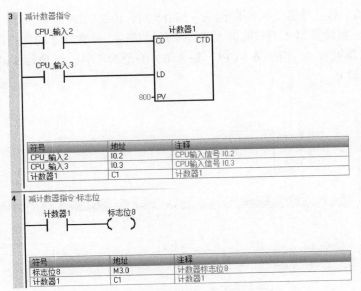

图 3-70　减计数器指令梯形图语言代码

该程序的语句表（STL）语言代码如图 3-71 所示。

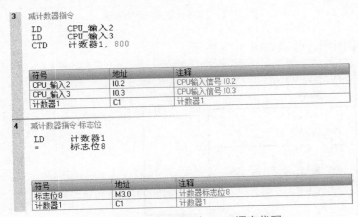

图 3-71　减计数器指令 STL 语言代码

（3）加减计数器指令

加减计数器指令包括 CU、CD、R（复位）和 PV（预设值）四个参数（引脚）。当 CU 引脚的信号从 0 变为 1 时（上升沿），计数器的当前值加 1。当 CD 引脚的输入信号从 0 变成 1 时，计数器的当前值被减 1。当计数器的当前值达到最大值（32767）时，CU 引脚的上升沿信号会将当前值变为最小值（-32768）。当计数器的当前值达到最小值（-32768）时，CD 引脚的上升沿会将当前值变为最大值（32767）。当计数器的当前值大于等于预设值时，计数器的标志位被置 1，否则，计数器的标志位被置 0。当 R 的信号为 1 时，计数器的当前值被置 0，并且计数器的标志位被置 0。

加减计数器指令示例如图 3-72 所示。在 I0.4（CPU_ 输入 4）的上升沿（信号值从 0 变为 1），计数器 2 的当前值加 1。在 I0.5（CPU_ 输入 5）的上升沿，计数器 2 的当前值被减 1。若计数器 2 的当前值为 32767，在下一次的 I0.4（CPU_ 输入 4）的上升沿会将计数器 2 的当

前值变为 −32768。若计数器 2 的当前值为 −32768 时，I0.5（CPU_ 输入 5）的上升沿会将当前值变为 32767。当计数器 2 的当前值大于等于预设值时，计数器 2 的标志位被置 1，否则，计数器 2 的标志位被置 0。当 I0.6（CPU_ 输入 6）的值为 1 时，计数器 2 的当前值被置 0，并且其标志位被置 0。

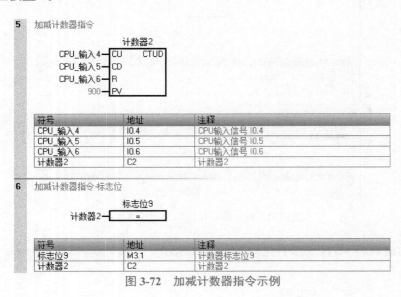

图 3-72　加减计数器指令示例

该程序的梯形图语言代码如图 3-73 所示。

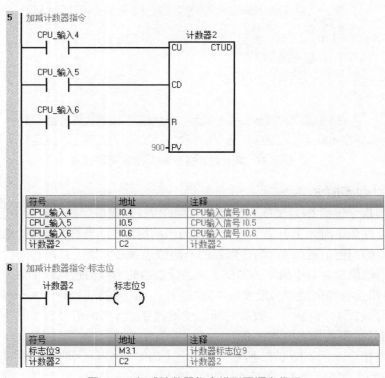

图 3-73　加减计数器指令梯形图语言代码

该程序的语句表（STL）语言代码如图 3-74 所示。

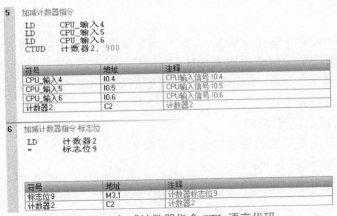

图 3-74　加减计数器指令 STL 语言代码

以上介绍的是普通计数器的指令。这些指令的执行都受到 PLC 扫描周期的限制，不能用于高速脉冲的计数。为了对高速脉冲进行计数，需要使用高速计数器指令。S7-200 SMART 有两种高速计数器指令：HDEF 和 HSC。HDEF 是高速计数器定义指令，用来指定高速计数器的计数模式，共有 8 种模式可以选择。

高速计数器指令定义示例如图 3-75 所示。该指令代码在 PLC 的第一个扫描周期（SM0.1）将计数器 0（HSC0）的计数模式设置为模式 4（具有外部方向控制的单相时钟计数器，带外部复位功能）。HSC 指令用来更新与高速计数器相关的系统存储区。例如，HSC0 的系统存储区包括如下几个。

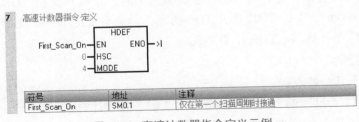

图 3-75　高速计数器指令定义示例

① SMB36：HSC0 的状态字节（HSC0_Status_Byte）。
② SMB37：HSC0 的控制字节（HSC0_Control_Byte）。
③ SMD38：HSC0 的当前计数值（HSC0_CV）。
④ SMD42：HSC0 的预设值（HSC0_PV）。
用图 3-76 所示的代码对 HSC0 进行更新。

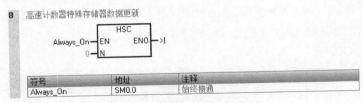

图 3-76　更新高速计数器指令

关于高速计数器的更多内容，请参考 6.1 节。

3.3.4 定时器指令

S7-200 SMART 提供 256 个定时器（编号：T0 ～ T255），定时器的编号决定了它所支持的分辨率和操作指令。分辨率也称为时基（时间基准），表示定时器重复触发的时间间隔。有三种可选择的分辨率：1ms、10ms 及 100ms。定时器操作指令用来操作特定的定时器，有三种不同的定时器操作指令：

① TON：延时接通定时器指令；

② TONR：具有保持功能的延时接通定时器指令；

③ TOF：延时断开定时器指令。

定时器编号与分辨率、操作指令类型的对应关系见表 3-5。

表 3-5　定时器编号与分辨率、操作指令类型的对应关系

定时器指令	分辨率	定时器	最大定时时间
TONR	1ms	T0，T64	32.767s
	10ms	T1 ～ T4，T65 ～ T68	327.67s
	100ms	T5 ～ T31，T65 ～ T95	3276.7s
TON/TOF	1ms	T32，T96	32.767s
	10ms	T33 ～ T36，T97 ～ T100	327.67s
	100ms	T37 ～ T63，T101 ～ T255	3276.7s

从表 3-5 中可以看出，定时器 T0 的分辨率为 1ms，并且只支持 TONR 指令；定时器 T37 的分辨率为 100ms，支持 TON 或者 TOF 指令，但是不支持 TONR 指令。接下来我们分别介绍一下操作指令：TON、TOF 和 TONR。

（1）TON 指令

该指令有如下几个特点：

① 在输入参数"IN"的上升沿（从 0 变为 1 时）开始计时；

② 只要参数"IN"的值保持为 1，定时器就持续计时；

③ 在定时过程中，若输入参数"IN"变为 0，则定时器停止计时且当前值被清零；

④ 在当前值等于或大于预设时间 PT 时，定时器标志位被置位（TRUE）；

⑤ 当定时器达到预设时间后，若 IN 仍然为 1，则定时器会继续定时，直到达到最大值 32767 后停止计时。

定时器 TON 指令示例如图 3-77 所示。例程中使用定时器 33（T33）执行延时接通指令，定时器 33 的分辨率（时基）为 10ms。代码段 1 中，当 CPU_ 输入 0（I0.0）从 0 变为 1 时，定时器 33 开始计时；CPU_ 输入 0 的值保持为 1，在 2s（200×10 ms）后，定时器达到预设时间，此时 T33 标志位被置 1。图 3-84 所示代码段中，定时器 33 的标志位被赋予 CPU_ 输出 0（Q0.0）。

　　　定时器的定时时间 = 预设时间 × 分辨率（时基）。

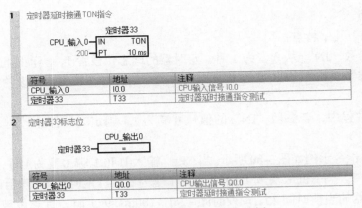

图 3-77 定时器 TON 指令示例

该程序段的梯形图语言代码如图 3-78 所示。

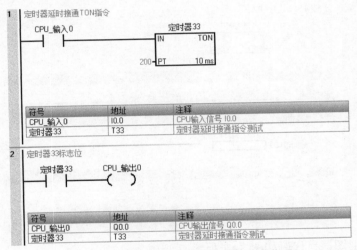

图 3-78 定时器 TON 指令梯形图语言代码

该程序的语句表（STL）语言代码如图 3-79 所示。

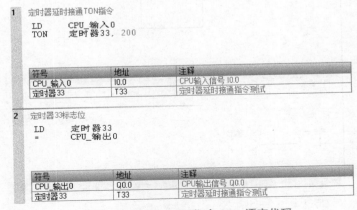

图 3-79 定时器 TON 指令 STL 语言代码

（2）TOF指令

该指令有如下几个特点：

① 当输入参数"IN"从0变为1时，定时器的标志位被置1，当前时间值被清零。

② 当输入参数"IN"从1变为0时，定时器开始计时。当到达预设的时间值后，定时器的标志位被置0。

③ 在计时过程中，若参数"IN"的值从0变为1，则定时器停止计时，定时器标志位保持为1（TRUE）。

定时器TOF指令示例如图3-80所示。当CPU_输入1（I0.1）从0变为1时，定时器60使能，此时标志位被置1。当CPU_输入1（I0.1）从1变为0时，定时器60开始计时，标志位保持为1。当定时器的当前时间大于预设时间（90×100ms=9s）时，标志位被置0。若在定时过程中，CPU_输入1（I0.1）从0变为1，则标志位保持为1，当前值被清零。代码段4中，定时器60的标志位被赋予CPU_输出1（Q0.1）。

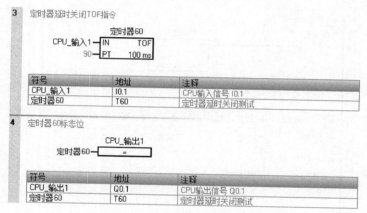

图 3-80　定时器 TOF 指令示例

该程序的梯形图语言代码如图 3-81 所示。

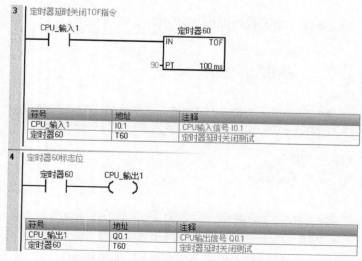

图 3-81　定时器 TOF 指令梯形图语言代码

该程序的语句表（STL）语言代码如图 3-82 所示。

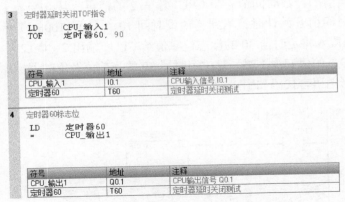

图 3-82　定时器 TOF 指令 STL 语言代码

（3）TONR 指令

该指令有如下几个特点：

① 在输入参数 "IN" 的上升沿（从 0 变为 1 时）开始计时；

② 只要参数 "IN" 的值保持为 1，定时器就持续计时；

③ 在定时过程中，若输入参数 "IN" 变为 0，则定时器停止计时且当前值被保持；当输入参数 "IN" 重新变为 1 时，定时器继续从上次保留时间值开始计时；

④ 在当前值等于或大于预设时间 PT 时，定时器标志位被置位；

⑤ 当定时器达到预设时间后，若 "IN" 仍然为 1，则定时器会继续定时，直到达到最大值 32767 后停止计时。

⑥ TONR 指令的当前时间值要使用复位指令（R）才能清除。

定时器 TONR 指令示例如图 3-83 所示。当 CPU_ 输入 2（I0.2）的值从 0 变为 1 时，

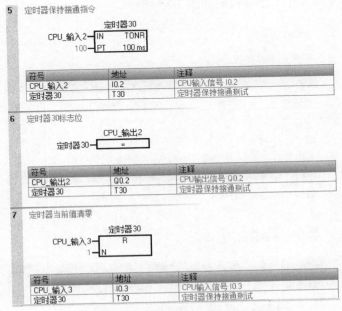

图 3-83　定时器 TONR 指令示例

定时器 30（T30）开始计时。在计时过程中，若 CPU_ 输入 2 的值从 1 变为 0，则定时器 30 停止计时并保持当前的计数时间值；当 CPU_ 输入 2 的值再次从 0 变为 1 时，定时器 30 继续从之前保存的时间值开始计时；当到达预设时间 10s（100×100ms）后，定时器 30 的标志位被置 1。代码段 6 将定时器 30 的标志位赋值给 CPU_ 输出 2（Q0.2）。代码段 7 中，当 CPU_ 输入 3（I0.3）的值变为 1 时，复位定时器 30 的当前值及定时器标志位。

该程序的梯形图语言代码如图 3-84 所示。

符号	地址	注释
CPU_输入2	I0.2	CPU输入信号 I0.2
定时器30	T30	定时器保持接通测试

符号	地址	注释
CPU_输出2	Q0.2	CPU输出信号 Q0.2
定时器30	T30	定时器保持接通测试

符号	地址	注释
CPU_输入3	I0.3	CPU输入信号 I0.3
定时器30	T30	定时器保持接通测试

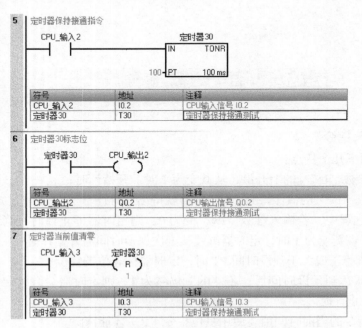

图 3-84　定时器 TONR 指令梯形图语言代码

该程序的语句表（STL）语言代码如图 3-85 所示。

5　定时器保持接通指令

```
LD      CPU_输入2
TONR    定时器30, 100
```

符号	地址	注释
CPU_输入2	I0.2	CPU输入信号 I0.2
定时器30	T30	定时器保持接通测试

6　定时器30标志位

```
LD      定时器30
=       CPU_输出2
```

符号	地址	注释
CPU_输出2	Q0.2	CPU输出信号 Q0.2
定时器30	T30	定时器保持接通测试

7　定时器当前值清零

```
LD      CPU_输入3
R       定时器30, 1
```

符号	地址	注释
CPU_输入3	I0.3	CPU输入信号 I0.3
定时器30	T30	定时器保持接通测试

图 3-85　定时器 TONR 指令 STL 语言代码

3.3.5　数学运算指令

S7-200 SMART 的数学运算指令包括：整数加、减、乘、除、递增、递减指令；实数加、减、乘、除指令；三角函数（正弦、余弦、正切）指令；自然对数指令；自然指数指令；平方根指令。

（1）整数加、减、乘、除、递增、递减指令

① 加法指令包括整数加法指令（ADD_I）和双整数加法指令（ADD_DI）。

a. 整数加法指令（ADD_I）把两个 16 位整数相加，产生一个 16 位的整数。其示例如图 3-86 所示。该程序把整数 3（VW200）和整数 4（VW202）相加，并把结果存放到整数 5（VW204）中。

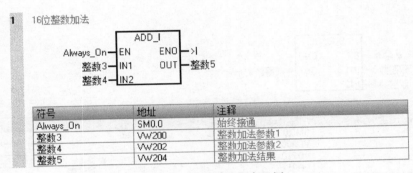

图 3-86　整数加法指令示例

b. 双整数加法指令（ADD_DI）把两个 32 位的整数相加，产生一个 32 的整数。其示例如图 3-87 所示。该程序把双整数 3（VD206）和双整数 4（VD210）相加，并把结果存放到双整数 5（VD214）中。

图 3-87　双整数加法指令示例

② 减法指令包括整数减法指令（SUB_I）和双整数减法指令（SUB_DI）。

a. 整数减法指令（SUB_I）将两个 16 位整数相减，并产生一个 16 位整数。其示例如图 3-88 所示。该程序用整数 3（VW200）减去整数 4（VW202），并把结果存放到整数 5（VW204）中。

b. 双整数减法指令（SUB_DI）将两个 32 位整数相减，并产生一个 32 位整数。其示例如图 3-89 所示。该程序用双整数 3（VD206）减去双整数 4（VD210），并把结果存放到双整数 5（VD214）中。

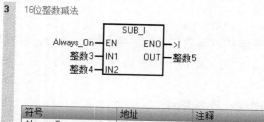

图 3-88　整数减法指令示例

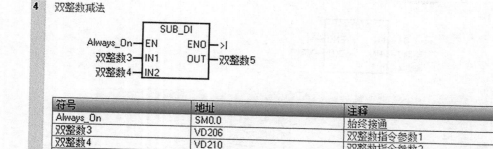

图 3-89　双整数减法指令示例

③乘法指令包括整数乘法指令（MUL_I、MUL）及双整数乘法指令（MUL_DI）。

a. 整数乘法指令（MUL_I）将两个 16 位整数相乘，产生一个 16 位整数。其示例如图 3-90 所示。该程序代码将整数 3（VW200）与整数 4（VW202）相乘，并将结果存放到整数 5（VW204）中。

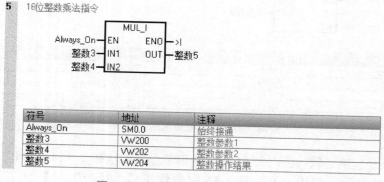

图 3-90　整数乘法指令 MUL_I 示例

b. 整数乘法指令（MUL）将两个 16 位整数相乘，产生一个 32 位整数（双整数）。其示例如图 3-91 所示。该程序代码将整数 3（VW200）与整数 4（VW202）相乘，并将结果存放到双整数 5（VD214）中。

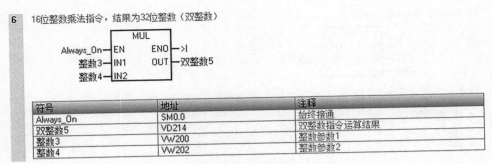

图 3-91 整数乘法指令 MUL 示例

c. 双整数乘法指令（MUL_DI）将两个 32 位整数相乘，产生一个 32 位整数。其示例如图 3-92 所示。该程序代码将双整数 3（VD206）与双整数 4（VD210）相乘，并将结果存放到双整数 5（VD214）中。

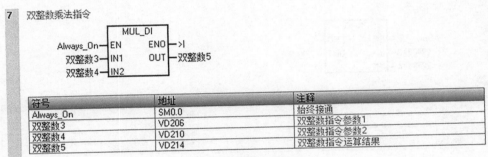

图 3-92 双整数乘法指令 MUL_DI 示例

④ 除法指令包括整数除法指令（DIV_I、DIV）及双整数除法指令（DIV_DI）。

a. 整数除法指令（DIV_I）将两个 16 位整数相除，并把结果的整数部分存放到另一个 16 位整数中，余数被舍掉。其示例如图 3-93 所示。该程序代码用整数 3（VW200）除以整数 4（VW202），并将结果的整数部分存放到整数 5（VW204）中。

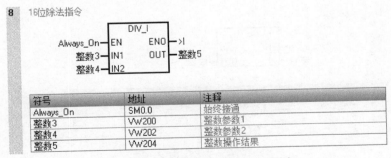

图 3-93 整数除法指令 DIV_I 示例

b. 整数除法指令（DIV）将两个 16 位整数相除并产生一个 32 位结果，该结果包括一个 16 位的商（最低有效字）和一个 16 位的余数（最高有效字）。其示例如图 3-94 所示。该程序代码用整数 3（VW200）除以整数 4（VW202），结果存放在双整数 5（VD214）中。其中，VW214 存放除法结果的商，VW216 存放结果的余数。

图 3-94　整数除法指令 DIV 示例

c. 双整数除法指令（DIV_DI）将两个 32 位整数相除，并把结果的整数部分存放到另一个 32 位整数中，余数被舍掉。其示例如图 3-95 所示。该程序代码用双整数 3（VD206）除以双整数 4（VD210），并将结果的整数部分存放到双整数 5（VD214）中，余数被舍掉。

图 3-95　双整数除法指令

⑤ 整数递增指令包括字节递增指令（INC_B）、字递增指令（INC_W）及双字递增指令（INC_DW），其功能是将输入参数"IN"的值加 1，并存放到参数"OUT"中。图 3-96 为字递增指令（INC_W）示例。该程序代码将字 11（VW220）的值加 1，并存放到字 12（VW222）中。

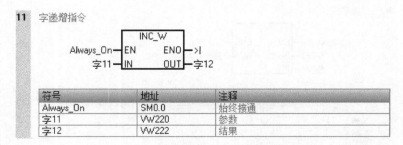

图 3-96　字递增指令示例

⑥ 整数递减指令包括字节递减指令（DEC_B）、字递减指令（DEC_W）及双字递减指令（DEC_DW），其功能是将输入参数"IN"的值减 1，并存放到参数"OUT"中。图 3-97 为字递减指令（DEC_W）示例。该程序代码将字 11（VW220）的值减 1，并存放到字 12（VW222）中。

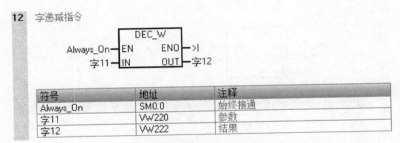

图 3-97　字递减指令示例

（2）实数加、减、乘、除指令

① 实数加法指令（ADD_R）将两个 32 位实数（浮点数）相加，结果存放到另一个 32 位实数中。其示例如图 3-98 所示。该程序段将实数 3（VD230）与实数 4（VD234）相加，结果存放到实数 5（VD240）中。

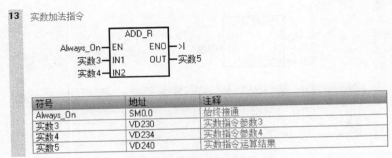

图 3-98　实数加法指令示例

② 实数减法指令（SUB_R）将两个 32 位实数（浮点数）相减，结果存放到另一个 32 位实数中。其示例如图 3-99 所示。该程序段用实数 3（VD230）减去实数 4（VD234），并将结果存放到实数 5（VD240）中。

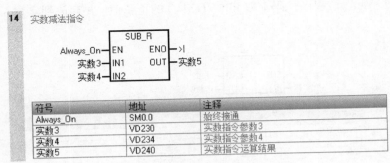

图 3-99　实数减法指令示例

③ 实数乘法指令（MUL_R）将两个 32 位实数相乘，结果存放到另一个 32 位实数中。其例如图 3-100 所示。该程序段将实数 3（VD230）与实数 4（VD234）相乘，结果存放到实数 5（VD240）中。

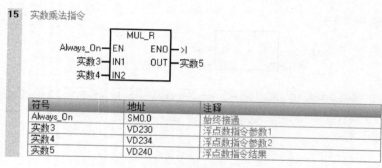

图 3-100　实数乘法指令示例

④ 实数除法指令（DIV_R）将两个 32 位实数相除，结果存放到另一个 32 位实数中。其例如图 3-101 所示。该程序段用实数 3（VD230）除以实数 4（VD234），结果存放到实数 5（VD240）中。

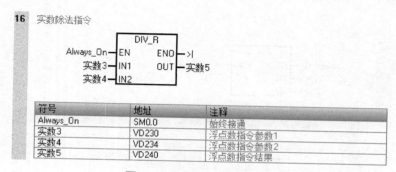

图 3-101　实数除法指令示例

（3）三角函数（正弦、余弦、正切）指令

三角函数指令包括正弦函数指令（SIN）、余弦函数指令（COS）和正切函数指令（TAN）。

① 正弦函数指令（SIN）求取输入角度 "IN" 的正弦值，并存放在参数 "OUT" 中。输入角度 "IN" 和输出参数 "OUT" 均为实数数据类型，角度的单位为弧度。正弦函数指令示例如图 3-102 所示。该程序代码求取 PI（VD244）的正弦值，并存放到实数 6（VD250）中。

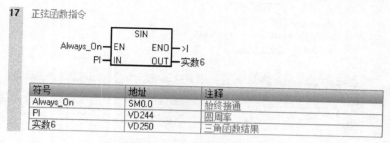

图 3-102　正弦函数指令示例

② 余弦函数指令（COS）求取输入角度 "IN" 的余弦值，并存放在参数 "OUT" 中。输入角度 "IN" 和输出参数 "OUT" 均为实数数据类型，角度的单位为弧度。余弦函数指令示例如图 3-103 所示。该程序求取 PI（VD244）的余弦值，并存放到实数 6（VD250）中。

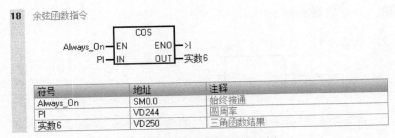

图 3-103 余弦函数指令示例

③ 正切函数指令（TAN）求取输入角度"IN"的正切值，并存放在参数"OUT"中。输入角度"IN"和输出参数"OUT"均为实数数据类型，角度的单位为弧度。正切函数指令示例如图 3-104 所示。该程序求取 PI（VD244）的正切值，并存放到实数 6（VD250）中。

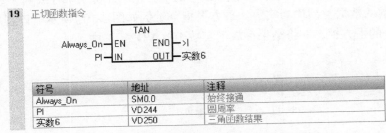

图 3-104 求 PI（圆周率）的正切值代码示例

（4）自然对数指令

自然对数指令（LN）对输入参数"IN"中的值执行自然对数运算，并将结果存放在参数"OUT"中。其示例如图 3-105 所示。该程序求取实数 7（VD254）的自然对数，并存放到实数 8（VD260）中。

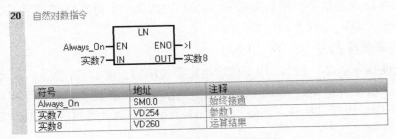

图 3-105 自然对数指令示例

 要从自然对数获得以 10 为底的对数，将自然对数除以 2.302585（约为 10 的自然对数）。

（5）自然指数指令

自然指数指令（EXP）执行以 e 为底、以输入参数"IN"的值为幂的指数运算，并将结果存放到 OUT 中。其示例如图 3-106 所示。该程序求取以 e 为底、以实数 7（VD254）的值为幂的指数值，并存放到实数 8（VD260）中。

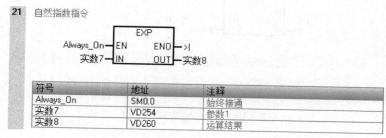

图 3-106　自然指数指令代码示例

（6）平方根指令

平方根指令（SQRT）求取输入参数"IN"的平方根，并将结果存放到参数"OUT"中。输入和输出参数的数据类型均为实数。平方根指令示例如图 3-107 所示。该程序代码求取实数 9（VD264）的平方根，并将结果存放到实数 10（VD270）中。

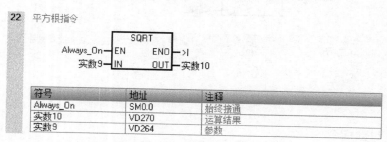

图 3-107　平方根指令代码示例

3.3.6　字符串运算指令

字符串运算指令包括字符串长度指令（STR_LEN）、字符串复制指令（STR_CPY）和字符串连接指令（STR_CAT）。

（1）字符串长度指令（STR_LEN）

字符串长度指令（STR_LEN）用来获取指定字符串的长度（字节数）。其示例如图 3-108 所示。该程序获取字符串 1（"Hello China"）的字节数（长度），并将结果存放到变量长度 1（VB274）中。由于"Hello China"包含 11 个字符，因此 CPU 执行该代码后，VB274 的值变为 11。

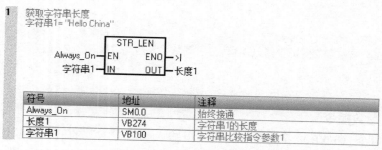

图 3-108　字符串长度指令示例

该程序段的梯形图语言代码如图 3-109 所示。

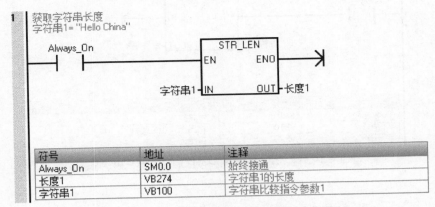

图 3-109 字符串长度指令梯形图语言代码

该程序段的语句表（STL）语言代码如图 3-110 所示。

1　获取字符串长度
　字符串1= "Hello China"

```
LD      Always_On
SLEN    字符串1，长度1
```

符号	地址	注释
Always_On	SM0.0	始终接通
长度1	VB274	字符串1的长度
字符串1	VB100	字符串比较指令参数1

图 3-110 字符串长度指令 STL 语言代码

（2）字符串复制指令（STR_CPY）

字符串复制指令（STR_CPY）将输入参数"IN"指定的字符串内容复制到输出参数"OUT"指定的字符串。其示例如图 3-111 所示。该程序将字符串 1（"Hello China"）复制到字符串 3 中。

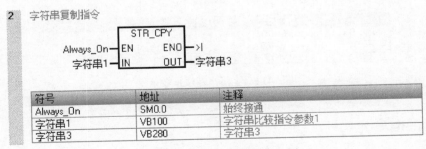

图 3-111 字符串复制指令示例

该程序段的梯形图语言代码如图 3-112 所示。
该程序段的语句表（STL）语言代码如图 3-113 所示。

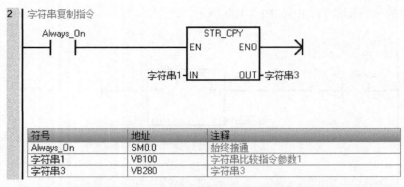

图 3-112　字符串复制指令梯形图语言代码

```
2  字符串复制指令
   LD     Always_On
   SCPY   字符串1，字符串3
```

符号	地址	注释
Always_On	SM0.0	始终接通
字符串1	VB100	字符串比较指令参数1
字符串3	VB280	字符串3

图 3-113　字符串复制指令 STL 语言代码

（3）字符串连接指令（STR_CAT）

字符串连接指令（STR_CAT）将输入参数"IN"指定的字符串连接到输出参数"OUT"指定的字符串的末尾。其示例如图 3-114 所示。该程序代码将输入参数字符串 1（"Hello China"）的内容拷贝到字符串 2（"Hello World"）。CPU 执行该程序后，字符串 2 的内容变成"Hello ChinaHello World"。

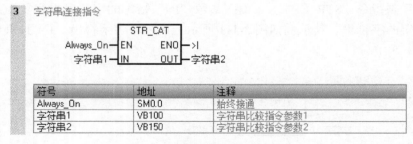

图 3-114　字符串连接指令示例

3.3.7　转换指令

转换指令用来实现不同数据类型之间的转换。常用的转换介绍如下。

（1）字节转换为整数指令（B_I）

指令"B_I"将输入的字节数据转换为整数。整数由两个字节组成，指令转换过程会将输入参数的字节值拷贝到整数的高字节中。

字节转换为整数指令示例如图 3-115 所示。该程序代码将字节 3（VB310）转换为整数 6（VW312）。具体过程是将 VB310 的值拷贝到整数 6 的高字节 VB313 中。由于字节数据是无符号的，因此转换后的整数为无符号整数。

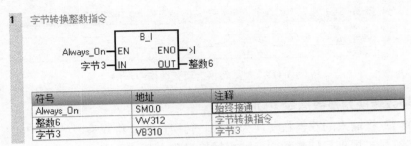

图 3-115　字节转换为整数指令示例

（2）整数转换为字节指令（I_B）

指令"I_B"将输入的整数转换为字节值。由于整数由两个字节组成，当转换为字节数据时，是将整数的高字节保存，将整数的低字节舍掉。如果低字节的数据大于零，会将系统存储区溢出位（SM1.1）置位。

整数转换为字节指令示例如图 3-116 所示。该程序段将整数 6（VW312）转换为字节 3（VB310）。整数 6（VW312）由两个字节组成：VB312 和 VB313。VB312 为低字节，VB313 为高字节。转换过程是将 VB313 的值拷贝到 VB310 中，并将 VB312 的值舍掉。如果 VB312 的值大于 0，则系统存储区溢出位（SM1.1）被置 1。

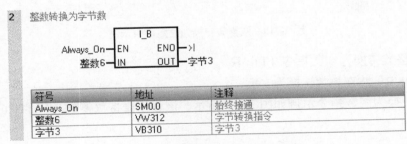

图 3-116　整数转换为字节指令示例

（3）整数转换为双整数指令（I_DI）

指令"I_DI"将输入的整数转换为双整数。整数由两个字节组成，双整数由四个字节组成。双整数的四个字节可以分为两个字，根据字节序可分为高字和低字。"I_DI"指令的转换过程是将整数的数值拷贝到双整数的高字中，并将整数的符号扩展到双整数中。该程序段将整数 6（VW312）转换为双整数 6（VD314）。双整数 6（VD314）由两个字组成：VW314 和 VW316。转换的过程是将 VW312 的值（不含符号）拷贝到 VW316 中，并将符号扩展到 VW314 中。

整数转换为双整数指令示例如图 3-117 所示。

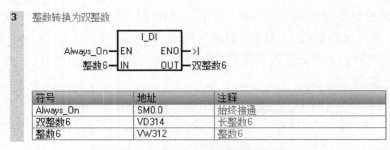

图 3-117　整数转换为双整数指令示例

（4）双整数转换为整数指令（DI_I）

指令"DI_I"将输入的双整数转换为整数。转换过程是将双整数的高字的值复制到目标整数中，并将符号扩展到目标整数中。如果转换过程中数值溢出，会将系统存储区溢出标志位 SM1.1 置位。

双整数转换为整数指令示例如图 3-118 所示。该程序段将双整数 6（VD314）转换为整数 6（VW312）。双整数 6 的高字（VW316）的值存储到 VW312 中，并将符号扩展到VW312 中。若转换过程数值溢出，会将系统存储区溢出标志位 SM1.1 置位。

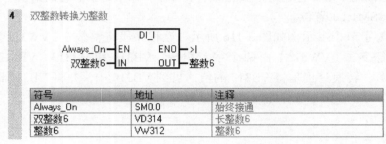

图 3-118　双整数转换为整数指令示例

（5）双整数转换为实数指令（DI_R）

指令"DI_R"将双整数转换为实数。

双整数转换为实数指令示例如图 3-119 所示。该程序段将双整数 7（VD320）转换为实数 11（VD324）。

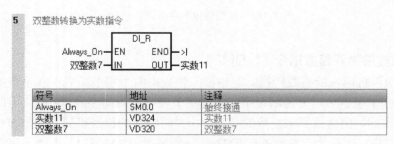

图 3-119　双整数转换为实数指令示例

（6）BCD码转换为整数指令（BCD_I）

指令"BCD_I"将输入参数的 BCD 数值转换为整数值。若输入参数不是有效的 BCD 码，则系统存储区标志位 SM1.6（无效的 BCD 码）被置位。

BCD 码转换为整数指令示例如图 3-120 所示。该程序段将输入参数 BCD 码 "56" 转换成二进制码并存放到整数 7（VW328）中。这里的输入参数 BCD 码是无符号整数，取值范围为：0 ～ 9999。

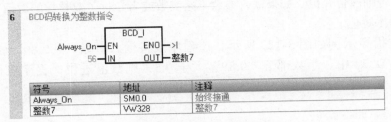

图 3-120　BCD 码转换为整数指令示例

深入理解指令 "BCD_I" 的工作过程：BCD 码是使用四位二进制数来表示十进制数，十进制数值 "56" 的 BCD（8421）码为 2#0101 0110；十进制数值 "56" 的二进制数为 2#111000。以图 3-127 所示程序段为例，指令 "BCD_I" 就是将 2#0101 0110 转变为 2#111000，整数 7（VW328）转换后的数值为：56。

（7）整数转换为 BCD 码指令（I_BCD）

指令 "I_BCD" 将输入参数的整数值转换为 BCD 码。输入参数的取值范围为：0 ～ 9999。

整数转移为 BCD 码指令示例如图 3-121 所示。该程序段将输入参数整数 65 转换成 BCD 码并存放到整数 9（VW332）中。转换后整数 9（VW332）的值为：2#0110 0101。

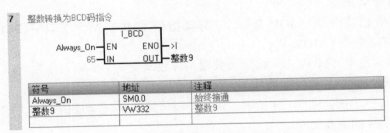

图 3-121　整数转换为 BCD 码指令示例

（8）取整舍位指令（TRUNC）

指令 "TRUNC" 将输入参数的实数转换为双整数，实数的小数部分被舍弃掉。如果输入参数不是实数或者超过了双整数的取值范围，会将系统溢出位 SM1.1 置位。

取整舍位指令示例如图 3-122 所示。该程序段将输入参数 "132.89" 转换为双整数存放到地址 VD334 中。小数部分 "0.89" 被舍掉，程序执行后双整数 8 的值为：132。

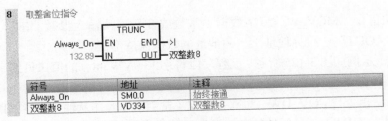

图 3-122　取整舍位指令示例

（9）取整进位指令（ROUND）

指令"ROUND"将输入参数的实数转换为双整数。如果实数的小数部分大于等于 0.5，则数值进位，否则被舍弃掉。如果输入参数不是实数或者超过了双整数的取值范围，会将系统溢出位 SM1.1 置位。

取整进位指令示例如图 3-123 所示。该程序段将输入参数"132.89"转换为双整数存放到地址 VD334 中。小数部分"0.89"大于 0.5，则数值进位，程序执行后双整数 8 的值为：133。

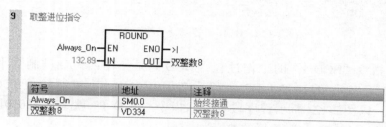

图 3-123　取整进位指令示例

3.3.8　移动指令

移动指令包括数据移动指令、块移动指令及交换指令。

（1）数据移动指令

包括：字节移动指令（MOV_B）、字移动指令（MOV_W）、双字移动指令（MOV_DW）及实数移动指令（MOV_R）。

① 字节移动指令"MOV_B"将字节数据（常数或变量）从输入参数"IN"（源地址）拷贝到输出参数"OUT"（目标地址），源地址的数据保持不变。

字节移动指令示例如图 3-124 所示。该程序段将常数 99 移动到字节 4（VB338）中。程序执行后，字节 4 的值变为 99。

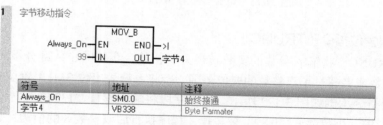

图 3-124　字节移动指令示例

② 字移动指令"MOV_W"将字数据（常数或变量）从输入参数"IN"（源地址）拷贝到输出参数"OUT"（目标地址），源地址的数据保持不变。

字移动指令示例如图 3-125 所示。该程序段将字 13（VW340）的值拷贝到字 14（VW342）中，字 13 的值保持不变。

③ 双字移动指令"MOV_DW"将双字数据（常数或变量）从输入参数"IN"（源地址）拷贝到输出参数"OUT"（目标地址），源地址的数据保持不变。

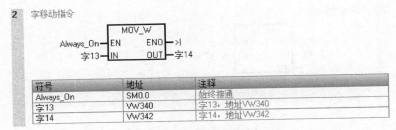

图 3-125 字移动指令示例

双字移动指令示例如图 3-126 所示。该程序段将双整数 7（VD320）的值拷贝到双整数 8（VD334）中，双整数 7 的值保持不变。

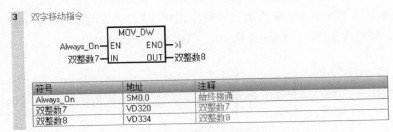

图 3-126 双字移动指令示例

④ 实数移动指令"MOV_R"将实数数据（常数或变量）从输入参数"IN"（源地址）拷贝到输出参数"OUT"（目标地址），源地址的数据保持不变。

实数移动指令示例如图 3-127 所示。该程序段将实数 7（VD254）的值拷贝到实数 8（VD260）中，实数 7 的值保持不变。

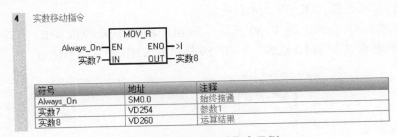

图 3-127 实数移动指令示例

（2）块移动指令

包括：字节块移动指令（BLKMOV_B）、字块移动指令（BLKMOV_W）和双字块移动指令（BLKMOV_D）。

① 字节块移动指令（BLKMOV_B）将源地址开始的连续 n 个字节移动到目标地址，源地址的数据保持不变。输入参数"IN"表示源地址；"N"表示要移动的字节数，其取值范围为 1～255；输出参数"OUT"表示目标地址。

字节块移动指令示例如图 3-128 所示。该程序段将 VB350 起始的 10 个字节移动到 VB1000 起始的地址中，即将 VB350～VB359 拷贝到 VB1000～VB1009。

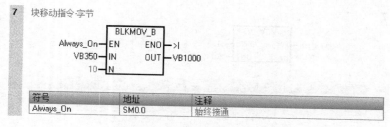

图 3-128　字节块移动指令示例

② 字块移动指令（BLKMOV_W）将源地址开始的连续 *n* 个字移动到目标地址，源地址的数据保持不变。输入参数"IN"表示源地址；"N"表示要移动的字数，其取值范围为 1 ～ 255；输出参数"OUT"表示目标地址。

字块移动指令示例如图 3-129 所示。该程序段将 VW350 起始的 10 个字移动到 VW1000 起始的地址中，即将 VB350 ～ VB369 拷贝到 VB1000 ～ VB1019。

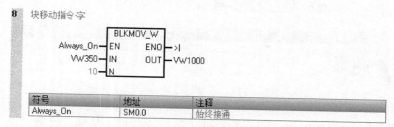

图 3-129　字块移动指令示例

③ 双字块移动指令（BLKMOV_D）将源地址开始的连续 *n* 个双字移动到目标地址，源地址的数据保持不变。输入参数"IN"表示源地址；"N"表示要移动的双字数，其取值范围为 1 ～ 255；输出参数"OUT"表示目标地址。

双字块移动指令示例如图 3-130 所示。该程序段将 VD350 起始的 10 个双字移动到 VD1000 起始的地址中，即将 VB350 ～ VB389 拷贝到 VB1000 ～ VB1039。

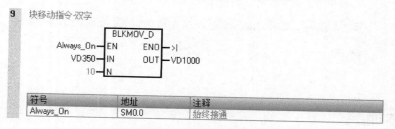

图 3-130　双字块移动指令示例

3.3.9　时钟指令

实时时钟指令包括两种：读取时钟指令（READ_RTC）和设置时钟指令（SET_RTC）。

（1）读取时钟指令（READ_RTC）

指令"READ_RTC"用来读取 CPU 内部的实时时钟，并将得到的日期时间值存放到地址 T 开始的 8 个字节的时钟缓存中。

读取时钟指令示例如图 3-131 所示。该代码段将 CPU 内部实时时钟的数值读取到地址 VB352（CPU_RTC）开始的 8 个字节的时钟缓存中。

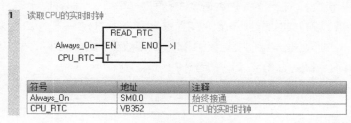

图 3-131　读取时钟指令示例

时钟缓存的值可以表示年、月、日、小时、分钟、秒及一周中的第几天。时钟缓存的值均采用 BCD 格式，年份的取值范围为 2000 年～ 2099 年，只记录最后两位数字。例如：16#19 表示 2019 年。具体定义见表 3-6。

表 3-6　S7-200 SMART 时钟缓存区定义

T 字节	名称	描述
0	年	取值从 00 ～ 99 的 BCD 码，表示年份 2000 ～ 2099
1	月	月份数，取值范围 01 ～ 12（BCD 码）
2	日	日数，取值范围 01 ～ 31（BCD 码）
3	小时	小时数，取值范围 00 ～ 23（BCD 码）
4	分	分钟数，取值范围 00 ～ 59（BCD 码）
5	秒	秒数，取值范围 00 ～ 59（BCD 码）
6	保留	保留值，设置为 0
7	天	表示一周的第几天，读取指令有效，设置指令忽略该值

（2）设置时钟指令

指令"SET_RTC"用来读取地址 T 开始的时钟缓存区，如果时钟格式正确，会将该时钟值写入到 CPU 的实时时钟。

设置时钟指令示例如图 3-132 所示。该程序段在 PLC 的第一个扫描周期将 VB352 开始的 8 个字节的时钟值写入到 CPU 的实时时钟。

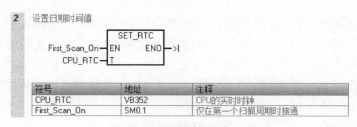

图 3-132　设置时钟指令示例

写入时钟时会对时间值进行检查，不接受错误的时间值（比如 2 月 30 日）。不要同时在主程序和中断程序中使用时钟指令，否则 CPU 会触发系统标志位 SM4.3（运行期编程错误），指示两个时钟指令试图同时读写同一个时钟地址 T。经济型 CPU 模块（CRs）没有实时时钟，可以使用指令 READ_RTC 和 SET_RTC 去读取和设置，但在下一次断电再上电后数据会丢失。时间日期值会恢复成 2000-1-1。标准型 CPU 模块的实时时钟数据的维持，可以参考 2.9.6 节。

3.3.10 程序控制指令

程序控制指令用来对程序的运行流程进行控制。常用的有 FOR-NEXT 循环指令、跳转指令（JMP-LBL）、顺控继电器指令（SCR）、结束指令（END）、停止指令（STOP）及看门狗复位（WDR）指令等。

（1）FOR-NEXT 循环指令

FOR-NEXT 循环指令可以重复执行某些程序段。每一个 FOR 指令都必须有一个 NEXT 指令与之对应，FOR 指令用于启动循环，NEXT 指令会跳回循环起始位置，这样 FOR-NEXT 指令之间的程序段就可以重复执行。

FOR-NEXT 指令之间还可以再使用 FOR-NEXT 指令，这就是 FOR-NEXT 指令的嵌套使用。最大支持的嵌套深度为 8 层。

FOR 指令有三个参数，即 INDX、INIT 和 FINAL，如图 3-133 所示。INDX 称为循环索引，或者循环计数器，是一个整型数据类型；INIT 为循环计数器初始值，为整型数据；FINAL 为循环计数器最大值，为整型数据。如果 INIT 的值大于 FINAL 的值，则循环不执行。NEXT 指令没有参数。

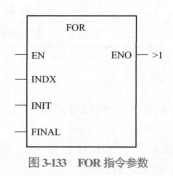

图 3-133　FOR 指令参数

每执行完一次 FOR-NEXT 循环后，FOR 指令中的 INDX 的值会加 1，并与 FINAL 的值比较。如果小于等于 FINAL 的值，则继续执行 FOR-NEXT 指令之间的代码；如果大于 FINAL 的值，则跳出循环，执行 NEXT 指令之后的代码。

FOR-NEXT 循环指令示例如图 3-134 所示。当 M0.0 为真时，该代码将程序段 2 循环执行 150 次，每一次都将 Value（VW2）的值加 1。

FOR-NEXT 循环指令梯形图语言代码如图 3-135 所示。

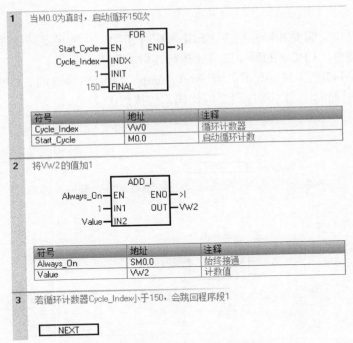

图 3-134 FOR-NEXT 循环指令示例

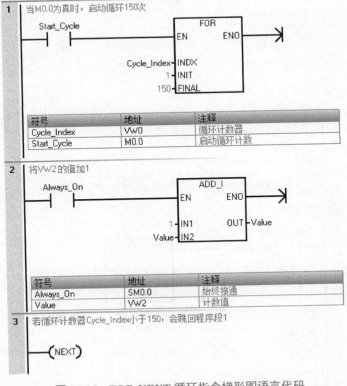

图 3-135 FOR-NEXT 循环指令梯形图语言代码

（2）跳转指令

跳转指令（JMP）需要和标号指令（LBL）配合使用，在满足跳转条件的情况下，CPU会直接跳到标号指令（LBL）的程序段继续执行其后的代码。

跳转指令示例如图 3-136 所示。当 Start_Jump（M0.1）为真时，CPU 会跳到程序段 3（LBL 1）执行后面的语句（程序段 2 的代码不被执行）。

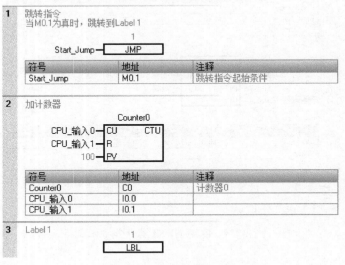

图 3-136 跳转指令示例

 跳转指令只能在主程序、子程序或者中断程序内部跳转。

跳转指令梯形图语言代码如图 3-137 所示。

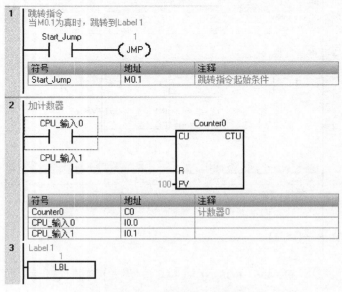

图 3-137 跳转指令梯形图语言代码

（3）顺控继电器指令

在工业现场的控制中，有时候我们需要把一个控制任务从逻辑上划分为多个步骤。比如，汽车生产线上加注机随行单元，它一开始处于静止等待车辆的状态，当车辆到达加注范围内会自动同步跟随生产线运行，同时启动加注程序；当加注完成后，会自动返回到初始位置等待下一辆车的加注。随行单元的静止等待、同步随行及加注完成返回等都是逻辑上划分的步骤，简称为"步"。

通过将一个复杂的控制任务从逻辑上划分为多个步，步与步之间通过特定的条件进行转换，就能将复杂的任务简单化。这类能够划分成多个步的控制任务非常适合用顺控继电器指令（SCR）来实现。顺控继电器指令包括：SCR、SCRT、CSCRE 和 SCRE。SCR 指令用来标志一个步的起始；SCRT 指令跳出当前步并转移到指定的步；CSCRE 指令有条件地结束一个步；SCRE 指令用来标志一个步的结束。

顺控继电器指令示例如图 3-138 ～图 3-140 所示。

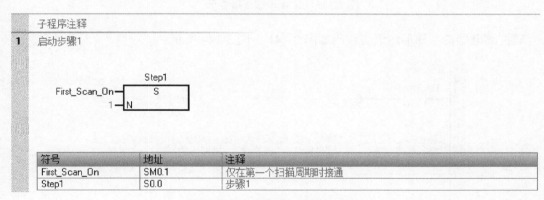

图 3-138　SCR 起始步指令示例

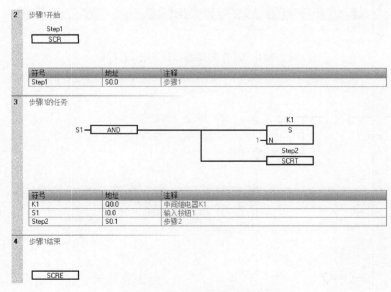

图 3-139　SCR 步骤 1 指令示例

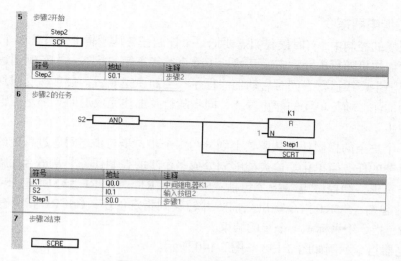

图 3-140　SCR 步骤 2 指令示例

顺控继电器指令梯形图语言代码如图 3-141 ～图 3-144 所示。

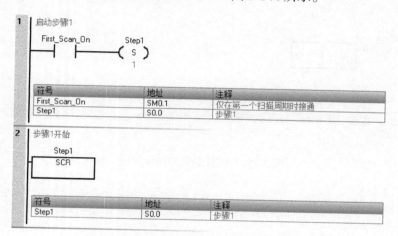

图 3-141　SCR 起始步梯形图语言代码

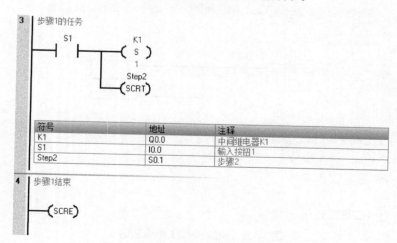

图 3-142　SCR 步骤 1 梯形图语言代码

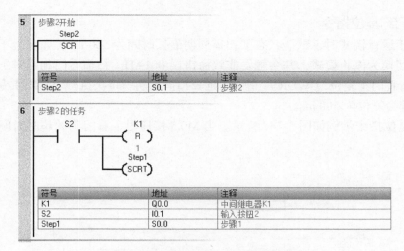

图 3-143　SCR 步骤 2 梯形图语言代码

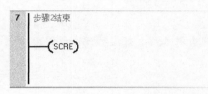

图 3-144　SCR 步骤 2 结束

（4）结束指令

结束指令根据之前的逻辑运算结果有条件地结束 CPU 程序循环的当前扫描。

结束指令示例如图 3-145 所示。当 I0.2 接通时，CPU 将结束当前扫描，转而从头开始另外一个扫描周期。

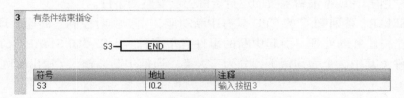

图 3-145　结束指令示例

（5）停止指令

停止指令根据之前的逻辑运算结果，有条件地将 CPU 从运行模式转换为停止模式。

停止指令示例如图 3-146 所示。当发生 I/O 错误（SM5.0=1）时，将 CPU 从运行模式转换为停止模式。CPU 在转换为停止模式之前，会将当前扫描周期的剩余指令执行完成，在扫描周期的最后将 CPU 转换为停止模式。

图 3-146　停止指令示例

（6）看门狗复位指令

CPU 处于运行模式时，默认状态下扫描周期最长时间为 500 ms。如果大于这个时间，CPU 会自动切换为停止模式，并会触发非致命错误 001AH（扫描看门狗超时）。用户可以在程序中执行看门狗复位（WDR）指令来延长扫描周期。每次执行 WDR 指令时，看门狗超时的时间都会复位为 500 ms。

看门狗复位指令示例如图 3-147 所示。当 M0.5 接通时，看门狗的超时时间被重新复位为 500ms。

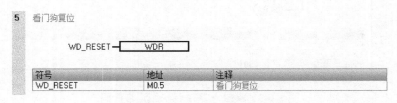

图 3-147　看门狗复位指令示例

 CPU 扫描周期的最大绝对持续时间为 5 s；如果当前扫描持续时间达到 5 s，CPU 会无条件地切换为停止模式。

3.3.11　中断指令

中断是 CPU 停止当前的任务转而去执行其他任务的过程。中断执行前 CPU 会对当前的执行环境进行保留（保存现场），当中断处理完成后，会恢复现场以继续执行之前的任务。中断机制是一种非常高效的机制，它既能保证一些重要事件发生后 CPU 的及时处理，又能保证事件未发生时 CPU 不浪费宝贵的运行资源去反复监测事件。

S7-200 SMART 系列 PLC 的 CPU 具有中断功能，用于实时控制、高速处理、网络通信及一些特殊控制任务的处理。引起中断的事件有很多种类，S7-200 SMART CPU 最多支持 41 个中断事件（其中 2 个为预留），分为三大类：通信中断、输入 / 输出（I/O）中断和时间中断。

中断事件具有不同的优先级。S7-200 SMART 规定中断优先由高到低依次是：通信中断、I/O 中断和时间中断。当 CPU 刚进入运行模式时，默认情况下所有中断都是被禁止的。

中断使能指令 ENI 可以在全局范围内使能所有中断。中断禁用指令 DISI 可以在全局范围内禁用所有中断（已经激活的中断仍然在队列中）。中断返回指令 RETI 可以有条件地从中断子程序中返回。

中断子程序是处理中断事件的程序代码。当中断事件发生后，CPU 的操作系统会调用相应的中断子程序对中断进行处理。但是，中断事件是怎样跟中断子程序联系起来的呢？这就需要用到中断连接指令（ATCH）。ATCH 指令将中断事件和中断子程序相关联并使能中断事件。ATCH 指令有两个参数：INT 和 EVNT。INT 是中断子程序的名称；EVNT 是中断事件的编号。如图 3-148 所示代码是在 CPU 的第一个扫描周期，将中断事件 9（端口 0 发送完成）与中断子程序（INT_0）相联系。

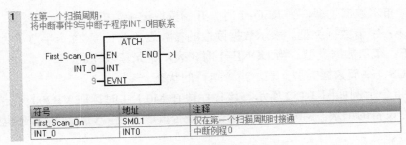

图 3-148 中断连接指令示例

除了中断连接指令，还有中断分离指令（DTCH）和中断事件移除指令（CLR_EVNT）。DTCH 指令将中断事件和中断子程序分离，并使该中断事件失效。DTCH 指令只有一个参数，即 EVNT，表示中断事件的编号。

中断分离指令示例如图 3-149 所示。当检测到 I/O 错误时，禁用 I0.3 的上升沿中断。

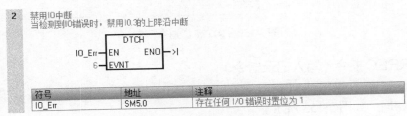

图 3-149 中断分离指令示例

CLR_EVNT 指令可以从中断队列中移除特定类型的中断事件。CLR_EVNT 指令只有一个参数，即 EVNT，表示中断事件的编号。中断事件移除指令示例如图 3-150 所示，将中断事件 17（HSC 2 方向改变）移除。

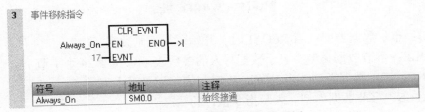

图 3-150 中断事件移除指令示例

3.3.12 PROFINET 指令

PROFINET 指令用来完成基于 PROFINET 协议的数据传输，包括：读取记录指令（RDREC）、写入记录指令（WRREC）、字节立即读取指令（BLKMOV_BIR）和字节立即写入指令（BLKMOV_BIW）。

（1）RDREC 指令（读取记录指令）

该指令从任何连接的 PROFINET 设备读取记录数据。

RDREC 指令有四个参数：即 REQ、TABLE、DONE 和 STATUS，如图 3-151 所示。

图 3-151 RDREC 指令

① REQ：布尔数据类型。当 REQ=1 时，开始读取记录数据。

② TABLE：字节数据类型。表示数据读取的参数表（总长度 24 个字节）。

③ DONE：布尔数据类型。当 DONE=1 时，表示记录读取完成。

④ STATUS：字节数据类型。表示指令执行的状态。

RDREC 指令示例如图 3-152 所示。该程序段在 M0.1=1 时读取 VB200 开始的表格定义的 PROFINET 设备的记录。M0.0 用来表示记录是否读取完成。VB224 储指令执行的状态。

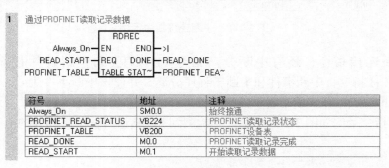

图 3-152　RDREC 指令示例

（2）WRREC指令（写入记录指令）

该指令将记录数据写入任何连接的 PROFINET 设备。WRREC 指令的数据参数与 RDREC 指令相同，如图 3-153 所示。

图 3-153　WRREC 指令

① REQ：布尔数据类型。当 REQ=1 时，开始写入记录数据。

② TABLE：字节数据类型。表示数据写入的参数表（总长度 24 个字节）。

③ DONE：布尔数据类型。当 DONE=1 时，表示记录写入完成。

④ STATUS：字节数据类型。表示指令执行的状态。

WRREC 指令示例如图 3-154 所示。该程序段在 M0.2=1 时写入 VB300 开始的表格定义的 PROFINET 设备的记录。M0.3 用来表示记录是否写入完成。VB324 存储指令执行的状态。

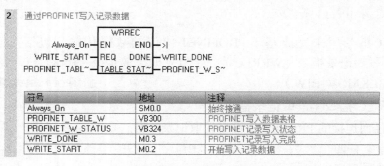

图 3-154　WRREC 指令示例

在 RDREC 和 WRREC 指令中，参数 TABLE 用来定义 PROFINET 通信的详细信息，具体定义见表 3-7。

表 3-7　RDREC/WRREC 指令 TABLE 参数定义

字节	参数名称	类型	备注
0	设备号	输入	取值范围：1 ~ 8
1			
2	API 编号	输入	
3			
4			
5			
6	槽号	输入	
7			
8	子槽号	输入	
9			
10	记录索引	输入	
11			
12	缓存区长度	输入	缓存区字节数，取值范围：1 ~ 1024
13			
14	数据地址	输入	缓冲区从设备读取或写入时的地址
15			
16			
17			
18	实际记录长度	输出	仅适用于 RDREC 指令，返回设备读取的实际数据长度
19			
20	错误代码	输出	0= 没有错误；若该值不为 0，则根据 PROFINET IO（版本 2.3）的技术规范查找相应错误内容
21			
22			
23			

（3）BLKMOV_BIR（字节立即读取指令）

调用该指令会立刻读取 PROFINET IO 硬件组态的输入地址的 *n* 个字节数据并写入到相应的内存地址。该指令不更新过程映像区。BLKMOV_BIR 指令有三个参数，即 IN、N 和 OUT，如图 3-155 所示。

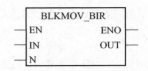

图 3-155　BLKMOV_BIR 指令

① IN：字节数据类型，表示 PROFINET IO 输入存储区的地址。

② N：字节数据类型，表示要读取的字节数。

③ OUT：字节数据类型，表示存储区的地址。

BLKMOV_BIR 指令示例如图 3-156 所示。当 M0.4=1 时，该程序段从 PROFINET IO 设备 1 的地址 IB128 开始读取 2 个字节的数据，并存放到 VB330 起始的 V 存储区。

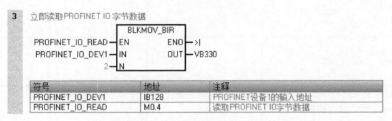

图 3-156　BLKMOV_BIR 指令示例

BLKMOV_BIR 指令的参数 N 的取值范围为 1 ～ 128，并且不能大于 PROFINET IO 组态的地址范围。

（4）BLKMOV_BIW（字节立即写入指令）

调用该指令会立刻将内存地址的 n 个字节写入到 PROFINET IO 硬件组态的输出地址，并且更新过程映像区。BLKMOV_BIW 指令有三个参数，即 IN、N 和 OUT，如图 3-157 所示。

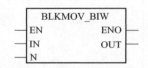

图 3-157　BLKMOV_BIW 指令

① IN：字节数据类型，表示 CPU 存储区的地址或者常数。

② N：字节数据类型，表示要写入的字节数。

③ OUT：字节数据类型，表示 PROFINET IO 设备输出存储区的地址。

BLKMOV_BIW 指令示例如图 3-158 所示。当 M0.5=1 时，该程序段将 V 存储区地址 VB334 开始的 1 个字节写入到 PROFINET IO 设备 1 的输出存储区地址 QB128。

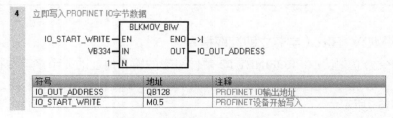

图 3-158　BLKMOV_BIW 指令示例

3.4 用户指令库

3.4.1 用户指令库概述

在项目开发中,我们希望能够重复使用在之前的项目中那些已经设计好的功能。例如,在项目甲中有一个单稳态触发器的子程序,我们希望在项目乙中能直接使用该功能,而不是重新编写整个单稳态触发器的代码。

一种方法是使用最原始的复制方法。打开之前的项目文件,将需要的子程序复制到当前项目中。这种方法在项目文件较少的时候比较方便。但是如果项目文件较多,要同时打开多个项目文件,就显得不太方便了。

另一种方法是把子程序保存成用户自定义指令库并集成到 S7-200 SMART 的编程软件 Micro/WIN SMART 中。集成的用户指令库和系统标准指令库一样,每次打开软件都会自动加载到"指令"列表的"库"文件夹中,使用时只需要拖拽需要的指令到子程序中即可。

库文件夹中存放两种指令库:标准指令库和用户指令库。标准指令库是 STEP 7-MicroWIN SMART 软件官方发布的指令库,其默认存放地址为 C:\Program Files\Siemens\STEP 7-MicroWIN SMART\Standard Libs\。用户指令库由用户自己定义,其默认存放路径为 C:\Users\Public\Documents\Siemens\STEP 7-MicroWIN SMART\Lib\。

图 3-159 是作者电脑中"库"文件夹的截图。其中,Modbus RTU Master、Modbus RTU Slave、Open User Communication、USS Protocol 都是标准指令库,它们在硬盘中的存放位置如图 3-160 所示。而 Clock_Integer 和 Toggle 都是用户指令库,它们在硬盘中的存放位置如图 3-161 所示。可以看出,用户指令库无缝集成到编程软件中,和标准指令库的使用并没有区别。

图 3-159 "库"文件夹截图

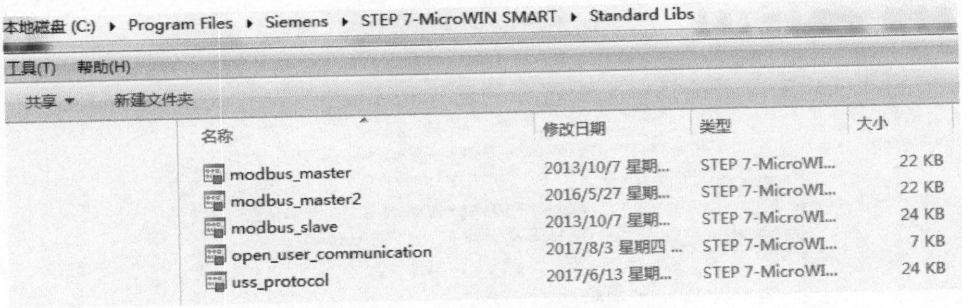

图 3-160 标准指令库存放位置

图 3-161 用户指令库存放位置

3.4.2 实例：创建用户指令库

在项目树中添加子程序 SBR_Motor，在其内部编写电机控制的通用程序代码，如图 3-162 所示。

图 3-162　子程序 SBR_Motor

这里以子程序 SBR_Motor 为例，介绍如何创建用户指令库及添加指令库。

（1）创建用户指令库

单击"文件"菜单 -"库"子菜单中的"创建"按钮，如图 3-163 所示。

图 3-163　创建库按钮

在弹出的"创建库"对话框中，设置库的名称和库文件路径，如图 3-164 所示。

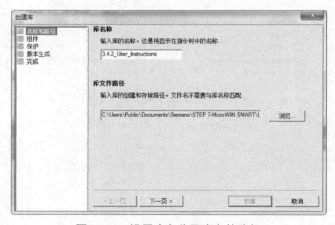

图 3-164　设置库名称及库文件路径

单击"下一页"，选中子程序"SBR_Motor"并单击"添加"，将其添加到库中，如图 3-165、图 3-166 所示。

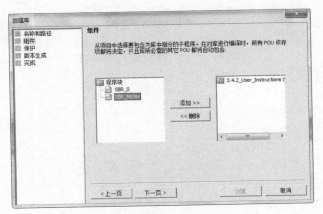

图 3-165　添加子程序 SBR_Motor（1）

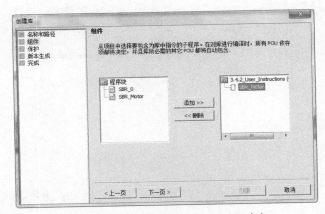

图 3-166　添加子程序 SBR_Motor（2）

单击"下一页"，可设置是否对库中的代码进行保护。如果需要保护，可设置密码，如图 3-167 所示。

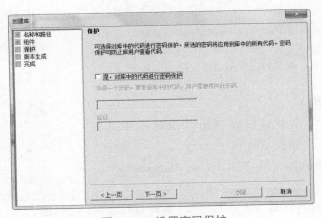

图 3-167　设置密码保护

单击"下一页",设置指令库的版本号,如图 3-168 所示。

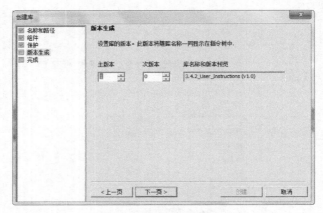

图 3-168　设置版本号

单击"下一页",在"生成"界面单击"创建"按钮,如图 3-169 所示。

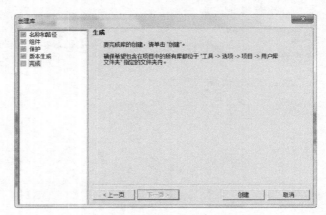

图 3-169　生成库

系统会提示指令库已经成功保存,如图 3-170 所示。

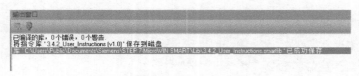

图 3-170　库文件已经生成并保存

(2) 添加指令库

右键单击"库"文件夹,在弹出的对话框中选择
"打开库文件夹",如图 3-171 所示。

可以看到新创建的库文件"3.4.2_User_Instructions",
如图 3-172 所示。

关闭 STEP 7-Micro/WIN SMART,然后重新打开,可

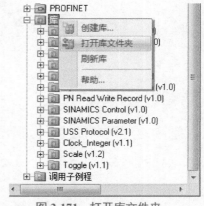

图 3-171　打开库文件夹

以看到"库"文件夹中新增了我们之前添加的库文件，如图 3-173 所示。

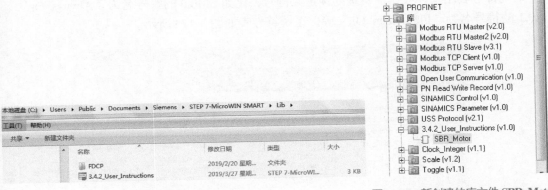

图 3-172　新创建的库文件　　　　　图 3-173　新创建的库文件 SBR_Motor

3.5　符号表

在介绍符号表之前，我们先来介绍下符号。符号是一种人为定义的代号，用来标识变量的内存地址或者常量。符号可以标识的内存区包括：数字量输入映像区（DI）、数字量输出映像区（DO）、模拟量输入存储区（AI）、模拟量输出存储区（AO）、变量存储区（V）、标志存储区（M）、定时器（T）、计数器（C）、高速计数器（HC）、特殊存储器（SM）、顺序控制继电器存储区（S）等。符号是一种全局性的代号，可以在任何程序组织单元中使用。符号的名称称为"符号名"。

符号的命名需要遵循如下规则：

① 符号名可以包含字母、数字、下划线及 ASCII 128 ～ ASCII 255 的扩展字符；

② 符号名的第一个字符不能是数字；

③ 不能使用系统的保留字 / 关键字作为符号名；

④ 符号名的最大长度为 23 个字符。

常量也可以定义符号名。当使用符号名来定义常量字符时，常量字符要使用单引号括起来；当使用符号名来定义常量字符串时，常量字符串要使用双引号括起来。举个例子：给常量字符"C"定义符号名"myChar"，字符 C 要用单引号括起来；给常量字符串"Hello Jack"定义符号名"myString"，字符串要用双括号括起来，如图 3-174 所示。

		符号	地址	注释
1		myChar	'C'	常量字符C
2		myString	"Hello Jack"	常量字符串
3				
4				
5				

图 3-174　常量字符与常量字符串定义

所有定义的符号都要存放到表格中。这种用来存放符号的表格称为"符号表"。根据所定义的符号的不同，符号表可以分为：普通符号表、系统符号表、I/O 符号表、POU 符号表。

前面例子所定义的符号"myChar"和"myString"就是存放在普通符号表中。

系统符号表用来存放操作系统的预定义符号，比如 SM0.0 的符号名为"Always_On"、SM0.1 的符号名为"First_Scan_On"等。系统符号表如图 3-175 所示。

图 3-175　系统符号表

I/O 符号表（图 3-176）用来存放输入/输出存储区的符号，比如，把 I0.0 定义符号名为"CPU_输入 0"，把 I0.1 定义符号名为"CPU_输入 1"，等等。

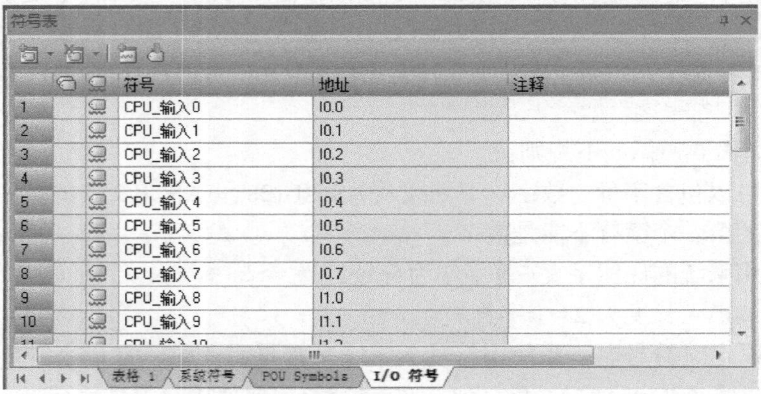

图 3-176　I/O 符号表

POU 符号表用来存放程序组织单元（POU）的符号，如图 3-177 所示。

图 3-177　POU 符号表

符号名可以根据需要自己修改，但是两个符号名不能相同。如果符号表符号名的下方出现红色的波浪线，表示该符号名有错误。可能是符号名没有遵循命名规则，也可能是名称有重复，如图 3-178 所示定义了两个相同的符号名"myNumber"，符号表编辑器会提示错误。符号名的前方如果有绿色的波浪线，表示该符号名已经正确定义，但是没有在程序中使用。

		符号△	地址	注释
1	🖵	myChar	'C'	常量字符C
2		myNumber	123456	
3		myNumber	234567	
4				

图 3-178　符号表编辑器的错误提示功能

3.6　变量表

变量表用来定义属于特定程序组织单元（POU）的局部变量，这些变量只对特定的 POU 有效。变量表中定义的变量，相当于该 POU 的形参。比如，子程序（Subroutine）SBR_0 默认的变量表如图 3-179 所示。该子程序仅有一个"EN"的输入参数，调用 SBR_0 的界面如图 3-180 所示。

	地址	符号	变量类型	数据类型	注释
1		EN	IN	BOOL	
2			IN		
3			IN_OUT		
4			OUT		
5			TEMP		

图 3-179　子程序默认变量表

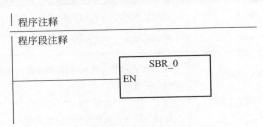

图 3-180　无参子程序调用

很多时候，我们需要子程序有自己的形参。在不同的调用环境下，通过给形参赋予不同的值，就可以实现不同的控制功能。例如，有两台电机都需要实现启保停控制功能，我们可以把启保停功能写成一个子程序 SBR_1。SBR_1 有两个输入参数（I_Start 和 I_Stop）及一个输出参数（Q_Motor），通过对输入及输出参数赋不同的值，就可以实现对两台电机的控制。子程序 SBR_1 的参数 I_Start、I_Stop 和 Q_Motor 被称为形参，它是通过变量表来定义的，如图 3-181 所示。

	地址	符号	变量类型	数据类型	注释
1		EN	IN	BOOL	
2	L0.0	I_Start	IN	BOOL	启动按钮
3	L0.1	I_Stop	IN	BOOL	停按按钮
4			IN_OUT		
5	L0.2	Q_Motor	OUT	BOOL	电机
6			OUT		
7			TEMP		

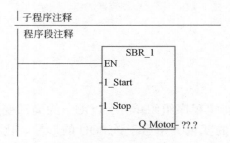

图 3-181　子程序变量表定义

当在 SBR_1 中定义好变量时，调用 SBR_1 时会出现图 3-182 所示的功能框图。

图 3-182　有参子程序调用

通过对形参 I_Start、I_Stop 和 Q_Motor 赋予不同的值就可以实现对不同电机的控制。子程序实现了程序代码的重复使用，有利于提高程序的可移植性及提高编程开发的效率。

变量表中可以定义四种类型的变量，包括：输入参数、输出参数、输入 / 输出参数及临时变量。各类型的含义见表 3-8。

表 3-8　变量表参数含义

变量类型	含义	说明
IN	输入	调用该子程序的 POU 提供的输入参数
OUT	输出	返回给调用该子程序的 POU 的参数
IN_OUT	输入 / 输出	调用该子程序的 POU 提供的参数，该参数可以在子程序中修改，并能返回给调用 POU
TEMP	临时变量	保存在局部数据堆栈中的临时变量。 子程序运行结束后，临时变量不再可用。再次运行子程序时，临时变量的值不会保持上次的运行结果

需要说明的是：每个程序组织单元（POU）都有 64 个字节的局部变量存储区，当使用 FBD 或者 LAD 进行编程时，可以使用 60 个字节。变量表中定义的变量都存放在 POU 的局部变量存储区中。变量表中定义的变量属于特定的 POU，属于局部变量；在符号表中定义的变量属于全局变量。当变量表中定义的变量与符号表中的变量重名时（例如都为“Start”），POU 优先使用变量表中的变量。当在变量表中定义变量时，可以更改符号名、数据类型及

注释，但地址是自动分配的（无法更改）。可以在变量表地址列中看到变量的地址是以"L"开头，表示这些变量都存放在局部变量存储区中。PLC 的操作系统不会初始化局部变量，需要编程人员在程序中自己编程实现初始化。调用在变量表中定义了局部变量（形参）的 POU 时，实参的数据类型必须与形参定义的相同。

3.7　组态

3.7.1　系统块的组态

在 STEP 7-Micro/WIN SMART 编程开发环境中，双击项目列表的"CPU"，会弹出"系统块"对话框。"系统块"对话框有通信、数字量输入、数字量输出、保持范围、安全、启动等选项卡，如图 3-183 所示。

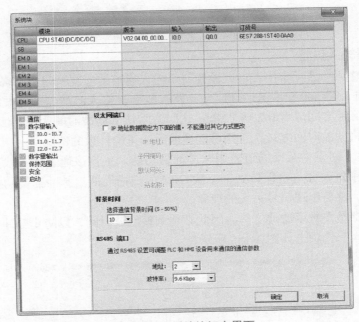

图 3-183　系统块组态界面

（1）通信设置

在"通信"选项卡中，可以设置 CPU 以太网端口参数、通信背景时间和 RS485 端口参数。

① 以太网端口设置　以太网端口可以设置 IP 地址、子网掩码、默认网关、站名称。站名称用来设置 CPU 的 PROFINET 设备名。

② 通信背景时间　通信背景时间是用于通信请求的时间，可根据扫描周期的百分比（5% ～ 50%）进行设定。增加通信背景时间，会增加扫描周期。默认的通信背景时间为10%，当系统组态 PROFINET 网络时，扫描通信背景时间会自动调整为 20%。

③ RS485 端口　这里可以配置 RS485 的地址和通信波特率。

"通信"选项卡如图 3-184 所示。

图 3-184　"通信"选项卡组态

（2）数字量输入设置

在"数字量输入"选项卡中，可以设置每个输入通道的滤波时间及是否激活脉冲捕捉。

① 滤波时间　S7-200 SMART CPU 允许修改数字量输入滤波器的滤波时间。可选择的范围在 0.2 ～ 12.8μs 之间或者 0.2 ～ 12.8ms 之间，默认的滤波时间为 6.4ms。当使用高速计数器功能时，要将滤波时间缩短，否则可能造成无法正确计数的情况。

② 脉冲捕捉　如果为某个通道启用脉冲捕捉功能，一旦该通道输入状态发生了变化，通道的状态将被锁定，并一直保持到下一次 CPU 的扫描周期。脉冲捕捉功能可以捕捉时间很短的脉冲信号，避免出现信号丢失的现象。

由于脉冲捕捉是在数字滤波之后，因此必须调整滤波时间，以防止脉冲信号被滤掉。

"数字量输入"选项卡如图 3-185 所示。

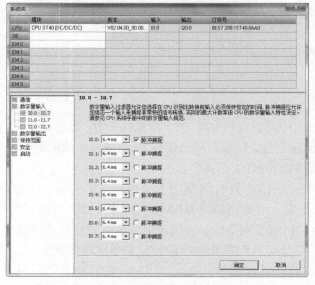

图 3-185　数字量输入通道组态

（3）数字量输出设置

在"数字量输出"选项卡中，可以设置 CPU 处于 STOP 模式时输出通道的状态。有三种选择：ON、OFF、由 RUN 转为 STOP 时的最后状态。当 CPU 由 RUN 转为 STOP 时，默认情况下，通道输出为 OFF（0）状态；当勾选"将输出冻结在最后一个状态"时，所有通道都会保持最后输出的状态；当单独勾选某个输出通道时，该通道会输出 ON（1）状态，如图 3-186 所示。

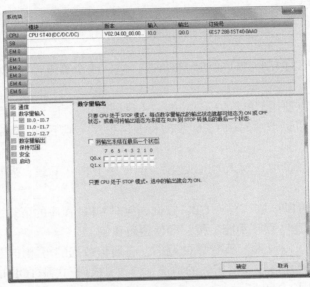

图 3-186　数字量输出通道组态

（4）断电保持设置

在"保持范围"选项卡中，可以设置 V、M、C、T 存储区的断电保存数据。当 CPU 断电时，会将组态的数据保存到永久存储器中，如图 3-187 所示。CPU 在断电和重新上电时执行如下动作：

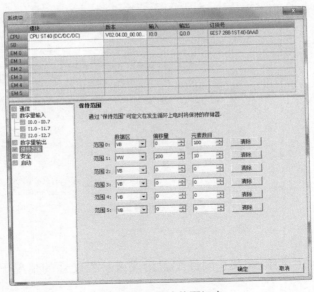

图 3-187　保持范围组态

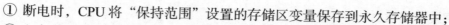

① 断电时，CPU 将"保持范围"设置的存储区变量保存到永久存储器中；

② 上电时，CPU 清空 V、M、C、T 等存储区，将变量的初始值从数据块拷贝到 V 存储区，然后从永久存储器将保存的数据拷贝到 RAM 中。

 默认情况下，CPU 并没有设置保持范围，用户需要根据情况自己设置。永久存储区最大为 10KB。

（5）安全设置

① 可以设置密码以限制 CPU 的访问和修改，包括四个等级：完全权限、读取权限、最低权限和不允许上传。

a. 完全权限：可以使用 CPU 的所有功能，不受限制。

b. 读取权限：可以读取、写入 CPU 数据及上传程序，但下载、强制或对存储卡编程需要密码验证。

c. 最低权限：可以读取、写入 CPU 数据，但程序上传、下载、强制或对存储卡编程需要密码验证。

d. 不允许上传：可以读取、写入 CPU 数据，但对 CPU 程序的下载、强制或存储卡编程需要密码验证，而且 CPU 程序不能上传，即使密码正确。

② 通信写访问：可以设置 V 存储区的范围，将通信数据的写操作限制在该范围内。

③ 串行端口：是否允许在没有密码的情况下修改 CPU 模式及 TOD 的读取和写入操作。

安全设置组态如图 3-188 所示。

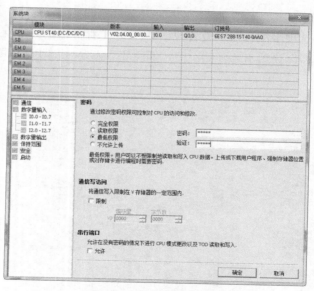

图 3-188　安全设置组态

（6）启动设置

可设置 CPU 启动后的模式及在硬件配置错误或缺少硬件的情况下是否允许启动，如图 3-189 所示。

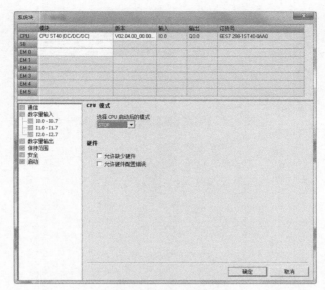

图 3-189 启动设置组态

3.7.2 数字量输入模块的组态

在"系统块"中添加数字量输入模块，可以设置数字量输入的滤波时间。滤波时间默认为 6.4ms，可在 0.2 ～ 12.8ms 之间进行选择，如图 3-190 所示。

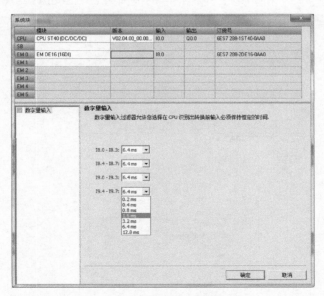

图 3-190 数字量输入模块组态

3.7.3 数字量输出模块的组态

在"系统块"中添加数字量输出模块，可以设置 CPU 由 RUN 转为 STOP 时数字量输出的三种状态。设置方法与"系统块"中数字量输出通道设置相同，如图 3-191 所示。

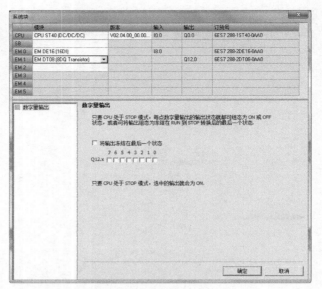

图 3-191　数字量输出模块组态

3.7.4　模拟量输入模块的组态

在"系统块"中添加模拟量输入模块，可以设置通道的信号类型：电压或电流。电压信号的范围包括 ±2.5V、±5V 和 ±10V；电流信号的范围为 0 ～ 20mA，可根据需要设置。另外还可以设置滤波的强弱及是否超限报警，如图 3-192 所示。

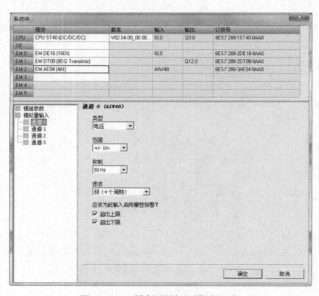

图 3-192　模拟量输入模块组态

3.7.5　模拟量输出模块的组态

在"系统块"中添加模拟量输出模块，可设置通道输出的信号类型：电压或电流；可设置 CPU 由 RUN 转为 STOP 模式后，通道的输出状态：最后输出值或使用替代值；可以组态输出模块的超限报警及短路 / 断路报警，如图 3-193 所示。

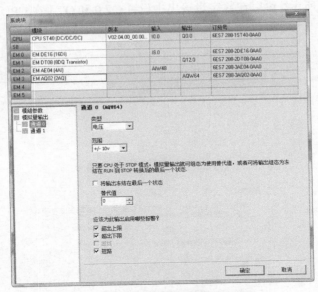

图 3-193　模拟量输出模块组态

3.7.6　通信模块的组态

EM DP01 由主站进行组态，S7-200 SMART 侧无须组态。

3.7.7　数字量信号板的组态

在"系统块"的 SB（信号板）一栏，选择"SB DT04"，如图 3-194 所示。

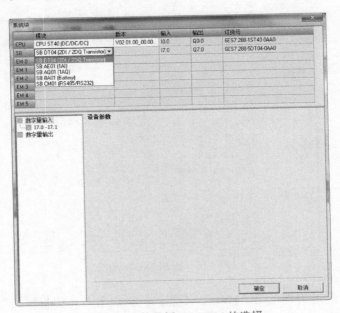

图 3-194　信号板 SB DT04 的选择

SB DT04 的数字量输入通道编号为 I7.0 和 I7.1，数字量输出通道的编号为 Q7.0 和 Q7.1，不能修改。可以在数字量输入中设置 I7.0 和 I7.1 的滤波时间，以及选择是否触发脉冲捕捉，如图 3-195 所示。可以在数字量输出中设置 Q7.0 和 Q7.1 在 CPU 停机时的输出状态，如图 3-196 所示。

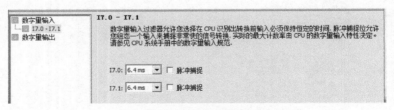

图 3-195　信号板数字量输入组态

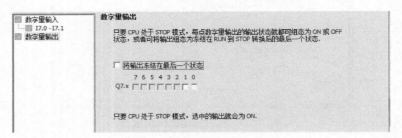

图 3-196　信号板数字量输出组态

3.7.8　模拟量输入信号板的组态

在"系统块"的 SB（信号板）一栏，选择"SB AE01"，如图 3-197 所示。

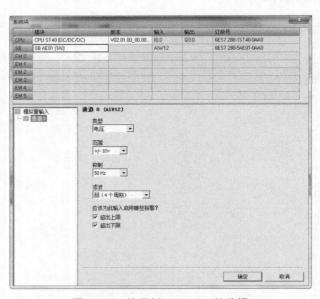

图 3-197　信号板 SB AE01 的选择

SB AE01 默认的通道地址是 AIW12，不能修改。点击"模拟量输入"-"通道 0"，可以设置模拟量输入的信号类型，有"电压"和"电流"两种选项。电压信号可以选择其范围值，

包括 ±10V、±5V 和 ±2.5V，如图 3-198 所示。电流信号只支持 0 ～ 20mA，如图 3-199 所示。另外可以设置滤波的时间及超限报警。

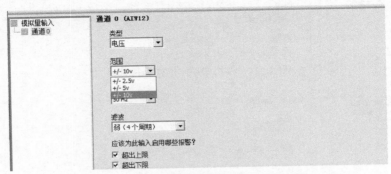

图 3-198　信号板模拟量输入通道电压信号

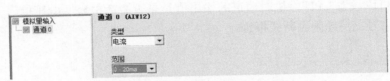

图 3-199　信号板模拟量输入通道电流信号

3.7.9　模拟量输出信号板的组态

在"系统块"的 SB（信号板）一栏，选择"SB AQ01"，如图 3-200 所示。

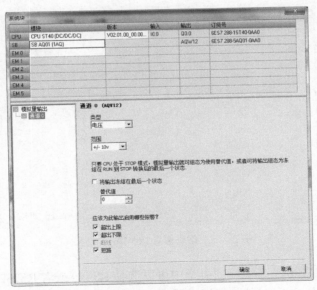

图 3-200　信号板 SB AQ01 的选择

SB AQ01 默认的通道地址是 AQW12，不能修改。点击"模拟量输出"-"通道 0"，可以设置模拟量输出的信号类型，有"电压"和"电流"两种选项。电压信号的量程范围为

西门子S7-200 SMART PLC 应用技术

±10V，如图 3-201 所示。电流信号的量程范围为 0 ～ 20mA，如图 3-202 所示。

图 3-201　模拟量输出通道电压信号

图 3-202　模拟量输出通道电流信号

组态中还可以设置 CPU 停机时通道的输出值及是否激活报警。电压信号支持超限及短路报警，电流信号支持超限及断线报警。

3.7.10　串行通信信号板的组态

在"系统块"的 SB（信号板）一栏，选择"SB CM01"，如图 3-203 所示。

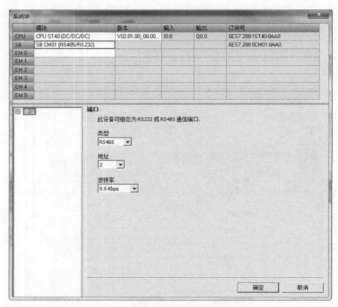

图 3-203　信号板 SB CM01 的选择

点击"通信"选项卡，在端口的类型中可以选择 RS485 或者 RS232；可以设置通信的波特率，默认是 9.6kbps；地址栏中可以设置 RS485 的网络地址。

3.7.11　电池板的组态

在"系统块"的 SB（信号板）一栏，选择"SB BA01"，如图 3-204 所示。

140

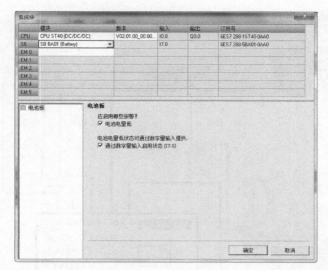

图 3-204 电池板的组态

SB BA01 使用 I7.0 来进行电池电量低报警，可以在 "电池板" 中勾选启用该报警。

3.8 工程实例

3.8.1 灌装生产线上饮料瓶的计数

在食品生产企业的饮料瓶灌装生产线上，需要对饮料瓶进行准确的计数以保证品质与产量。饮料瓶的材质有玻璃、塑料，也有纸质的，这就要求计数检测传感器能适应各种不同的产品，不能出现漏检的情况。这里我们选择的传感器是德国倍加福（P+F）公司生产的对射型超声波传感器（型号: UBE1000-18GM40-SE2-V1）。对射型超声波传感器由两个部分组成，一个为超声波发生器，一个为接收器。对射型超声波传感器的两个部分要安装到同一条轴线上（水平对视时）。当发生器与接收器之间没有物体阻挡时，接收器可以接收到发生器发出的超声波，此时接收器的输出状态为 0；当有饮料瓶等物体处在接收器与发射器之间时，超声波被物体挡住，接收器无法接收到，此时接收器将输出信号的状态改变为 1，表示检测到物体；当物体移走后，超声波又可以正常接收，接收器再次改变状态，输出信号 0。

对射型超声波传感器有 PNP 型和 NPN 型。PNP 型传感器的 1 号引脚连接外部 24V 电源正极；4 号引脚为输出信号；3 号引脚为电源负极。负载连接在 4 号和 3 号引脚之间。NPN 型传感器的 1 号引脚连接外部 24V 电源正极；4 号引脚为输出信号；3 号引脚为电源负极。负载连接在 1 号和 4 号引脚之间。

假设要对生产线上的啤酒瓶进行计数，将 12 瓶装成一箱。包装好的啤酒箱会触发接近开关，提示包装完成，重新启动下一次循环计数。我们使用 S7-200 SMART CPU ST40 和倍加福对射型超声波传感器（PNP 型）来完成计数的功能。超声波传感器编号为 S1，连接到 CPU ST40 的 I0.0 通道；提示包装完成的接近开关编号为 S2，连接到 CPU ST40 的 I0.1 通道；S3 为启动按钮（常开），用来启动输送线运行；S4 为停止按钮（常闭），用来停止输送线运行；K1 为输送线电机控制的中间继电器，其线圈连接在 CPU ST40 的输出通道

Q0.0。图 3-205 为控制回路的接线原理图（输送线电机部分未画出）。

+24V DC
0V DC
S2
S3
S4
S1
SIEMENS
I0.0 I0.1 I0.2 I0.3 L+M
SIMATIC S7-200
SMART
CPU ST40
Q0.0
K1

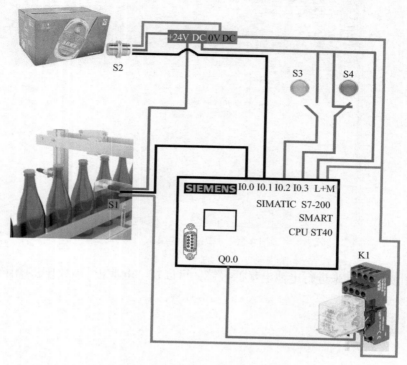

图 3-205　控制回路接线原理图

接下来编程实现控制功能。打开 STEP 7-Micro/WIN SMART，新建项目“3.8.6”。首先对系统 I/O 符号表进行定义，如图 3-206 所示。接下来编程实现计数功能。

符号表

	符号	地址	注释
1	S1	I0.0	超声波传感器信号
2	S2	I0.1	啤酒箱接近开关
3	S3	I0.2	启动按钮
4	S4	I0.3	停止按钮
25	K1	Q0.0	输送线电机中间继电器

图 3-206　饮料瓶计数符号表定义

FBD 语言代码如图 3-207 ～图 3-209 所示。

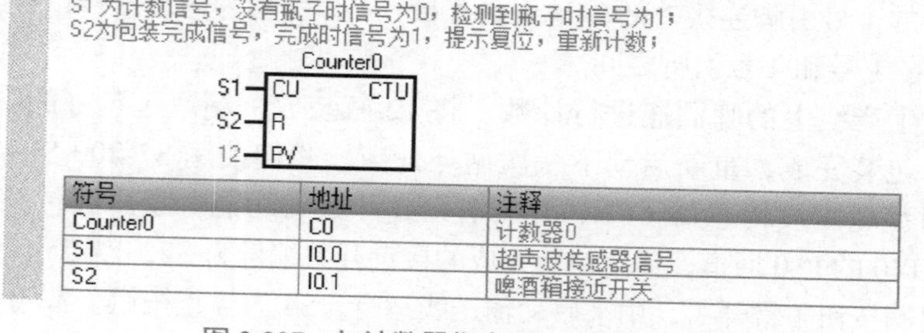

1
啤酒瓶计数，12个为单位。
S1 为计数信号，没有瓶子时信号为0，检测到瓶子时信号为1；
S2为包装完成信号，完成时信号为1，提示复位，重新计数；
Counter0
S1 CU CTU
S2 R
12 PV

符号	地址	注释
Counter0	C0	计数器0
S1	I0.0	超声波传感器信号
S2	I0.1	啤酒箱接近开关

图 3-207　加计数器指令 FBD 语言代码

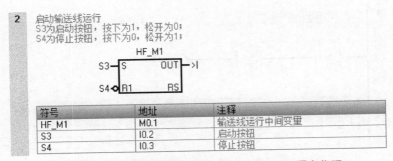

2 启动输送线运行
S3为启动按钮，按下为1，松开为0；
S4为停止按钮，按下为0，松开为1；

符号	地址	注释
HF_M1	M0.1	输送线运行中间变量
S3	I0.2	启动按钮
S4	I0.3	停止按钮

图 3-208　定义启动输送线运行中间变量 FBD 语言代码

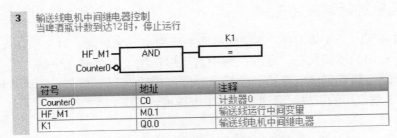

3 输送线电机中间继电器控制
当啤酒瓶计数到达12时，停止运行

符号	地址	注释
Counter0	C0	计数器0
HF_M1	M0.1	输送线运行中间变量
K1	Q0.0	输送线电机中间继电器

图 3-209　输送线启动停止控制 FBD 语言代码

梯形图语言代码如图 3-210 ～图 3-212 所示。

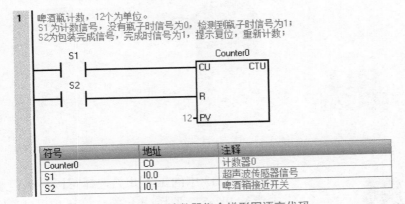

1 啤酒瓶计数，12个为单位。
S1 为计数信号，没有瓶子时信号为0，检测到瓶子时信号为1；
S2为包装完成信号，完成时信号为1，提示复位，重新计数；

符号	地址	注释
Counter0	C0	计数器0
S1	I0.0	超声波传感器信号
S2	I0.1	啤酒箱接近开关

图 3-210　加计数器指令梯形图语言代码

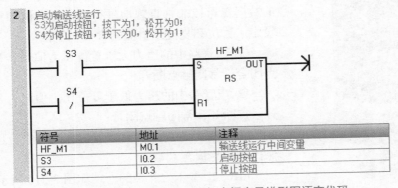

2 启动输送线运行
S3为启动按钮，按下为1，松开为0；
S4为停止按钮，按下为0，松开为1；

符号	地址	注释
HF_M1	M0.1	输送线运行中间变量
S3	I0.2	启动按钮
S4	I0.3	停止按钮

图 3-211　定义启动输送线运行中间变量梯形图语言代码

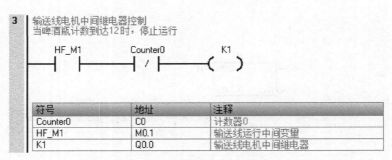

图 3-212　输送线启动停止控制梯形图语言代码

3.8.2　空压机的延时关闭控制

　　工厂中很多气缸、气动工具、气动阀都需要压缩空气来驱动。对于很多大型工厂来说，一般都有一个专用的压缩机房。压缩机房中有压缩机组、一个或几个储气罐。压缩机组将空气压缩、干燥后储存到储气罐中，然后通过储气罐输送到各个车间供给各种设备使用。图 3-213 是某压缩机房的组成示意图（省略了干燥设备）。

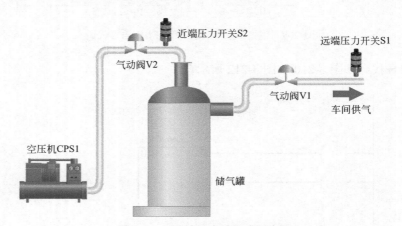

图 3-213　压缩机房的组成示意图

图 3-214　PK6522 型压力开关外观

　　图 3-213 中的压力开关选择德国易福门（IFM）公司生产的 PK6522 型压力开关。该压力开关的量程范围为 0 ～ 100bar，有常开和常闭两路输出信号，通过旋转开关的数码盘可以非常直观地进行置位压力值和复位压力值的设定。置位和复位压力值的含义如下：

　　① 当管路中的压力大于置位压力值时，开关的常开触点闭合，常闭触点断开；

　　② 当管路中的压力低于复位压力值时，开关复位，常开触点断开，常闭触点闭合；

　　③ 当管路中的压力介于置位压力和复位压力之间时，保持之前的状态。

　　PK6522 型压力开关的外观如图 3-214 所示。

　　远端压力开关 S1 分布在管路的远端，用来监测管路中

的压力。假设工厂在正常情况下，供气管路中的压力不应低
于 20bar。因此我们将 S1 的置位信号值设定为 20bar，复位信
号设置为 19bar。近端压力开关 S2 用来监测储气罐的压力，
其置位压力值设置为 25bar，复位压力值设置为 23bar。

压力开关的上部是接线端口，接线原理图如图 3-215 所示。
这里只使用其常开触点，接线时 1 号连接 +24V DC、3 号连
接 0V DC、4 号连接 PLC 的数字量输入通道。

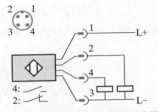

图 3-215 压力开关接线原理图

我们使用 S7-200 SMART CPU ST40 来完成空压机房的控制功能。控制要求如下：

① 当 S1 复位时（远端管路压力下降），开启气动阀 V1；

② 当 S1 置位时（远端管路压力恢复），关闭气动阀 V1；

③ 当 S2 复位时（储气罐压力下降），启动压缩机 CPS1，打开 V2，关闭 V1；

④ 当 S2 置位时（储气罐压力恢复），延时 5s 关闭空压机 CPS1，关闭 V2；

⑤ S1 常开点连接到 CPU ST40 的 I0.0；

⑥ S2 常开点连接到 CPU ST40 的 I0.1；

⑦ 空压机 CPS1 通过中间继电器 K1 控制启停，K1 的线圈 A1 连接在 CPU ST40 的
Q0.0，A2 连接在 0V DC；

⑧ 气动阀 V1 通过电磁阀 PV1 控制，PV1 的正极连接到 CPU ST40 的 Q0.1，负极连接
到 0V DC；

⑨ 气动阀 V2 通过电磁阀 PV2 控制，PV2 的正极连接到 CPU ST40 的 Q0.2，负极连接
到 0V DC。

电磁阀可以选择德国费斯托（FESTO）公司相关产品。空压机延时关闭系统接线原理
图如图 3-216 所示。

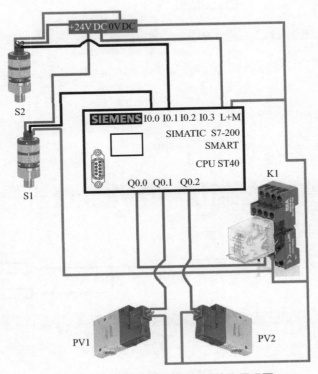

图 3-216 空压机延时关闭系统接线原理图

接下来编程实现控制功能。打开 STEP 7-Micro/WIN SMART，新建项目"3.8.7"。首先对系统 I/O 符号表进行定义，如图 3-217 所示。接下来编程实现控制功能。

图 3-217 空压机延时关闭符号表定义

空压机延时关闭 FBD 语言代码如图 3-218、图 3-219 所示。

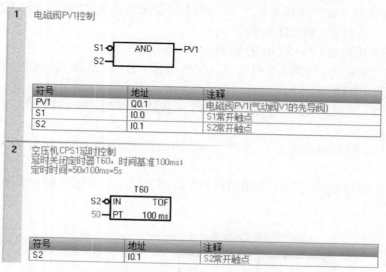

图 3-218 空压机延时关闭 FBD 语言代码（1）

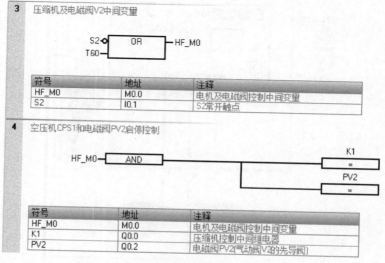

图 3-219 空压机延时关闭 FBD 语言代码（2）

空压机延时关闭梯形图语言代码如图 3-220、图 3-221 所示。

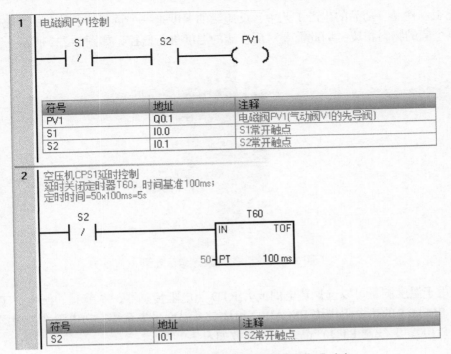

图 3-220 空压机延时关闭梯形图语言代码（1）

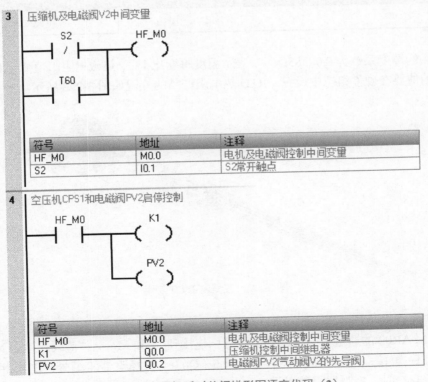

图 3-221 空压机延时关闭梯形图语言代码（2）

3.8.3 获取反应罐的温度（RTD 热敏电阻）

在化工、食品、药品的生产工艺中，反应罐的温度是一个重要的参数。不合格的温度可能导致整个罐的物料报废，因此需要对反应罐的温度进行监控，如图 3-222 所示。

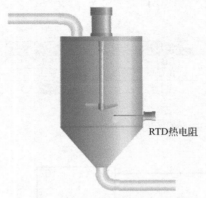

图 3-222　反应罐温度测量示意图

一般用于温度测量可以选择热电偶或者 RTD 热电阻传感器，本节我们使用 RTD 热电阻与 S7-200 SMART 的热电阻模块 EM AR02 组成一个温度采集系统。热电阻选用美国 TSC 公司生产的 Pt100、三线制 RTD 产品，相关参数如表 3-9 所示。

表 3-9　三线制 RTD 参数

电阻（0℃）	材料	温度系数
100Ω	铂	0.00385Ω/℃

该产品的温度系数为 0.00385Ω/℃，表示温度每变化 1℃，热敏电阻阻值变化 0.00385Ω。温度系数的值要在硬件组态中设置。RTD 热电阻产品的外观如图 3-223 所示。

图 3-223　三线制 RTD 外观

系统硬件连接（图 3-224）：RTD 热电阻（编号：RTD1）连接在 S7-200 SMART 的热电阻模块 EM AR02 的通道 1 上；两根红线分别连接到 I+ 和 M+ 上；蓝线连接到 M− 上，同时将 M− 和 I− 短接；S7-200 SMART 的通道 0（Q0.0）与蜂鸣器（编号：B1）相连，要求当温度大于 38℃时，蜂鸣器报警提示。

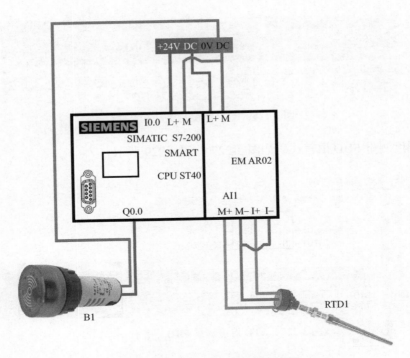

图 3-224 RTD 温度测量接线原理图

接下来编程实现温度采集功能。打开 STEP 7-Micro/WIN SMART，新建项目"3.8.8"。首先进行硬件组态。在"系统块"的 EM0 通道添加 EM AR02（2AI RTD）模块，系统自动设置输入通道的地址为：AIW16。对通道 1 进行设置，选择类型"3 线制热敏电阻""Pt100"，温度系数为"Pt0.00385055"，如图 3-225 所示。

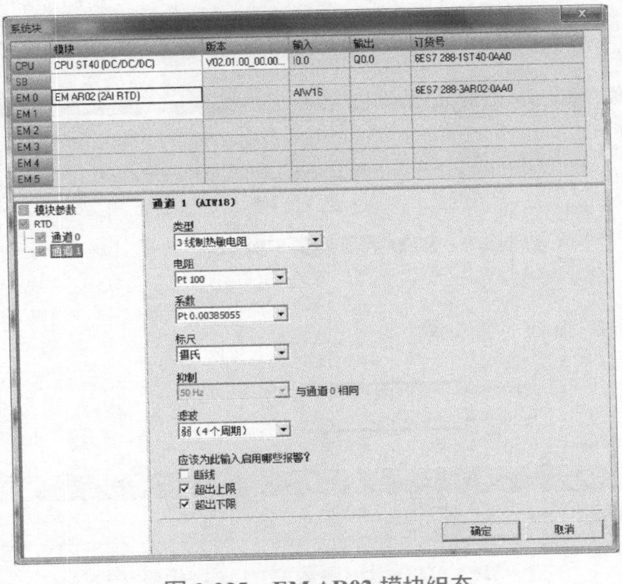

图 3-225 EM AR02 模块组态

系统符号表定义如图 3-226 所示。

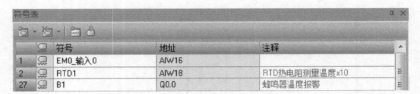

图 3-226　RTD 温度测量符号表定义

	符号	地址	注释
1	EM0_输入 0	AIW16	
2	RTD1	AIW18	RTD热电阻测量温度x10
27	B1	Q0.0	蜂鸣器温度报警

RTD 温度测量 FBD 语言代码如图 3-227 ～图 3-229 所示。

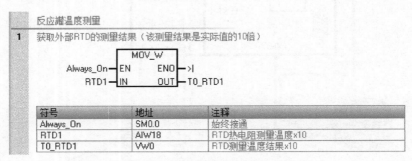

反应罐温度测量

1　获取外部RTD的测量结果（该测量结果是实际值的10倍）

符号	地址	注释
Always_On	SM0.0	始终接通
RTD1	AIW18	RTD热电阻测量温度x10
T0_RTD1	VW0	RTD测量温度结果x10

图 3-227　RTD 温度测量 FBD 语言代码（1）

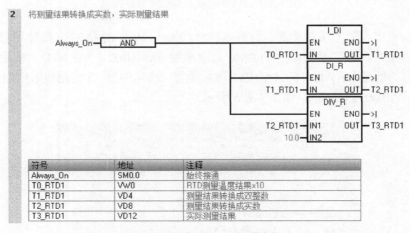

2　将测量结果转换成实数，实际测量结果

符号	地址	注释
Always_On	SM0.0	始终接通
T0_RTD1	VW0	RTD测量温度结果x10
T1_RTD1	VD4	测量结果转换成双整数
T2_RTD1	VD8	测量结果转换成实数
T3_RTD1	VD12	实际测量结果

图 3-228　RTD 温度测量 FBD 语言代码（2）

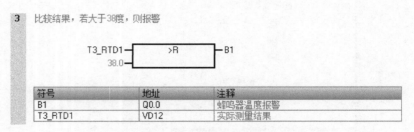

3　比较结果，若大于38度，则报警

符号	地址	注释
B1	Q0.0	蜂鸣器温度报警
T3_RTD1	VD12	实际测量结果

图 3-229　RTD 温度测量 FBD 语言代码（3）

RTD 温度测量梯形图语言代码如图 3-230 ～图 3-232 所示。

反应釜温度测量

1　获取外部RTD的测量结果（该测量结果是实际值的10倍）

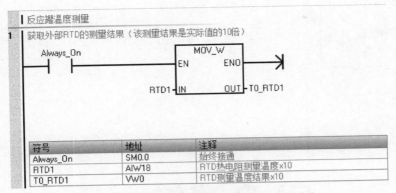

符号	地址	注释
Always_On	SM0.0	始终接通
RTD1	AIW18	RTD热电阻测量温度×10
T0_RTD1	VW0	RTD测量温度结果×10

图 3-230　**RTD 温度测量梯形图语言代码（1）**

2　将测量结果转换成实数，实际测量结果

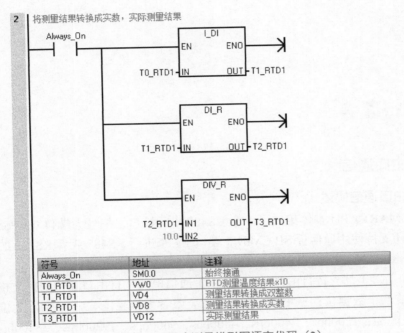

符号	地址	注释
Always_On	SM0.0	始终接通
T0_RTD1	VW0	RTD测量温度结果×10
T1_RTD1	VD4	测量结果转换成双整数
T2_RTD1	VD8	测量结果转换成实数
T3_RTD1	VD12	实际测量结果

图 3-231　**RTD 温度测量梯形图语言代码（2）**

3　比较结果，若大于38度，则报警

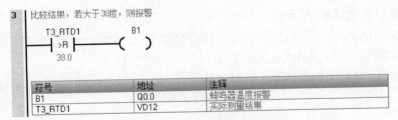

符号	地址	注释
B1	Q0.0	蜂鸣器温度报警
T3_RTD1	VD12	实际测量结果

图 3-232　**RTD 温度测量梯形图语言代码（3）**

第4章 PLC 通信

4.1 串行通信

4.1.1 自由口通信

（1）自由口通信概述

S7-200 SMART CPU 本体集成了一个 RS485 串行接口，编号为端口 0（Port）。标准型的 CPU 模块还支持使用通信板 SB CM01（端口 1）来进行 RS485 或者 RS232 的通信。

关于 RS485 和 RS232 可以参考 2.9.5 节。

端口 0 和端口 1 都支持自由口（Free Port）通信模式。自由口通信的报文格式为：一个起始位；七或八个数据位；一个奇/偶校验位（或者无校验位）；一个停止位。通信的波特率可以设置为：1200bps、2400bps、4800bps、9600bps、19200bps、38400bps、57600bps或 115200bps。凡是符合这种报文格式及波特率的串行通信方式，都可以称为自由口通信。自由口通信的协议可以完全由用户自己定义，非常灵活。

（2）自由口通信参数的定义

在 S7-200 SMART 中，可以通过设置特殊存储器字节 SMB30 来配置端口 0 的通信参数，通过设置特殊存储器字节 SMB130 来配置端口 1 的通信参数。

特殊存储器字节的结构如图 4-1 所示。其中：

MSB 7							LSB 0
p	p	d	b	b	b	m	m

注：SMB30设置端口0，SMB130设置端口1。

图 4-1 特殊存储器 SMB30/SMB130 字节结构

152

① 第 0 ～ 1 位（mm）用来设置通信模式，有如下选项：

00=PPI/Slave 模式　　　　　　　　10= 保留（默认为 PPI/Slave 模式）

01= 自由口模式　　　　　　　　　11= 保留（默认为 PPI/Slave 模式）

② 第 2 ～ 4 位（bbb）用来设置通信的波特率，有如下选项：

000 = 38400　　　　　　　　　　100 = 2400

001 = 19200　　　　　　　　　　110 = 115200

010 = 9600　　　　　　　　　　 111 = 57600

011 = 4800

③ 第 5 位（d）用来设置数据位数，有如下选项：

0 = 8 位数据　　　　　　　　　　1 = 7 位数据

④ 第 6 ～ 7 位（pp）用来设置奇偶校验，有如下选项：

00= 无奇偶校验　　　　　　　　　10= 无奇偶校验

01= 偶校验　　　　　　　　　　　11= 奇校验

例如，可以用图 4-2 所示的代码来设置通信板 SB CM01 的通信参数为：自由口通信、波特率 9600bps、8 位数据、奇校验。

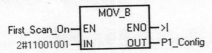

图 4-2　通信参数配置代码

（3）数据发送指令

在自由口通信模式下，数据发送指令 XMT 用来将发送缓存区的数据通过指定的端口号发送输出。XMT 指令有两个参数：TBL 和 PORT。

参数 TBL 用来指定发送缓存区，其格式如图 4-3 所示。发送缓存区的第 0 个字节表示要发送的数据的长度（n），最大值为 255；其后的第 1 ～ n 个字节存储的是发送的数据。

图 4-3　发送缓存区格式

参数 PORT 用来指定通信端口。如果使用 CPU 本体的串口，设置为 0；如果使用 SB CM01，设置为 1。假设要通过端口 1 将 VB0 开始的 20 个字节通过 SB CM01 发送出去，可以用图 4-4 所示的 FBD 语言代码实现。

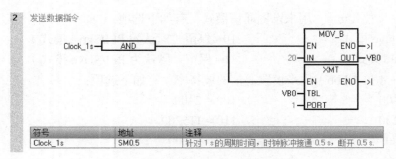

图 4-4　发送指令 FBD 语言代码

发送指令梯形图语言代码如图 4-5 所示。

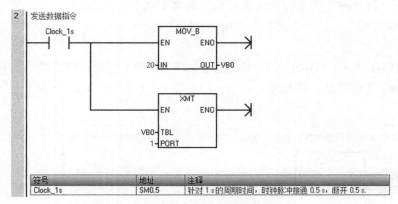

图 4-5　发送指令梯形图语言代码

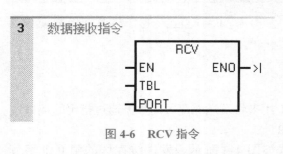

图 4-6　RCV 指令

（4）数据接收指令

在自由口通信模式下，可以使用接收指令（RCV）通过指定的通信端口（PORT）接收数据。RCV 指令接收的数据被存储到接收缓冲区（TBL），数据最大长度为 255 个字节。RCV 指令有两个参数，即 TBL 和 PORT，如图 4-6 所示。

参数 TBL 用来指定接收缓存区，其中第 0 个字节表示数据的长度（n），第 1～n 个字节存放具体的数据。接收数据的最大长度为 255 个字节，具体格式见表 4-1。

表 4-1　接收缓存区格式

字节偏移	说明
0	接收到数据的长度
1	接收的第 1 个字节
2	接收的第 2 个字节
…	…
n	接收的第 n 个字节

参数 PORT 用来指定接收的端口号，如果使用 CPU 本体的串口，设置为 0；如果使用 SB CM01，设置为 1。

（5）数据接收与控制

在正确接收数据之前，必须定义数据接收的起始和结束条件。S7-200 SMART 提供多个特殊存储器字节来对消息接收进行控制。与自由口通信相关的特殊存储器字节见表 4-2。

表 4-2　自由口通信相关的特殊存储器字节

端口 0	端口 1	说明
SMB86	SMB186	接收数据状态字节
SMB87	SMB187	接收数据控制字节
SMB88	SMB188	数据帧起始字符
SMB89	SMB189	数据帧结束字符
SMW90	SMW190	通信空闲时间设定值，单位：ms
SMW92	SMW192	字符超时时间，单位：ms
SMB94	SMB194	接收数据的长度（范围：1～255）

数据接收的启动可以有多个条件，只有当所有的条件都满足后才能启动接收；数据接收的结束也可以有多个条件，任何一个条件满足都可以结束接收过程。

特殊存储器字节 SMB87 用来设定端口 0 的控制信息，SMB187 设定端口 1 的控制信息，格式如图 4-7 所示。其中：

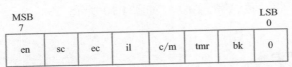

注：SMB87设定端口0，SMB187设定端口1。

图 4-7　SMB87/SMB187 控制字节格式

① en：0= 禁用消息接收功能；1= 使能消息接收功能。

② sc：0= 忽略 SMB88 或 SMB188；1= 使用 SMB88 或 SMB188 的值检测起始消息。

③ ec：0= 忽略 SMB89 或 SMB189；1= 使用 SMB89 或 SMB189 的值检测结束消息。

④ il：0= 忽略 SMW90 或 SMW190；1= 使用 SMW90 或 SMW190 的值检测空闲状态。

⑤ c/m：0= 定义定时器为字符间定时器；1= 定义定时器为消息定时器。

⑥ tmr：0= 忽略 SMW92 或 SMW192；1= 当 SMW92 或 SMW192 中的定时时间超出时终止接收。

⑦ bk：0= 忽略通信断开状态；1= 使用通信断开状态作为消息检测的开始。

可以将中断子程序与数据接收完成事件建立连接，通过中断的方式进行数据接收。CPU 在接收到最后一个字符后会产生一个中断事件，端口 0 的中断事件编号为 23；端口 1 的中断事件编号为 24（关于中断的更多信息可以参考 3.3.11 节）。如果不使用中断，也可以通过监视接收状态字节 SMB86（端口 0）或 SMB186（端口 1）来判断接收是否完成。接收状态字节格式如图 4-8 所示。其中：

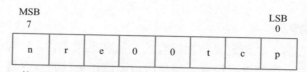

MSB 7							LSB 0
n	r	e	0	0	t	c	p

注：SMB86为端口0的接收状态，SMB186为端口1的接收状态。

图 4-8　SMB86/SMB186 接收状态字节格式

① n：1= 用户发送禁止命令，接收消息功能被终止。

② r：1= 输入参数错误或丢失启动或结束条件，接收消息功能被终止。

③ e：1= 接收到结束字符。

④ t：1= 定时器超时，接收消息功能被终止。

⑤ c：达到最大计数字符，接收消息功能被终止。

⑥ p：奇偶校验错误，接收消息功能被终止。

（6）实例：S7-200 SMART 与 Datalogic 扫码枪串口通信

扫码枪是工业现场使用较多的一种输入设备，本节我们以 Datalogic 公司生产的 GD4300 型号扫码枪为例，介绍如何使扫码枪与 S7-200 SMART CPU 进行自由口通信。

本例程硬件需求：CPU ST40；串行通信信号板 SB CM01；Datalogic GD4300 扫码枪 RS232 接口；串行通信线缆。软件需求：STEP 7-Micro/WIN SMART V2.4。

Datalogic GD4300 扫码枪的外观如图 4-9 所示。

扫码枪的底部接口为 RJ48 水晶头（10 针）。RJ48 是扫码枪上常见的接口，它可以通过不同的接线方式来兼容 RS232C 串口、USB 和 PS2 接口。在 RJ48 的 10 根针中，GD4300 只用了 6 根（绿、黑、棕、黄、橙、白），如图 4-10 所示。

图 4-9　Datalogic GD4300 扫码枪外观

图 4-10　扫码枪 RJ48 接头

RJ48 内部各信号线的定义见表 4-3。

这里我们不使用硬件流控制，仅采用最简单的 RS232 接线方式：使用 TX、RX 和 GND 三条信号线。CPU ST40 本体集成的串口为 RS485 接口，不能直接用于 RS232 的通信，可以使用 RS485/RS232 转换器转换后连接到扫码枪。

表 4-3　RJ48 信号线定义

针脚	颜色	名称	功能描述
1	绿	CTS	允许发送
2			
3			
4	黑	GND	0V
5	棕	TX	发送数据
6	黄	RX	接收数据
7	红	VSS	5V+
8			
9			
10	白	RTS	请求发送

　　本例程采用串行通信信号板 SB CM01 与扫码枪进行连接，如图 4-11 所示。关于 SB CM01 的更多内容，请参考 2.9.5 节。

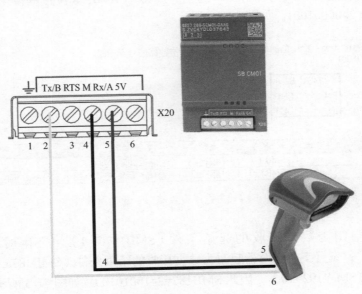

图 4-11　扫码枪与 SB CM01 接线原理图

　　用 GD4300 扫码枪扫描其说明书中的标准 RS232 配置条码，将其配置成标准 RS232 通信。条码示例如图 4-12 所示。

图 4-12　扫码枪标准 RS232 配置条码

接下来进行 PLC 的配置与编程。打开 STEP 7-Micro/WIN SMART，在"系统块"中组态 CPU ST40 与信号板 SB CM01。将 SB CM01 的通信类型修改为"RS232"，通信波特率为"9.6kbps"，如图 4-13 所示。

图 4-13　SB CM01 组态

设置端口 1 的通信模式为：自由口通信；波特率 9600；8 位数据位，无校验。因此，SMB130 的值为 2#00001001，如图 4-14 所示。

符号	地址	注释
First_Scan_On	SM0.1	仅在第一个扫描周期时接通
P1_Config	SMB130	组态端口 1 通信：奇偶校验、每个字符的数据位数、波特率和协议

图 4-14　主程序设置端口 1 通信参数

设置线路空闲为数据接收的起始条件（SMB187.il=1），空闲时间设置为 10ms（SMW190=10）；设置字符定时器超时为数据接收的结束条件（SMB187.c/m=0），超时时间设置为 10ms（SMW192=10）。因此 SMB187=2#10010100，如图 4-15 所示。

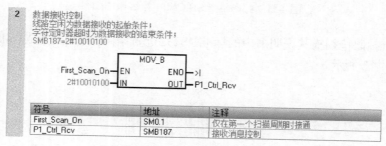

图 4-15　设置接收消息控制字节

设置空闲时间 SMW190=10，字符超时时间 SMW192=10，最大字符长度为 SMB194=100，如图 4-16 所示。

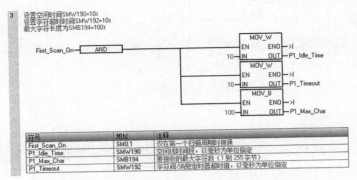

图 4-16　设置 SMW190 SMW192 SMB194

将中断子程序 INT_0 与通信端口 1 接收完成事件相连接，并使能中断，如图 4-17 所示。

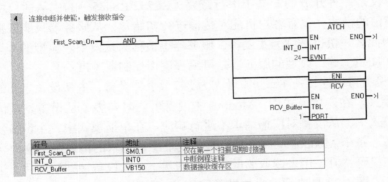

图 4-17　中断配置

以上代码均为主程序 MAIN 中的代码，接下来编写中断子程序 INT_0 中的代码：当字符间定时器接收超时时，认为接收成功；将 VW100 设置为接收成功计数器；将接收的数据拷贝到 VB300 起始的数据区，如图 4-18 所示。

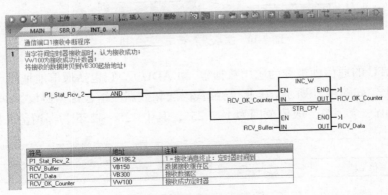

图 4-18　中断程序代码（1）

再次开始接收指令的运行，如图 4-19 所示。

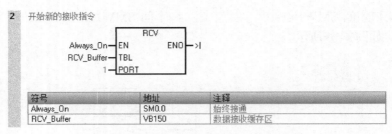

图 4-19　中断程序代码（2）

4.1.2　Modbus 通信

Modbus 国际组织是 Modbus 协议的管理者，负责 Modbus 的推广、更新及会员认证工作。该组织的官网网址为 http://modbus.org/。

4.1.2.1　Modbus-RTU 协议

Modbus-RTU 协议是 Modbus 家族成员之一，名称中的"RTU"为"远程终端设备"。Modbus-RTU 协议是一种开放的、基于串行链路（RS232/RS485）的主从通信协议，采用客户机 / 服务器通信的模式，仅有客户机能对传输进行初始化，从服务器只能根据客户机的请求进行应答。因此客户机也被称为主设备，服务器也被称为从设备。典型的客户机是现场仪表、显示面板（HMI）等，典型的服务器是可编程逻辑控制器（PLC）。

Modbus 主设备可以连接一个或 n（最大为 247）个从设备，主从设备之间的通信包括广播模式和单播模式。在广播模式中，Modbus 主设备可同时向多个从设备发送请求（设备地址 0 用于广播模式），从设备对广播请求不进行响应。在单播模式中，主设备发送请求至某个特定的从设备（每个 Modbus 从设备具有唯一地址），请求的消息帧中会包含功能代码和数据，比如功能代码"01"用来读取离散量线圈的状态。从设备接到请求后，进行应答并把消息反馈主设备。图 4-20 是典型的主从设备的请求 - 应答机制。

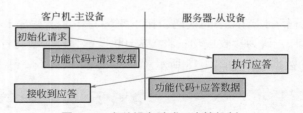

图 4-20　主从设备请求 - 应答机制

Modbus-RTU 的通信帧被称为应用数据单元（ADU），它包括通信地址段、功能代码段、数据段和校验段，如图 4-21 所示。其中，功能代码段和数据段组合称为协议数据单元（PDU）。功能代码段占用一个字节，取值范围为 1 ～ 255，其中 128 ～ 255 为保留值，用于异常消息

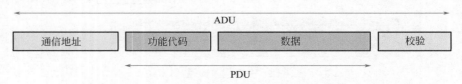

图 4-21　Modbus-RTU 应用数据单元

应答报文；1 ～ 127 为功能代码编号，其中 65 ～ 72 和 100 ～ 110 为用户自定义编码，具体见表 4-4。

表 4-4 Modbus 功能代码定义

功能代码	说明	
1 ～ 64	Public function code	通用功能代码
65 ～ 72	User defined function code	用户自定义功能代码
73 ～ 99	Public function code	通用功能代码
100 ～ 110	User defined function code	用户自定义功能代码
111 ～ 127	Public function code	通用功能代码

通用功能代码是已经公布的功能代码，有确定的功能，用户不能修改。比如：0x01 表示读取线圈，0x02 表示读取离散量的输入，等等。表 4-5 是一些常用的功能代码的描述。

表 4-5 Modbus 常用功能代码描述

功能代码（16 进制）	功能描述	访问方式
01 H	读取线圈	位
02 H	读取离散量输入	位
03 H	读取保持寄存器值	字
04 H	读取输入寄存器值	位
05 H	写单个线圈	位
06 H	写单个寄存器	字
07 H	读取异常状态	诊断
08 H	诊断	诊断
0F H	写多个线圈	位
10 H	写多个寄存器	字

早期在 RS485 串行通信中规定 ADU 的最大长度为 256 个字节，其中，通信地址占用 1 个字节，校验段占用 2 个字节，所以协议数据单元（PDU）的最大长度为 256-1-2=253 个字节。其中，功能代码段占用一个字节，因此数据段的长度为 0 ～ 252 个字节。Modbus -RTU 通信数据单元（ADU）的结构见表 4-6。

表 4-6 Modbus -RTU 通信数据单元（ADU）结构

从站地址	功能代码	数据	校验段	
			CRC1	CRC2
1 个字节	1 个字节	0 ～ 252 个字节	1 个字节	1 个字节

不同的功能代码，其后的数据段的格式定义是不同的。比如功能代码 0x01（前缀 0x 表示 16 进制）用来读取从站 1 ～ 2000 个连续线圈的值，其后的数据格式为：数据地址（2 字节）+ 读取的数量（2 字节）。再比如功能代码 0x05 用来将从站的某个线圈值设置为 ON 或者 OFF，其后的数据格式为：数据地址（2 字节）+ 设置值（2 字节）。当设置值 =0xFF00 时，表示将线圈设置为 ON；当设置值为 0x0000 时，表示将线圈设置为 OFF。例如，使用功能代码 0x05 来设置从站线圈 173 变为 ON 状态，可以使用的指令为 05 00 AC FF 00，见表 4-7。

表 4-7　功能代码 0x05 示例

请求		应答	
字段名称	Hex	字段名称	Hex
功能代码	05	功能代码	05
输出地址高字节 /Hi	00	输出地址高字节 /Hi	00
输出地址低字节 /Lo	AC	输出地址低字节 /Lo	AC
输出值高字节 /Hi	FF	输出值高字节 /Hi	FF
输出值低字节 /Lo	00	输出值低字节 /Lo	00

该 PDU 指令中，第一个字节为功能号 "05"，表示对单独线圈进行写操作；第二个字节表示线圈地址的高字节位，第三个字节表示线圈地址的低字节位（线圈的编号从 0 开始），第 173 号线圈的序号为 172（0x00AC）；第四个字节表示输出值的高字节位，第五个字节表示输出值的低字节位，0xFF00 表示将线圈置位（ON）。

4.1.2.2　Modbus-RTU 主站指令

S7-200 SMART 既可以作为 Modbus-RTU 的主站，也可以作为 Modbus-RTU 的从站。作为主站，S7-200 SMART 提供两条指令：MBUS_CTRL 和 MBUS_MSG。

（1）MBUS_CTRL 指令

MBUS_CTRL 指令用于对通信的控制（初始化），必须在每次扫描周期中都调用该指令，其程序框图见图 4-22。该指令有如下几个参数：Mode、Baud、Parity、Port、Timeout、Done 及 Error。各参数的含义见表 4-8。

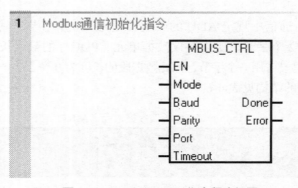

图 4-22　MBUS_CTRL 指令程序框图

表 4-8　MBUS_CTRL 指令参数

参数名称	类型	数据类型	参数说明
Mode	输入	BOOL	通信协议选择：1=Modbus；2=PPI
Baud	输入	DWORD	通信波特率
Parity	输入	BYTE	校验设置：0= 无校验；1= 奇校验；2= 偶校验
Port	输入	BYTE	通信端口：0=CPU 集成 RS485 口；1=SB CM01
Timeout	输入	WORD	超时时间，单位毫秒；取值范围：1 ～ 32767；典型值：1000
Done	输出	BOOL	指令执行是否完成，1= 完成
Error	输出	BYTE	指令执行错误代码，0= 没有错误

S7-200 SMART 提供两个 MBUS_CTRL 指令：MBUS_CTRL1 和 MBUS_CTRL2，其参数相同，可同时用于两个主站的 Modbus-RTU 通信初始化。

（2）MBUS_MSG指令

MBUS_MSG 指令用于主站通信，包括参数 First、Slave、RW、Addr、Count、DataPtr、Done 和 Error，其程序框图如图 4-23 所示。各参数的含义见表 4-9。

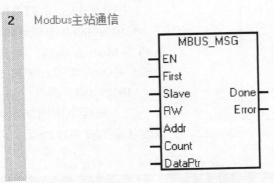

图 4-23　MBUS_MSG 指令程序框图

表 4-9　MBUS_MSG 指令参数

参数名称	类型	数据类型	参数说明
First	输入	BOOL	读写请求位，使用脉冲触发（例如上升沿）
Slave	输入	BYTE	从站地址，可选范围：1 ～ 247
RW	输入	BYTE	读写操作：0= 读数据；1= 写数据
Addr	输入	DWORD	读写从站的数据地址
Count	输入	INT	读写数据的个数。位操作时代表位数；字操作时代表字数
DataPtr	输入	DWORD	读写数据指针；读指令将数据写到该地址；写指令从该地址发送数据
Done	输出	BOOL	指令执行是否完成，1= 完成
Error	输出	BYTE	指令执行错误代码，0= 没有错误

Modbus 数据地址的含义如下：对于离散量输出（线圈，位），数据地址为00001 ～ 09999；对于离散量输入（触点，位），数据地址为10001 ～ 19999；对于输入寄存器（字），数据地址为30001 ～ 39999；对于保持寄存器（字），数据地址为40001 ～ 49999 和400001 ～ 465535。S7-200 SMART 的数据区与 Modbus 数据地址的对应关系见表4-10。

表 4-10　S7-200 SMART 数据区与 Modbus 数据地址对应关系

Modbus 数据地址	S7-200 SMART 数据区	说明
00001 ～ 00256	Q0.0 ～ Q37.7	离散量输出（线圈）
10001 ～ 10256	I 0.0 ～ I 37.7	离散量输入（触点）
30001 ～ 30056	AIW0 ～ AIW110	输入寄存器（模拟量）
40001 ～ 4××××	V ～ V+2×（××××–1）	保持存储区（V）

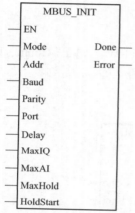

图 4-24　MBUS_INIT 指令程序框图

4.1.2.3　Modbus-RTU 从站指令

S7-200 SMART 也可以作为 Modbus-RTU 的从站，提供了两个从站指令：MBUS_INIT 和 MBUS_SLAVE。

（1）MBUS_INIT指令

MBUS_INIT 指令可以使能、初始化或者禁止从站的 Modbus 通信。在调用 MBUS_SLAVE 指令之前，必须先调用 MBUS_INIT 指令并使其成功执行。MBUS_INIT 指令仅需要在第一个扫描周期调用一次，其程序框图如图 4-24 所示。指令中各参数的含义见表 4-11。

表 4-11　MBUS_INIT 指令参数

参数名称	数据类型	说明
EN	BOOL	使能
Mode	BYTE	启动或停止 Modbus 模式，1=启动；0= 停止
Addr	BYTE	从站的地址，取值范围：1 ～ 247
Baud	DWORD	波特率，取值范围：1200bps，2400bps，4800bps，9600bps，19200bps，38400bps，57600bps，115200bps
Parity	BYTE	奇偶校验，应设置与主站相同。0= 无校验；1= 奇校验；2= 偶校验
Port	BYTE	通信端口，0=CPU 本体 RS485 口；1= 信号板接口
Delay	WORD	用来延迟标准 Modbus 结束条件的超时毫秒数，取值范围：0 ～ 32767ms。在有线网络运行时的典型值为 0；如果使用具有纠错功能的调制解调器，则可设置为 50 ～ 100ms；如果使用无线通信，可设置为 10 ～ 100ms
MaxIQ	WORD	用于设置 Modbus 地址 0xxx 和 1xxxx 对应的 PLC 的 Q 和 I 的点数。取值范围：0 ～ 256
MaxAI	WORD	用于设置 Modbus 地址 3xxxx 对应的 PLC 的字输入寄存器地址，取值范围：0 ～ 56

续表

参数名称	数据类型	说明
MaxHold	WORD	用于设置 Modbus 地址 4xxxx 或 4yyyyy 对应的 PLC 的保持存储区的大小，以字为单位
HoldStart	DWORD	保持存储区的起始地址
Done	BOOL	1= 指令初始化成功完成
Error	BYTE	若请求出错，ERROR 被置 1，并保持一个周期。错误代码在 STATUS 中

（2）MBUS_SLAVE 指令

MBUS_SLAVE 指令用来对主站的请求进行应答，必须在每个扫描周期都执行该指令，其程序框图如图 4-25 所示。

图 4-25　MBUS_SLAVE 指令程序框图

该指令只有两个输出参数：

● Done：布尔型，当成功对主站进行应答时，其值为 1；当没有答应时，其值为 0。

● Error：字节型，表示指令执行的状态，0= 没有错误。

4.1.2.4　实例：S7-200 SMART 与 S7-1200 的 Modbus-RTU 通信

本例程采用西门子 S7-1200 PLC 作主站，采用 S7-200 SMART PLC 作从站。S7-1200 是西门子的小型 PLC 产品，其市场定位高于 S7-200 SMART 系列。S7-1200 系列 PLC 的 CPU本身没有集成串口，需要使用串行通信模块才能进行 Modbus-RTU 的通信。

本例程需要的硬件、通信任务及网络连接如下。

（1）硬件配置

a. 主站：S7-1200 CPU1215C；CM1241-RS485。

b. 从站：S7-200 SMART CPU ST40。

（2）通信任务

a. Modbus 主站读取从站 Modbus 参数地址 40001 开始的 10 个字长的数据。

b. Modbus 主站将 6 个字长的数据写入到从站起始 Modbus 参数地址 40011。

c. Modbus 主站读取从站 Modbus 参数地址 10001 开始的 8 个位的数据。

d. Modbus 主站将 8 个位写入到从站 Modbus 参数地址 00001。

（3）网络连接

主站的 CM1241-RS485 模块通过 Profibus 电缆连接到从站 CPU ST40 本体的 RS485 端口。为了监控和下载程序方便，可以用交换机将 CPU ST40、CPU1215C 和编程电脑 PG/PC 连接起来。整个网络拓扑图如图4-26所示。

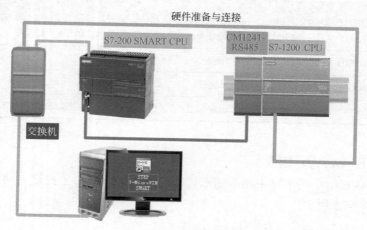

图 4-26　网络拓扑图

（4）主站的配置与编程

① 主站的配置。S7-1200 系列 PLC 的编程开发环境为博途（TIA Portal），本例程使用的是 V13 版本。CPU1215C 和 CM1241-RS485 的硬件组态如图 4-27 所示。

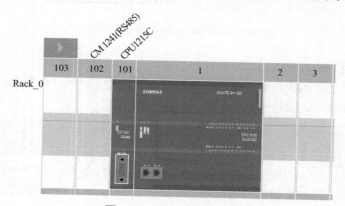

图 4-27　CPU1215C 组态

在 CM1241-RS485 模块的属性窗口中，对通信参数进行设置（图 4-28）：波特率 9.6kbps、无奇偶校验、8 位 / 字符数据位、1 位停止位，其他保持默认值。

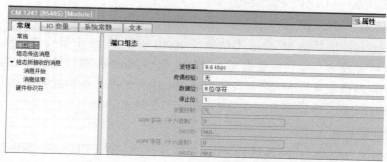

图 4-28　CM1241-RS485 模块通信参数配置

查看 CM1241-RS485 模块的硬件标识符，如图 4-29 所示。

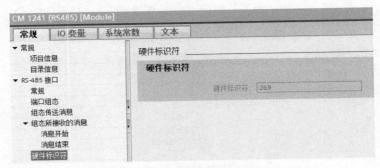

图 4-29　CM1241-RS485 模块硬件标识符

　　回到项目树的界面，添加启动组织块 OB100（Startup）。该组织块中的代码仅在系统每次启动时执行一次，用于 Modbus 通信参数的配置，如图 4-30 所示。

图 4-30　添加 OB100

　　在指令列表中找到 Modbus_Comm_Load_DB，将其拖放到组织块 OB100（Startup）中，系统会自动为其创建背景数据块，如图 4-31 和图 4-32 所示。

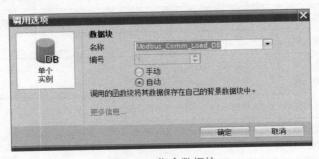

图 4-31　指令数据块

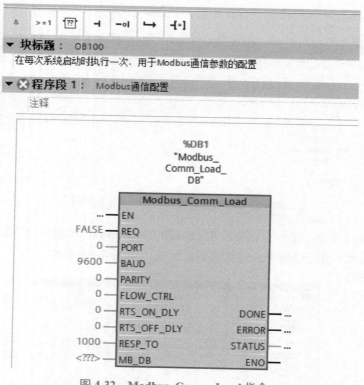

图 4-32　**Modbus_Comm_Load** 指令

Modbus_Comm_Load 指令中：

● 参数 "REQ" 需要上升沿触发。由于该指令放在启动组织块 OB100 中，因此这里可以直接复制 "TRUE"。

● 参数 "PORT" 填写 CM1241-RS485 的硬件标识符。

● 参数 "BAUD" 为传输的波特率，默认为 9600bps。

● 参数 "MB_DB" 为指令 Modbus_Master 的背景数据块，添加 Modbus_Master 指令后系统会自动创建。

更多参数的详细含义见表 4-12。

表 4-12　**Modbus_Comm_Load** 指令参数

参数名称	说　明
EN	使能
REQ	请求执行指令，需要上升沿信号
PORT	通信端口的硬件标识符
BAUD	波特率，支持：3600bps、6000bps、9600bps、12000bps、19200bps、38400bps、57600bps、76800bps、11520bps
PARITY	奇偶校验：0= 无校验，1= 奇校验，2= 偶校验
FLOW_CTRL	流控制：0= 无，1= 硬件流控制，RTS 始终开启，2= 硬件流控制，RTS 切换（不适用于 CM1241-RS422/RS485）

参数名称	说　明
RTS_ON_DLY	RTS 接通延时时间，单位：毫秒
RTS_OFF_DLY	RTS 关闭延时时间，单位：毫秒
RESP_TO	超时响应时间，5 ～ 65535，单位：毫秒
MB_DB	Modbus_Master 或 Modbus_Slave 的背景数据块
DONE	请求完成并且没有错误
ERROR	若请求出错，ERROR 被置 1，并保持一个周期。错误代码在 STATUS 中
STATUS	错误代码

Modbus_Comm_Load 指令在 OB100 中的代码如图 4-33 所示。

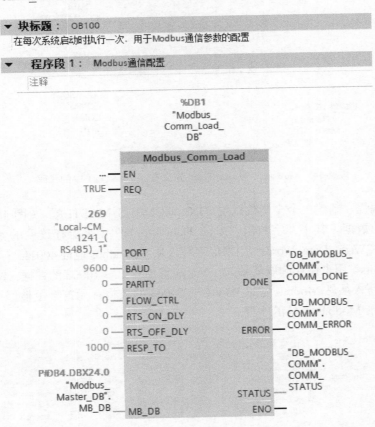

图 4-33　Modbus_Comm_Load 指令在组织块 OB100 中的代码

代码中的"Modbus_Master_DB"是指令 Modbus_Master 的背景数据块。另外，还可以将 Modbus_Comm_Load 指令放在组织块 OB1 中，这种情况下要使用系统的首次扫描位来保证该指令仅在第一个扫描周期执行一次，如图 4-34 所示。

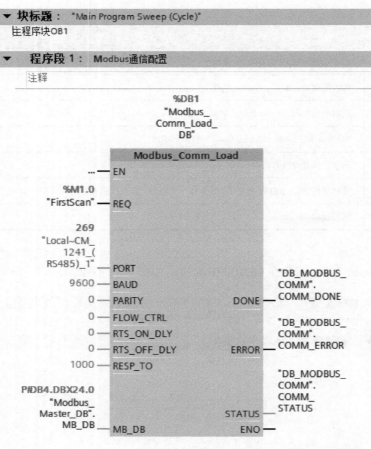

图 4-34　Modbus_Comm_Load 指令在组织块 OB1 中的代码

② 主站的编程。新建一个全局数据块"DB_MODBUS_MASTER"（图 4-35），用来保存读取及写入的数据。其中：字数组"Read_Data_Words"用来保存读取的 40001 ～ 40010 的数据；字数组"Write_Data_Words"用来保存写入从站 Modbus 地址 40011 ～ 40016 的数据；位数组"Read_Bits"用来保存读取从站 Modbus 地址 10001 ～ 10008 的数据；位数组"Write_Bits"用来保存写入从站 Modbus 地址 00001 ～ 00008 的数据；无符号短整型（USInt）变量"Step"用来记录 Modbus 通信的步骤。

		Name		Data type	Start v...	Retain	Accessi...	Visible ...	Setpoint	Comment
1	⬜	▼	Static							
2	⬜	■	▶ Read_Data_Words	Array[1..10] of Word		☐	☑	☑	☐	read data 40001~40010
3	⬜	■	▶ Write_Data_Words	Array[1..6] of Word		☐	☑	☑	☐	write data 40011~40016
4	⬜	■	▶ Read_Bits	Array[1..8] of Bool		☐	☑	☑	☐	read bits 10001~10008
5	⬜	■	▶ Write_Bits	Array[1..8] of Bool		☐	☑	☑	☐	write bits 00001~00008
6	⬜	■	Step	USInt	0	☐	☑	☑	☐	communicatin step number
7		■	<Add new>			☐	☐	☐	☐	

图 4-35　全局数据块 DB_MODBUS_MASTER

Step 变量的值决定通信的步骤，具体定义如下：

● "Step＝1"时，Modbus 主站读取从站 Modbus 参数地址 40001 开始的 10 个字长的数据；

● "Step＝2"时，Modbus 主站将 6 个字长的数据写入到从站起始 Modbus 参数地址 40011；

● "Step＝3"时，Modbus 主站读取从站 Modbus 参数地址 10001 开始的 8 个位的数据；

● "Step＝4"时，Modbus 主站将 8 个位写入到从站 Modbus 参数地址 00001。

当 Modbus_Comm_Load 初始化完成时，跳转到步骤 1（图 4-36）。

图 4-36 跳转到步骤 1

添加 Modbus_Master 指令，系统会自动提示创建背景数据块，如图 4-37 所示。

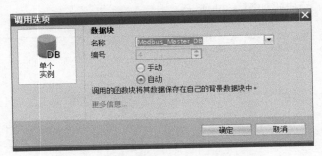

图 4-37 Modbus_Master 指令数据块

 该数据块中的"MB_DB"就是指令"Modbus_Comm_Load"的"MB_DB"参数。

新添加的 Modbus_Master 指令如图 4-38 所示。

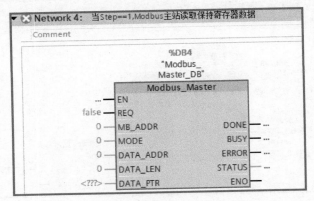

图 4-38 Modbus_Master 指令

Modbus_Master 指令各参数的定义见表 4-13。

表 4-13　Modbus_Master 指令参数

参数名称	说明
EN	使能
REQ	请求执行指令，需要上升沿信号
MB_ADDRESS	Modbus RTU 从站的地址，标准站地址：1～247；扩展站地址：1～65535；0 为广播地址
MODE	指令执行方式：0= 读取；1= 写入；2= 诊断
DATA_ADDR	Modbus 的参数地址
DATA_LEN	Modbus 数据长度
DATA_PTR	数据指针，指向用于保存读取的数据或用于写入的数据
DONE	请求完成并且没有错误
BUSY	1= 指令正在执行；0= 没有指令执行
ERROR	若请求出错，ERROR 被置 1，并保持一个周期。错误代码在 STATUS 中
STATUS	错误代码

步骤 1（Step1）的代码如图 4-39 所示。

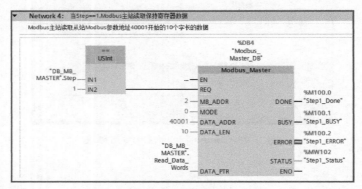

图 4-39　步骤 1 代码

当步骤 1 完成或者出错时，跳转到步骤 2，如图 4-40 所示。

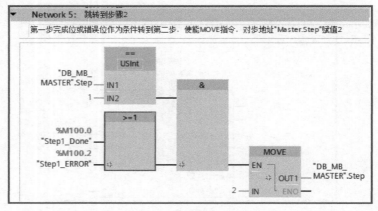

图 4-40　步骤 1 跳转到步骤 2

步骤 2 的代码如图 4-41 所示。

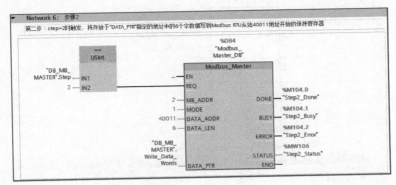

图 4-41　步骤 2 代码

同样地，当步骤 2 完成或出错时，跳转到步骤 3。跳转代码就不一一列出了，这里仅介绍步骤 3 和步骤 4 的代码，如图 4-42 和图 4-43 所示。

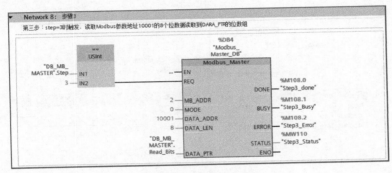

图 4-42　步骤 3 代码

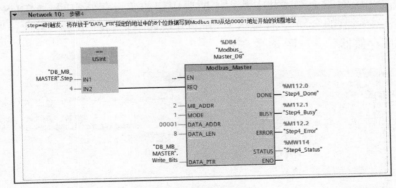

图 4-43　步骤 4 代码

（5）从站的配置与编程

从站使用 S7-200 SMART 的 CPU ST40，通信端口使用 CPU 模块本体的 RS485 接口，Modbus-RTU 通信地址为 2。打开编程软件 STEP 7-Micro/WIN SMART，在指令库中找到文件夹 "Modbus_RTU_Slave"，里面有两个指令：MBUS_INIT 和 MBUS_SLAVE。添加 MBUS_INIT 指令到主程序块中，如图 4-44 所示。

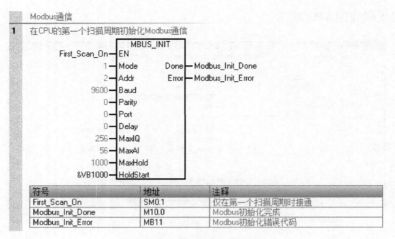

图 4-44　MBUS_INIT 指令

接下来我们将 MBUS_SLAVE 指令添加到主程序块中，并设置其参数，如图 4-45 所示。

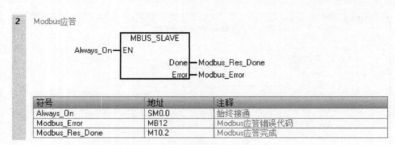

图 4-45　MBUS_SLAVE 指令

调用 STEP 7 - Micro/WIN SMART Instruction Library（指令库）需要分配库指令数据区。库指令数据区是相应库的子程序和中断程序所要用到的变量存储空间。MBUS_SLAVE 指令库需要一个 781 个字节的全局 V 存储区。分配方法如下：右键单击"程序块"，在弹出的菜单中单击"库存储器"，如图 4-46 所示。

图 4-46　打开库存储器菜单

图 4-47　"库存储器分配"对话框

在弹出的"库存储器分配"对话框中，选择"Modbus RTU Slave"，如图 4-47 所示。点击"建议地址"，系统会自动分配可用的 V 存储区作为库存储区。

4.1.3　USS 通信

4.1.3.1　USS 协议简介

USS（通用串行接口）协议是西门子公司推出的用于控制器（PLC/PG/PC）与驱动装置之间数据交换的通信协议。早期的 USS 协议主要用于驱动装置的参数设置，后因其协议内容简单、对硬件的要求比较低，也越来越多地被用于驱动器 / 变频器的通信控制。

USS 协议提供了一种低成本的、相对简单的控制方式，可用于一般水平的驱动装置控制。

USS 协议主要有如下几个特点：

① 支持多点通信，物理层可使用 RS485 网络；

② 采用主 - 从的通信方式，网络中最多可以有 1 个主站和 31 个从站；

③ 单双工通信方式，可发送和接收，但不能同时进行；

④ 报文简单可靠，数据长度可变。

图 4-48 是 USS 通信网络的拓扑图。

1 个主站，最多 31 个从站

图 4-48　USS 通信网络拓扑图

在 USS 协议中，网络中只有 1 个主站，主站一旦确定不能更改；每次通信都必须由主站发起，主站发出的通信报文中包含了从站的地址，只有被点名的从站可以应答主站的请求；从站与从站之间不能直接进行通信。

主站与从站之间的报文传输有以下三种方式。

（1）周期性报文传输（Cyclic Telegram Transfer）

在周期性报文传输过程中，主站每隔一段时间就发送报文给从站，每一个从站都可以接收到主站发送的报文。对于从站而言，当接收到的报文没有错误，并且报文中的地址是本站的地址时，从站必须应答。当主站接收到从站的应答后，便与从站建立了逻辑上的连接。在周期性报文传输中，主站与从站之间都会设置一个监控时间，当超时没有接收到报文时，会提示通信错误。

（2）非周期性报文传输（Acyclic Telegram Transfer）

一般来讲，报文的传输都是周期性的，但一些用于诊断和服务的报文可以非周期性的方式进行。在非周期性报文传输中，无法设置监控时间。

（3）广播（Broadcast）

主站通过将通信报文中的广播位置 1 来实现广播通信（详见后续报文结构）。在广播通信中，所有的从站都能收到广播报文，并且不需要应答。

接下来我们来看看 USS 协议的报文结构，如图 4-49 所示。

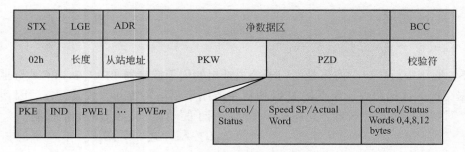

图 4-49 USS 协议报文结构

STX：起始字节，值为 02 Hex，表示报文的开始。

LGE：第二个字节，表示报文的长度。

ADR：第三个字节，表示从站的地址及其他信息。

净数据区：n 个字节，表示数据的内容（$n \leq 252$），包括 PKW 和 PZD 两部分。

BCC：最后一个字节，BCC 校验码。

报文的长度 LGE 是指数据长度 n 加上 ADR 和 BCC，也就是 $n+2$ 个字节。地址字节 ADR 的第 0～4 位用来表示从站地址，第 5 位是广播标志位，第 6 位是镜像标志位，第 7 位是特殊用途标志位，如图 4-50 所示。

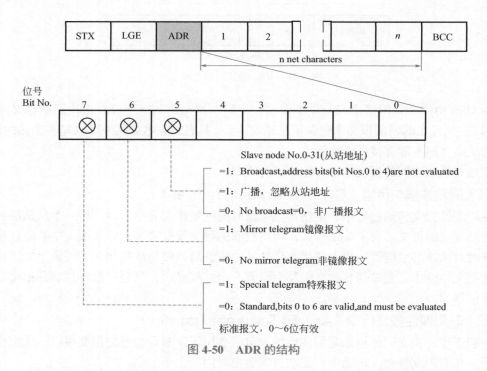

图 4-50 ADR 的结构

由于从站地址的范围是 5 个二进制位，因此能够表示的最大值为十进制数 31，这也决定了 USS 协议最多能支持 31 个从站。广播报文是把 ADR 的第 5 位置 1。镜像报文是把

ADR 的第 6 位置 1。当从站接收到主站的镜像报文后，会原封不动地将其发回给主站。镜像报文功能可在调试时用于测试网络通信的质量。

USS 协议允许主站与从站之间传递不同于标准驱动装置的报文。这些非标准报文被称为特殊报文。这样一来，在同一条总线上，就可能同时存在标准报文和特殊报文两种情况。为了进行区分，特殊报文的 ADR 地址的第 7 位被置 1。具有特殊报文处理能力的从站可以接收特殊报文并进行处理，而普通从站会忽略特殊报文。

USS 报文帧中的净数据区包括 PKW 数据和 PZD 数据。

① PKW 数据区　用来读取或修改变频器的参数，包括以下三个部分。

a. PKE：无符号整型，表示变频器参数代码。

b.IND：无符号整型，表示变频器的参数索引。

c.PWE：无符号整数，表示参数的值。

PKW 数据区的长度由变频器参数 P2013 确定。例如，当 P2013=3 时，PKW 总共有 3 个字（6 个字节）长度；PKW=127 表示数据长度可变。

② PZD 数据区　变频器的循环过程字，用来控制电机的启停及调速。PZD 的数据类型为无符号整型，取值可以是 2、4、6、8，默认是 2。

PZD 的长度由变频器的参数 P2012 确定。例如，当 P2012=2 时，PZD 包括 PZD1 和 PZD2 两个字。PZD1 表示变频器的控制字 / 状态字；PZD2 表示速度的设定值 / 速度的反馈值。

PKW=3 及 PZD=2 的 USS 报文帧如图 4-51 所示。

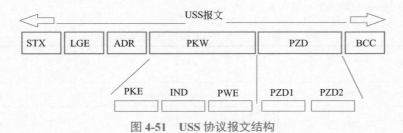

图 4-51　USS 协议报文结构

4.1.3.2　USS 初始化指令

在"项目树"的"库"文件夹中可以找到"USS Protocol"指令库，如图 4-52 所示。

USS_INIT 是 USS 通信的初始化指令，其程序框图如图 4-53 所示。

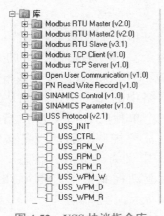

图 4-52　USS 协议指令库

图 4-53　USS_INIT 指令程序框图

USS_INIT 指令中各参数的含义见表 4-14。

表 4-14   USS_INIT 指令参数

参数名称	数据类型	说明
EN	BOOL	使能
Mode	BYTE	模式选择，1=USS 协议；0=PPI 协议
Baud	DWORD	波特率，取值范围：1200bps，2400bps，4800bps，9600bps，19200bps，38400bps，57600bps，115200bps
Port	BYTE	通信端口，0=CPU 本体 RS485 口；1=信号板接口
Active	DWORD	被激活的从站地址范围
Done	BOOL	1= 指令初始化成功完成
Error	BYTE	若请求出错，ERROR 被置 1，并保持一个周期。错误代码在 STATUS 中

参数 "Active" 是一个 32 位的双字，它的每一个位都代表一个从站的地址（从站地址范围：0～31）。比如，第 0 位表示从站地址为 0 的驱动设备，第 2 位表示从站地址为 2 的驱动设备。当代表从站地址的位的值为 1 时，表示该 USS 从站被激活。只有被激活的从站才会被主站访问。例如，要激活 USS 从站地址为 0、2、4 和 30 的驱动设备，需要设置 Active 的值为 16#40000015，如表 4-15 所示。

表 4-15   USS_INIT 指令参数 Active

参数名称	MSB									LSB
位号	31	30	29	28	...	4	3	2	1	0
从站地址	31	30	29	28	...	4	3	2	1	0
激活标志	0	1	0	0	0	1	0	1	0	1
取值	16#40000015=2#100 0000 0000 0000 0000 0000 0001 0101									

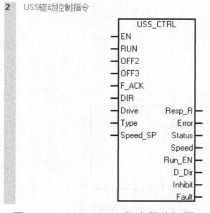

图 4-54   USS_CTRL 指令程序框图

4.1.3.3   USS 驱动控制指令

USS_CTRL 是对单个驱动设备（变频器）进行运行控制的指令。USS 通信协议中的 PZD 数据传输，控制和反馈信号的数据都在该指令中进行设置。USS 网络中的每一个激活的从站都要在程序中调用一个单独的 USS_CTRL 指令，且只能调用一次。需要控制的驱动设备必须在 USS 初始化指令中定义为 "激活" 状态（参考 4.1.3.2 节）。USS 驱动控制指令 USS_CTRL 的程序框图如图 4-54 所示。

指令中各参数的含义见表 4-16。

表 4-16 USS_CTRL 指令参数

参数名称	类型	数据类型	说明
EN	输入	BOOL	使能
RUN	输入	BOOL	变频器的启停控制，1= 启动；0= 停止
OFF2	输入	BOOL	变频器停机信号；1= 自由停止；设备运行时必须为 0
OFF3	输入	BOOL	变频器紧急停止信号；1= 紧急停止；设备运行时必须为 0
F_ACK	输入	BOOL	故障确认（上升沿）
DIR	输入	BOOL	电机转向控制
Drive	输入	BYTE	变频器的 USS 地址；范围：0 ~ 31
Type	输入	BYTE	变频器的类型；0=MM3；1=MM4/SINAMICS V20
Speed_SP	输入	REAL	速度设定值，以额定速度的百分数表示
Resp_R	输出	BOOL	从站应答确认信号
Error	输出	BYTE	错误代码；0= 没有错误
Status	输出	WORD	变频器的状态字
Speed	输出	REAL	变频器的实际运行速度
Run_EN	输出	BOOL	变频器的实际运行状态；0= 停止；1= 运行
D_Dir	输出	BOOL	变频器的运行方向
Inhibit	输出	BOOL	变频器的禁止位；1= 驱动器被禁止；0= 没有禁止
Fault	输出	BOOL	驱动器的故障位；1= 有故障

说明

变频器的速度设定值是以额定速度的百分数来表示的，其取值范围：-200.0% ~ +200.0%。负数将使电机反向运行。

当 PLC 收到变频器的应答信号时，Resp_R 参数会保持一个扫描周期。此时变频器的状态、运行速度、错误信息等都会更新。

一个 USS_CTRL 指令只能控制一个变频器。当有多个变频器需要控制时，要创建多个 USS_CTRL 指令分别来控制。

4.1.3.4 USS 驱动参数读取指令

USS 驱动参数读取指令用来读取变频器的参数值，有三种读取指令：USS_RPM_W、USS_RPM_D 和 USS_RPM_R。其中：USS_RPM_W 用来读取 16 位无符号参数；USS_

RPM_D 用来读取 32 位无符号参数；USS_RPM_R 用来读取 32 位实数参数。三种指令的参数是相同的，我们以 USS_RPM_R 指令为例进行介绍。USS_RPM_R 指令程序框图如图 4-55 所示。

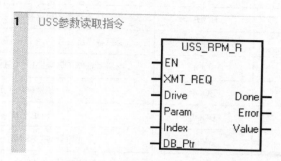

图 4-55 USS_RPM_R 指令程序框图

指令中各参数的含义见表 4-17。

表 4-17 USS_RPM_R 指令参数

参数名称	类型	数据类型	说明
EN	输入	BOOL	使能
XMT_REQ	输入	BOOL	发送请求；必须使用沿触发，且使用 EN 端相同的条件
Drive	输入	BYTE	变频器的 USS 网络地址，取值范围：0 ～ 31
Param	输入	WORD	要读取的参数号
Index	输入	WORD	要读取的参数索引
DB_Ptr	输入	DWORD	指令运行所需缓存区的指针
Done	输出	BOOL	指令执行是否完成；1= 完成
Error	输出	BYTE	错误代码；0= 没有错误
Value	输出	WORD/DWORD/REAL	读取的数值

EN 参数必须为 ON 以使能指令，并且需要保持为 ON 直到指令完成（Done=1）。XMT_REQ 必须使用沿触发（上升沿或下降沿），其触发条件要与 EN 相同。USS_RPM_X（X 代表：W、D 或 R）指令运行需要 16 个字节的缓存区，以便存储指令运行的中间结果。该缓存区不用与指令的库存储区，是每个指令单独需要的。

    在同一时刻只能有一个 USS_RPM_X 指令处于激活状态，多个指令要采用轮换机制。

4.1.3.5　USS 驱动参数写入指令

　　USS 驱动参数写入指令用来将数值写入到变频器的参数中，有三种写入指令：USS_WPM_W、USS_WPM_D 和 USS_WPM_R。其中：USS_WPM_W 用来将 16 位无符号值写入到参数中；USS_WPM_D 用来将 32 位无符号值写入到参数中；USS_WPM_R 用来将 32 位实数值写入到参数中。三种指令的参数是相同的，我们以 USS_WPM_R 为例进行介绍。USS_WPM_R 指令程序框图如图 4-56 所示。

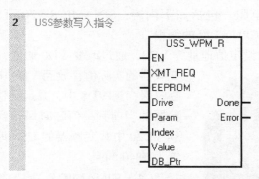

图 4-56　USS_WPM_R 指令程序框图

　　指令中各参数的含义见表 4-18。

表 4-18　USS_WPM_R 指令参数

参数名称	类型	数据类型	说明
EN	输入	BOOL	使能
XMT_REQ	输入	BOOL	发送请求；必须使用沿触发，且使用 EN 端相同的条件
EEPROM	输入	BOOL	1：将数据写入 RAM 和 EEPROM；0：将数据写入 RAM
Drive	输入	BYTE	变频器的 USS 网络地址，取值范围 0 ～ 31
Param	输入	WORD	要写入的参数号
Index	输入	WORD	要写入的参数索引
Value	输入	WORD/DWORD/REAL	要写入的参数值
DB_Ptr	输入	DWORD	指令运行所需缓存区的指针
Done	输出	BOOL	指令执行是否完成；1= 完成
Error	输出	BYTE	错误代码；0= 没有错误

说明

　　EN 参数必须以 ON 为使能指令，并且需要保持为 ON 直到指令完成（Done=1）。XMT_REQ 必须使用沿触发（上升沿或下降沿），其触发条件要与 EN 相同。USS_WPM_X（X 代表：W、D 或 R）指令运行需要 16 个字节的缓存区，以便存储指令运行的中间结果。该缓存区不用与指令的库存储区，是每个指令单独需要的。当将数据写入变频器的 EEPROM 中时，注意不能超过 EEPROM 的最大擦写次数（大约 5 万次）。

在同一时刻只能有一个 USS_WPM_X 指令处于激活状态，多个指令要采用轮换机制。

4.1.3.6 实例：S7-200 SMART 与 SINAMICS V20 变频器的 USS 通信

本例程所需的硬件条件如下：S7-200 SMART CPU ST40；SINAMICS V20 FSC（5.5kW）；RS485 通信线缆及终端电阻。包括如下内容：SINAMICS V20 简介；通信线缆的连接；SINAMICS V20 的配置；CPU ST40 的编程。

控制任务：变频器的设定值地址为 VD0，通过改变 VD0 的值，就能改变电机的转速；变频器的实际值存放到 VD4 中；读取变频器的电流值临时保存到 VD8 中，并最终保存到 VD12 中；读取变频器的当前频率值临时保存到 VD16 中，并最终保存到 VD20 中；变频器的 USS 地址为 3，通信波特率设置为 38400bps。

图 4-57　V20 FSC（5.5kW）外观

（1）SINAMICS V20 简介

SINAMICS V20 是西门子公司推出的基本型变频器，共有 FSA ～ FSE 五种尺寸（FS 表示 Frame Size）。不同尺寸的变频器的功率不同，V20 系列的功率范围很广，从 0.12kW 到 30kW 都有相关的产品。图 4-57 是 V20 FSC（5.5kW）的外观。

变频器的下端是接线端子，定义如图 4-58 所示。其中，6、7 是 RS485 的接口，也是 USS 通信需要连接的端子。

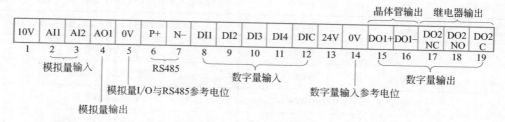

图 4-58　变频器端子定义

（2）通信线缆的连接

使用 CPU ST40 本体集成的 RS485 接口（Port0）连接 SINAMICS V20 变频器。Port 0 的针脚定义见表 4-19。

S7-200 SMART CPU 通过 Port0 与 SINAMICS V20 的 RS485 端子连接。USS 通信协议允许最多连接 32 台变频器，网络终端需要连接终端电阻和偏置电阻。

本例程将 CPU ST40 与一台 SINAMICS V20 FSC 进行 RS485 连接。CPU ST40 Port0 的连接采用 PROFIBUS-DP 插头，内置终端电子和偏置电阻。V20 一侧直接连接到接线端子 6、7、5，并连接随机附赠的终端电阻和偏置电阻。图 4-59 是 USS 网络连接示意图（未画出变频器与电动机的接线）。

表 4-19 S7-200 SMART Port0 针脚定义

编号	端口（母头）	名称	含义
1		屏蔽	端子接地
2		24V 返回	24V 负极（公共端）
3		RS485-B	RS485 信号 B
4		RTS	请求发送数据
5		5V 返回	5V 负极（公共端）
6		5V+	5V 正极
7		24V+	24V 正极
8		RS485-A	RS485 信号 A
9		—	可选信号，编程电缆检测

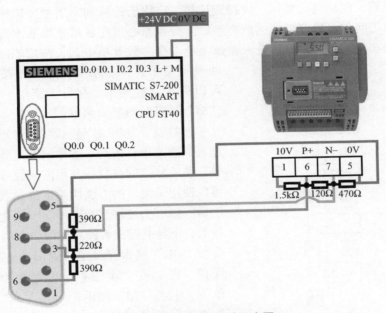

图 4-59 USS 网络连接示意图

  也可以使用 S7-200 SMART 的串行通信信号板 SB CM01 进行 USS 网络连接。

（3）SINAMICS V20 的配置

① SINAMICS V20 基本操作简介 SINAMICS V20 内置基本操作面板（BOP-Basic Operation Panel），可以进行变频器的启动、停止及调试等操作。图 4-60 是 SINAMICS V20 基本操作面板的外观。

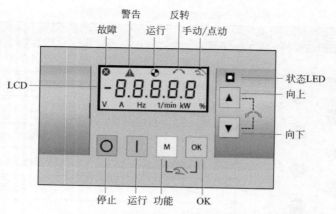

图 4-60　SINAMICS V20 基本操作面板

SINAMICS V20 基本操作面板的 LCD 显示屏可以显示故障、警告、运行等信息及变频器的菜单。SINAMICS V20 的菜单包括显示菜单、设置菜单和参数菜单。显示菜单可以显示频率、电压、电流等重要参数，可以实现对变频器的基本监控。设置菜单用于快速调试变频器的参数，包括电机数据、连接宏选择、应用宏选择和常用参数选择四个子菜单。参数菜单可以访问与设置变频器的所有参数。变频器必须在显示菜单下才能运行。在显示菜单下，短按功能键"M"可以进入参数菜单。在参数菜单中，长按功能键"M"可以返回显示菜单。在显示菜单下，长按功能键"M"可以进入设置菜单。在设置菜单下，长按功能键"M"可以返回显示菜单。

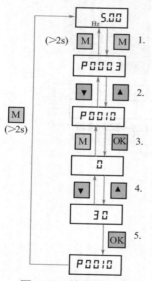

图 4-61　基本操作示例

（注：图中箭头旁边符号为操作面板上的按钮）

参数设置方法：在显示菜单下，短按功能键"M"进入参数菜单；按上、下导航键选择要编辑的参数号，若要修改的参数号与当前参数号有较大差别，可以使用位编辑的方法快速定位参数号（位编辑方法稍后介绍）；短按"OK"键进入参数值修改界面；按上、下导航键或者使用位编辑方法修改参数值；短按"OK"键保存设定值返回参数菜单，若不想保存，可短按"M"键返回参数菜单；在参数菜单下，长按"M"键返回显示菜单。图 4-61 所示的操作示例是将参数 P0010 的值设置为 30，以便变频器恢复出厂默认设置值。

位编辑适用于对参数号、参数下标或参数值有较大修改的情况。顾名思义，位编辑可以直接对每一位进行编辑。具体方法如下：在编辑或显示模式下，长按"OK"键进入位编辑模式；位编辑从参数最右边的位开始，每按一次"OK"键会向左移动一位；在当前位时，可以通过上、下导航键设置该位的值；当光标位于最左侧时，短按"OK"键可以保存当前值；短按"M"键一次，可以让光标定位到当前编辑条目的最右位；连续短按"M"键两次，可以退出位编辑模式且不保存当前值。

② 电机参数设置　必须将变频器实际驱动的电机参数输入到变频器中才能保证正常工

作。电机的重要参数数据均记录在其铭牌中，图 4-62 是一台 ABB 三相电机铭牌。

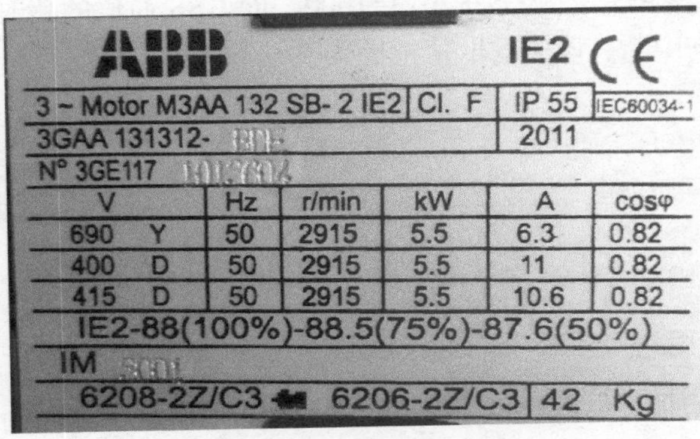

图 4-62 ABB 三相电机铭牌

从铭牌中可以看出如下信息：当额定电压为 400V 时，电机绕组要连接成三角形；电机的额定频率为 50Hz；额定转速为 2915r/min；额定功率为 5.5kW；400V 三角形连接下，额定电流为 11A；功率因数为 0.82；防护等级为 IP55，质量为 42kg。

SINAMICS V20 电机参数见表 4-20。

表 4-20 SINAMICS V20 电机参数

参数编号	访问级别	功能介绍	设置值
P0100	1	50/60Hz 频率选择	0=50Hz
P0304	1	电机额定电压 /V	400
P0305	1	电机额定电流 /A	11
P0307	1	电机额定功能 /kW	5.5
P0308	1	电机额定功率因数（cosφ）	0.82
P0310	1	电机额定频率 /Hz	50
P0311	1	电机额定转速 /（r/min）	2915

③ 恢复出厂设置 设置 P0010=30，恢复变频器出厂默认设置；设置 P0970=21，所有参数以及用户默认设置复位至工厂复位状态。

④ 设定源设置 设定源是设定值（或称给定值）的来源，即是变频器从哪里获取设定值。设定值是指变频器运行的速度或频率值。设定源由参数 P1000 确定，这里将 P1000 的值设置为 5，表示设定源来自 "RS485 上的 USS 通信"。

⑤ 控制源设置 控制源是变频器控制命令的来源，控制命令包括启动、停止、正转、反转等功能。控制源由参数 P0700 确定，这里将 P0700 设置为 5，表示 "控制源来自 RS485 的 USS 通信"。

⑥ USS 通信参数设置 设置 P2023=1，将 RS485 协议设置为 USS 协议；设置 P2010[0]=8，将 USS 的通信速率设置为 38400bps；设置 P2011=3，即变频器的 USS 地址为 3；

西门子S7-200 SMART PLC 应用技术

设置 P2012[0] = 2，即 USS 协议的 PZD 数据区长度为 2 个字；设置 P2013[0]=127，即 USS 协议的 PKW 数据区长度可变；设置 P2014=1000，即 USS 通信的超时时间为 1000ms。USS 通信超时会触发看门狗中断，该值的取值范围为 0 ～ 65535，设置为 0 表示不进行超时检测。

在更改 P2023 后，需要让变频器断电后重新上电。断电后要等待数秒，确保 LED 灯熄灭或显示屏空白后方可再次接通电源。如果通过 PLC 更改 P2023，须确保所做出的更改已通过 P0971 保存到 EEPROM 中。

（4）CPU ST40编程

① PLC 的第一个扫描周期复位标志变量，如图 4-63 所示。

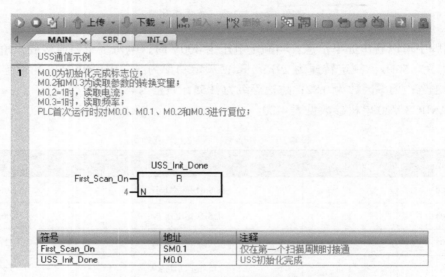

图 4-63　PLC 的第一个扫描周期复位标志变量

② USS 通信初始化，设置通信波特率为38400bps、端口 0、从站 0 ～ 3 号激活，如图 4-64 所示。

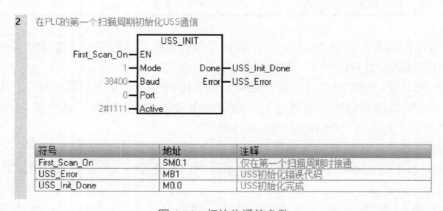

图 4-64　初始化通信参数

③ 变频器控制如图 4-65 所示。

186

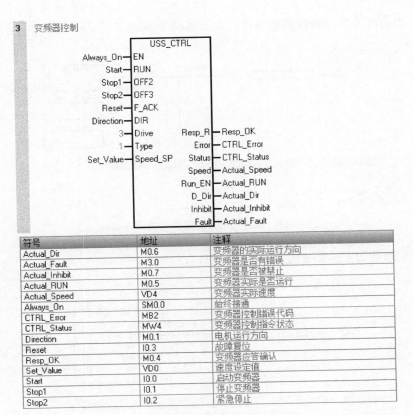

图 4-65　变频器控制

④ 初始化完成后启动数据轮换，如图 4-66 所示。

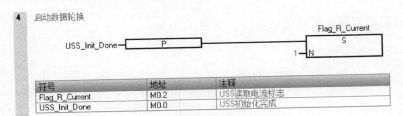

图 4-66　启动数据轮换

⑤ 读取变频器当前电流值，如图 4-67 所示。

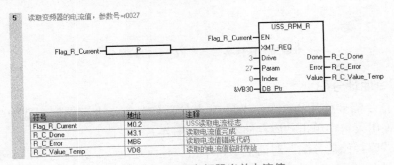

图 4-67　读取变频器当前电流值

⑥ 保存当前电流值并转换读取条件，如图 4-68 所示。

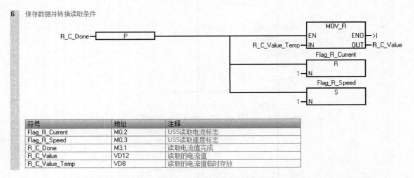

图 4-68　保存当前电流值并转换读取条件

⑦ 读取变频器的实际频率值，如图 4-69 所示。

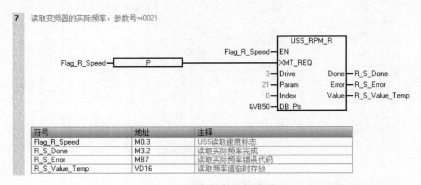

图 4-69　读取实际频率值

⑧ 保存实际频率值并转换读取条件，如图 4-70 所示。

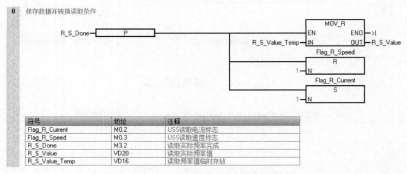

图 4-70　保存实际频率值并转换读取条件

（5）库指令地址分配

USS 协议指令需要使用 402 个字节的 V 存储器作为库指令存储器。选中"程序块"后单击右键，在弹出菜单中单击"库存储器"，如图 4-71 所示。

在弹出的"库存储器分配"对话框中，单击"建议地址"，系统会自动分配库指令所需要的 V 存储器地址（图 4-72）。

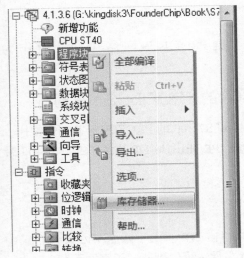

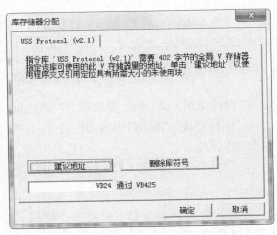

图 4-71　打开"库存储器"菜单　　　　　图 4-72　分配库存储器地址

4.2　PROFIBUS-DP 通信

4.2.1　PROFIBUS-DP 协议简介

　　PROFIBUS 是英文"Process Field Bus"的简写，中文翻译为"过程现场总线"。PROFIBUS 协议是一种开放式、不依赖于生产商的国际标准总线协议，最早收录于欧洲标准 EN 50170，后来成为国际标准 IEC 61158。PROFIBUS 协议包含三种协议，分别是 PROFIBUS-DP、PROFIBUS-PA 和 PROFIBUS-FMS，本节主要介绍 PROFIBUS-DP。

　　PROFIBUS-DP 中文翻译为"分布式外围设备"。PROFIBUS-DP 协议把网络上的设备分为两种：主站和从站。PROFIBUS-DP 主站需要知道 PROFIBUS 网络上的 DP 从站的地址、DP 从站的类型、数据交换区和诊断缓存区。PROFIBUS-DP 主站启动整个网络的通信并初始化 DP 从站，它首先根据 DP 地址把硬件组态信息（参数及 I/O 配置）写入到相应的从站。如果该地址的从站存在，它会接收该配置信息并且与自身实际的 I/O 配置进行比较，并把结果写到自身的诊断缓存区。PROFIBUS-DP 主站会去读取 DP 从站的缓存区信息，从而来判断从站是否接受了主站的配置命令。一旦从站接受了主站的配置，主从关系便确立起来。主从关系确立后，PROFIBUS-DP 主站与 DP 从站便开始交换数据。DP 主站可以把数据写入到 DP 从站的数据输入区，也可以从 DP 从站的数据输出区读取数据；DP 从站可以把数据写入到 DP 主站的数据输入区，也可以从 DP 主站的数据输出区读取数据。如果 DP 从站发生故障，它会把故障信息写入到自身的诊断缓存区，DP 主站通过读取 DP 从站的诊断缓存区，就能发现从站的故障并发出报警（故障灯亮起）。需要说明的一点是：PROFIBUS-DP 网络可能存在多个主站，并不是每一个主站都能与从站进行数据交换（读写）。只有建立了主从关系的主站与从站之间才能交换数据，其他主站只能读取从站的信息，而不能写入。

4.2.2　PROFIBUS-DP 通信模块

S7-200 SMART 可以通过 EM DP01 模块接入到 PROFIBUS 网络中，只能作为 PROFIBUS-DP 网络的从站。具体请参考 2.11 节。

4.2.3　实例：使用 EM DP01 连接到 S7-300 的 PROFIBUS-DP 网络

本例程使用 EM DP01 模块将 S7-200 SMART 连接到 S7-300 的 PROFIBUS-DP 网络中。

① 硬件环境　PROFIBUS-DP 主站：CPU 315-2DP；PROFIBUS-DP 从站：CPU ST40（带 EM DP01 模块）。

② 软件环境　博途（TIA Portal）V13。

4.2.3.1　添加 EM DP01 GSD 文件

首先，打开博途 V13，新建一个项目，添加 CPU 315-2DP。由于博途 V13 硬件目录中没有 EM DP01 GSD 文件，所以需要手动添加其 GSD 文件（可以到西门子官网下载）。

手动添加 EM DP01 GSD 文件的步骤如下：

① 点击 "Options"（选项）菜单，找到 "Manage general station description files（GSD）"（管理 GSD 文件），如图 4-73 所示。

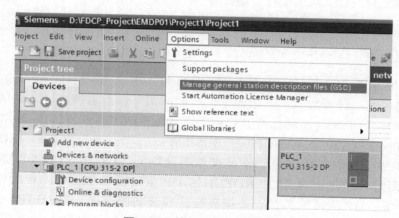

图 4-73　管理 GSD 文件菜单

② 在弹出的对话框中，点击"浏览"定位到已下载的 GSD 文件夹，勾选找到的 GSD 文件，点击 "Install"（安装），如图 4-74 所示。

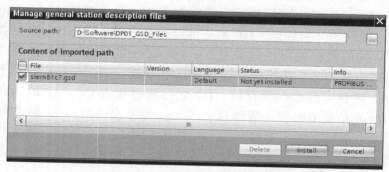

图 4-74　安装 GSD 文件对话框

③ 会出现安装画面直到安装完成，如图 4-75 所示。

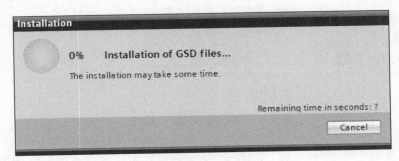

图 4-75　GSD 文件安装

④ 安装完成后，点击 "Close"（关闭），系统会自动更新硬件目录，如图 4-76 所示。

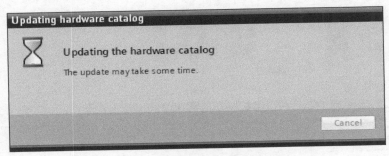

图 4-76　更新硬件目录

4.2.3.2　组态 PROFIBUS 网络

单击 "Network view"（网络视图），在 "Hardware catalog"（硬件目录）中会看到新添加的 "EM DP01 PROFIBUS-DP" 模块，如图 4-77 所示。

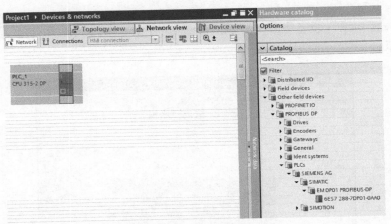

图 4-77　硬件目录中新添加的 "EM DP01 PROFIBUS-DP" 模块

将 "EM DP01 PROFIBUS-DP" 模块拖拽到网络中，并将它与之前添加的 CPU 315-2DP 的 DP 相连，组成 PROFIBUS-DP 网络，如图 4-78 所示。

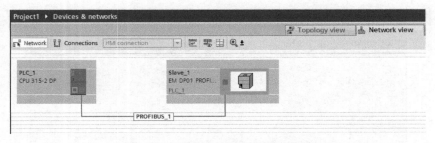

图 4-78　组成 PROFIBUS-DP 网络

选中新建立的 PROFIBUS-DP 网络，可以在其属性窗口中查看或修改相关的属性，如图 4-79 所示。

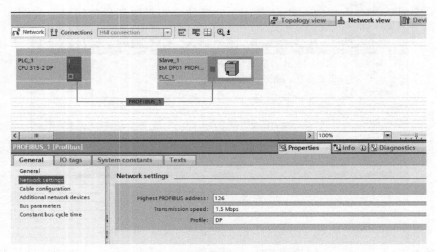

图 4-79　PROFIBUS-DP 网络属性

4.2.3.3　配置 EM DP01 参数

单击"Device view"（设备视图），找到之前添加的 EM DP01 模块（本例程中的"Slave_1"），如图 4-80 所示。

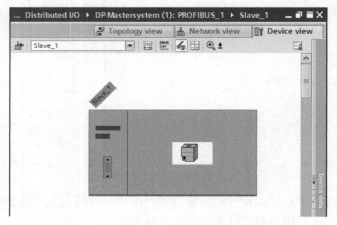

图 4-80　EM DP01 模块

然后点击右侧的"Hardware catalog"（硬件目录），可以看到 EM DP01 所支持的所有数据模块包括通用模块、4 字节输入 / 输出、8 字节输入 / 输出、16 字节输入 / 输出、32 字节输入 / 输出、64 字节输入 / 输出、122 字节输入 / 输出和 128 字节输入 / 输出，如图 4-81 所示。

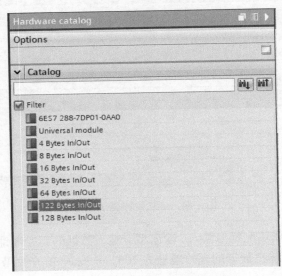

图 4-81　EM DP01 支持的硬件模块

单击"Device overview"（设备概览），可以看到 EM DP01 有两个数据插槽，插槽中可以放置上述任何一种数据模块（两个插槽的类型可以相同）。比如，两个插槽中都放置 122 字节输入 / 输出（122 Bytes In/Out），如图 4-82 所示。

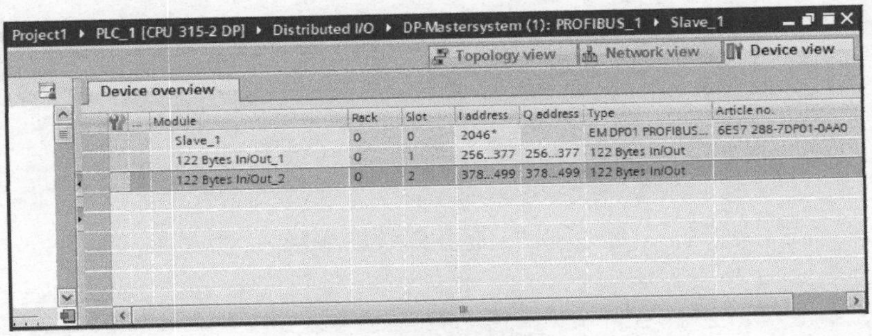

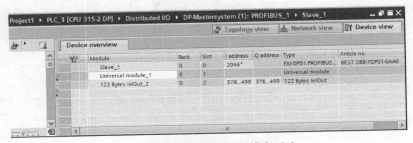

图 4-82　添加模块到数据槽中（1）

插槽中也可以插入通用类型数据模块，如图 4-83 所示。

图 4-83　添加模块到数据槽中（2）

通用模块默认显示为"Empty slot"（空槽），需要在其属性窗口中选择需要的数据类型。可选的类型包括输入、输出、输入/输出，如图 4-84 所示。

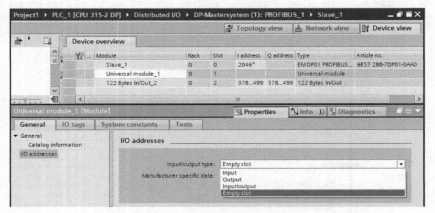

图 4-84　通用模块属性设置

比如，可以把通用模块配置为输入/输出型，输入数据的起始地址为 200，长度为 64 个字节，如图 4-85 所示；输出数据的起始地址为 200，长度为 30 个字节，如图 4-86 所示。

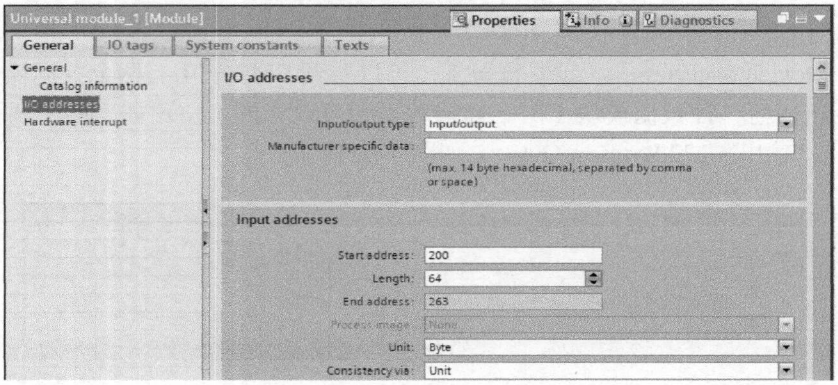

图 4-85　通用模块输入地址

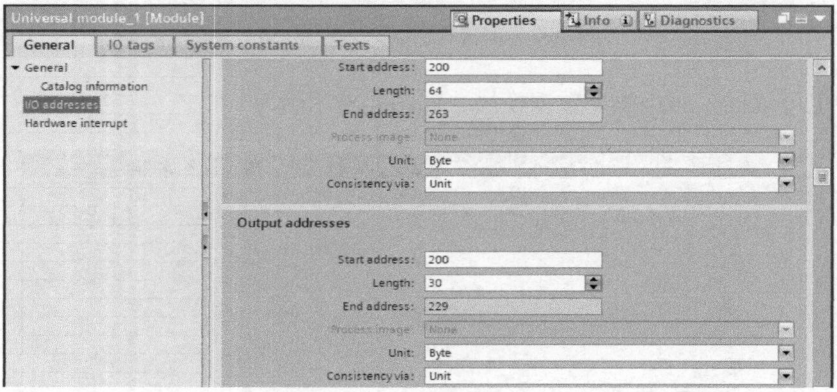

图 4-86　通用模块输出地址

EM DP01 最大支持 244 字节的输入和 244 字节的输出，两个插槽中的输入 / 输出数据的字节数据不能超过这个限制。本例程中的配置（插槽 1+ 插槽 2）为：输入字节数 =64+122=186 字节；输出字节数 =30+122=152 字节。输入和输出均没有超过 244 字节的限制，因此这个配置是正确的。

到目前为止，我们配置的输入 / 输出数据都属于 DP 主站（CPU 315-2DP），这些数据怎样通过 DP 从站（EM DP01）与 S7-200 SMART 进行数据交换呢？我们介绍过 EM DP01 采用"缓冲区一致性"的数据传输方式，主站的数据经过 DP 从站的传输，最终存放到 S7-200 SMART 的 V 存储区，所以我们还需要配置 V 存储区的地址。

点击 EM DP01 的属性窗口，找到 "Device specific parameters"（设备特定参数），可以看到 "I/O offset in the V-memory"（V 存储区 I/O 偏移）的属性，其默认值为 "0"。可以根据实际情况将其修改为需要的地址，比如 500，如图 4-87 所示。

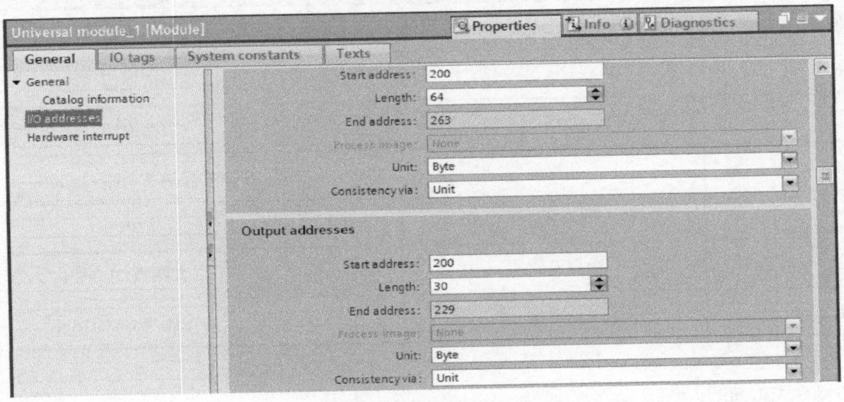

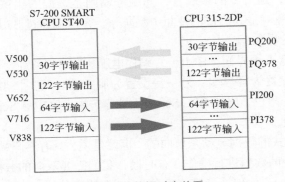

图 4-87　修改 V 存储区偏移地址

对于 DP 主站而言，其输入 / 输出的数据可以是不连续的；对于 S7-200 SMART 而言，其对应的 V 存储区是连续的。本例程中，输出数据总共 152 个字节，V 存储区偏移为 500，因此 V500 ～ V651 存放的是输出数据；紧接着后面是输入数据区，从 V652 开始，总共 186 个字节。具体对应关系如图 4-88 所示。

图 4-88　数据对应关系

对于 EM DP01 和 S7-200 SMART 而言，输入数据缓存区及输出数据缓存区都是作为一个整体进行传输的。

4.3 以太网通信

4.3.1 S7 通信

4.3.1.1 S7 协议简介

S7通信协议是西门子S7系列PLC内部集成的一种通信协议,是S7系列PLC的精髓所在。它是一种运行在传输层之上的(会话层 / 表示层 / 应用层)、经过特殊优化的通信协议,其信息传输可以基于 MPI 网络、PROFIBUS 网络或者以太网。S7 通信协议的参考模型见表 4-21。

表 4-21　S7 协议参考模型

层	OSI 模型	S7 协议
7	应用层	S7 通信
6	表示层	S7 通信
5	会话层	S7 通信
4	传输层	ISO-ON-TCP（RFC 1006）
3	网络层	IP
2	数据链路层	以太网 /FDL/MPI
1	物理层	以太网 /RS485/MPI

S7 通信支持两种方式:
① 基于客户端 / 服务器的单边通信;
② 基于伙伴 / 伙伴的双边通信。

客户端 / 服务器模式是最常用的通信方式,也称作 S7 单边通信。在该模式中,只需要在客户端一侧进行配置和编程,服务器一侧只需要准备好需要被访问的数据,不需要任何编程(服务器的"服务"功能是硬件提供的,不需要用户软件的任何设置)。客户端其实是在 S7 通信中的一个角色,是资源的索取者,而服务器则是资源的提供者。服务器通常是 S7-PLC 的 CPU,它的资源就是其内部的变量 / 数据等。客户端通过 S7 通信协议,对服务器的数据进行读取或写入的操作。

常见的客户端包括人机界面(HMI)、编程电脑(PG/PC)等。当两台 S7-PLC 进行 S7 通信时,可以把一台设置为客户端,另一台设置为服务器。其实,很多基于 S7 通信的软件都是在扮演者客户端的角色,比如 OPC Server。虽然它的名字中有 Server,但在 S7 通信中,它其实是客户端的角色。

客户端 / 服务器模式的数据流动是单向的。也就是说,只有客户端能操作服务器的数据,而服务器不能对客户端的数据进行操作。有时候,我们需要双向的数据操作,这就要使用伙伴 / 伙伴通信模式。伙伴 / 伙伴通信模式也称为 S7 双边通信,也有人称其为客户端 / 客户端模式。不管是什么名字,该通信方式有如下几个特点:
① 通信双方都需要进行配置和编程。
② 通信需要先建立连接。主动请求建立连接的是主动伙伴,被动等待建立连接的是被

动伙伴。

③ 当通信建立后，通信双方都可以发送或接收数据。

在 S7-300 中，使用 FB12（BSend）/FB13（BRecv）进行发送和接收。当一方调用发送指令时，另一方必须同时调用接收指令才能完成数据的传输。目前 S7-200 SMART 的 S7 通信只支持 S7 单边通信。

4.3.1.2　S7 通信指令

S7-200 SMART 使用 PUT/GET 指令来实现与通信伙伴的 S7 单边通信。PUT/GET 指令只需要在客户端进行编程与配置，服务器一方不需要任何编程。

S7-200 SMART V2.0 以上版本支持 8 个 PUT/GET 的主动连接和 8 个 PUT/GET 的被动连接，总计支持 16 个 S7 的通信连接。

PUT 指令用来将数据写入到服务器中，最多可写入 212 个字节；GET 指令用来从服务器中读取数据，最多可以读取 222 个字节。在指令列表 - 通信中可以找到 PUT 和 GET 指令，如图 4-89 所示。

PUT/GET 指令的程序框图如图 4-90 所示。

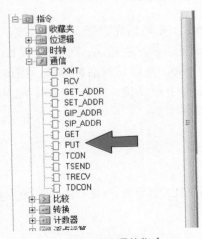

图 4-89　S7 通信指令

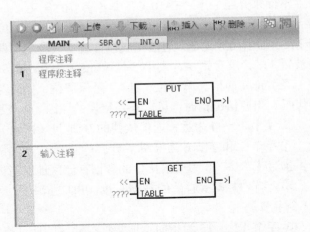

图 4-90　PUT/GET 指令程序框图

PUT 和 GET 指令都只有一个参数，被称为 "TABLE"。TABLE 数据结构包含 16 个字节，各字节的含义见表 4-22。

表 4-22　TABLE 参数的数据结构

字节	bit7	bit6	bit5	bit4	bit3	bit2	bit1	bit0
0					错误代码			
1	通信伙伴的 IP 地址 -IP1							
2	通信伙伴的 IP 地址 -IP2							
3	通信伙伴的 IP 地址 -IP3							

字节	bit7	bit6	bit5	bit4	bit3	bit2	bit1	bit0
4	通信伙伴的 IP 地址 -IP4							
5	保留，必须为 0							
6	保留，必须为 0							
7	通信伙伴的数据存储区地址指针，支持 I、Q、M、V							
8								
9								
10								
11	通信的数据长度							
12	指向本地数据存储区的地址指针，支持 I、Q、M、V							
13								
14								
15								

下面来介绍一下"TABLE"中各字节的含义。

① 字节 0 包含了通信的状态信息。其中：第 7 位（bit7）是通信完成标志位，当该位为 1 时表示通信已经完成。通信完成包含成功或者出错两种状态。若发生错误，则第 5 位（bit5）会被置 1；若没有错误，则第 5 位（bit5）为 0。第 6 位（bit6）是通信激活标志位。当该位为 1 表示正在通信。第 4 位（bit4）是保留位，始终为 0。第 0 ～ 3 位（bit0 ～ bit3）代表错误代码。当通信出错时，可以查找错误的原因（0= 没有错误）。

② 字节 1 ～ 4 为远程通信伙伴的 IP 地址（IPv4）。

③ 字节 5 和字节 6 为保留字节，必须为 0。

④ 字节 7 ～ 10 为通信伙伴的数据存储区地址指针。

⑤ 字节 11 表示通信的数据长度。PUT 指令最大支持 212 个字节，GET 指令最大支持 222 个字节。

⑥ 字节 12 ～ 15 为指向本地数据存储区的地址指针。

PUT/GET 通信的错误代码见表 4-23。

表 4-23　PUT/GET 通信错误代码

错误代码	描述
0	没有错误
1	PUT/GET TABLE 中存在非法参数
2	同一时刻处于激活状态的 PUT/GET 指令过多（大于 16 个）
3	无可用连接资源（当前所有连接都在处理未完成的连接请求）
4	远程 CPU 返回错误（请求发送的数据过多 /STOP 模式不支持 Q 写入 / 存储区写保护）
5	与远程 CPU 之间无可用连接
6 ～ 9	预留

4.3.1.3 实例：CPU ST40 与 CPU ST20 的 S7 通信

本例程介绍如何在 S7-200 SMART CPU ST40 与 CPU ST20 之间进行 S7 单边通信。

① 硬件环境 CPU ST40、CPU ST20、以太网交换机、编程电脑（PG/PC）。

② 软件环境 STEP 7-Micro/WIN SMART V2.4。

③ 控制任务 CPU ST40 作为客户端，CPU ST20 作为服务器；CPU ST40 将 100 个字节的数据（VB0 ～ VB99）发送到 CPU ST20 的 VB300 ～ VB399；CPU ST40 读取 CPU ST20 的 20 个字节的数据（VB200 ～ VB219）到自身的 VB100 ～ VB119；CPU ST40 的 PUT 指令需要 16 个字节的存储区，地址为 VB200 ～ VB215；GET 指令需要 16 个字节的存储区，地址为 VB220 ～ VB235，如表 4-24 所示。

表 4-24 通信数据接收 / 发送区

项目	数据发送区	数据接收区	PUT 指令 TABLE 区	GET 指令 TABLE 区
客户端 -CPU ST40	VB0 ～ VB99	VB100 ～ VB119	VB200 ～ VB215	VB220 ～ VB235
服务器 -CPU ST20	VB200 ～ VB219	VB300 ～ VB399		

本例程中各站点的 IP 地址分配及网络拓扑图如图 4-91 所示。

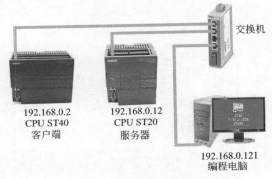

图 4-91 IP 地址分配及网络拓扑图

④ 硬件组态 作为服务器，CPU ST20 仅需要对 IP 地址进行设置，不需要任何编程（图 4-92）。

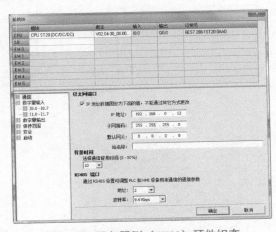

图 4-92 服务器侧（ST20）硬件组态

作为客户端，CPU ST40 的 IP 地址配置如图 4-93 所示。

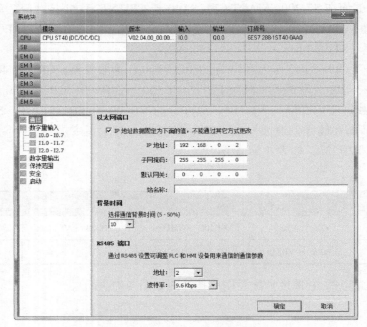

图 4-93　客户端侧（ST40）硬件组态

⑤ CPU ST40（客户端）编程

a. 在 PLC 的首次扫描周期对 PUT/GET 的 TABLE 数据及标志位 M1.0 和 M1.1 进行复位（图 4-94）。

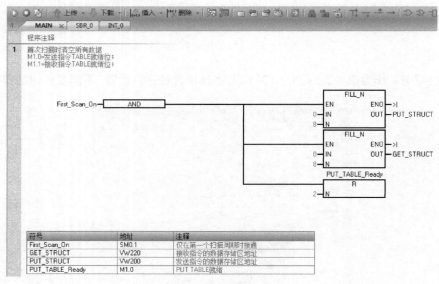

图 4-94　客户端编程（1）

b. 在 M0.0 的上升沿，对 PUT 指令的 TABLE 数据进行初始化（图 4-95）。

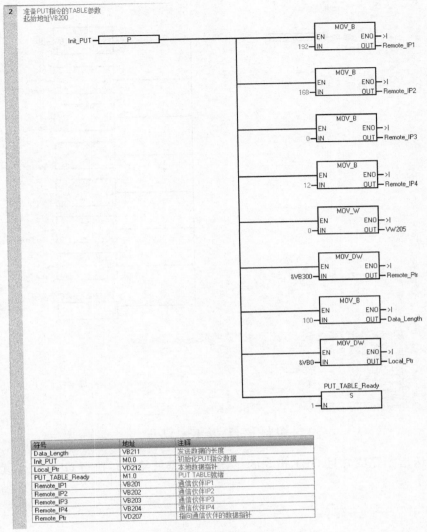

图 4-95　客户端编程（2）

c. 当 PUT 指令的 TABLE 数据就绪时，每隔一秒发送一次数据（图 4-96）。

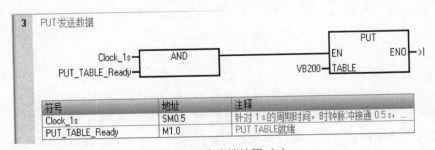

图 4-96　客户端编程（3）

d. 在 M1.1 的上升沿，对 GET 指令的 TABLE 数据进行初始化（图 4-97）。

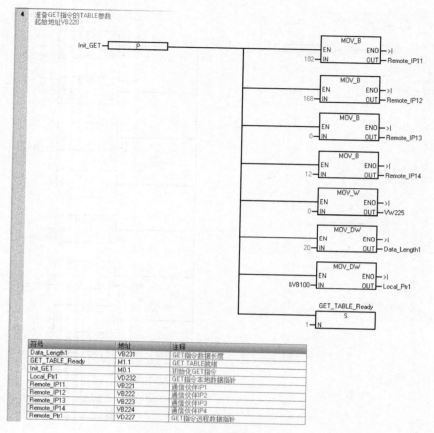

符号	地址	注释
Data_Length1	VB231	GET指令数据长度
GET_TABLE_Ready	M1.1	GET TABLE就绪
Init_GET	M0.1	初始化GET指令
Local_Ptr1	VD232	GET指令本地数据指针
Remote_IP11	VB221	通信伙伴IP1
Remote_IP12	VB222	通信伙伴IP2
Remote_IP13	VB223	通信伙伴IP3
Remote_IP14	VB224	通信伙伴IP4
Remote_Ptr1	VD227	GET指令远程数据指针

图 4-97　客户端编程（4）

e. 当发送指令完成并且 GET 指令的 TABLE 数据就绪时，执行 GET 指令读取远程数据（图 4-98）。

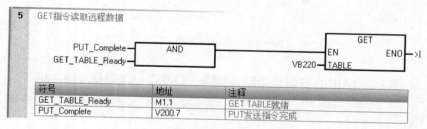

符号	地址	注释
GET_TABLE_Ready	M1.1	GET TABLE就绪
PUT_Complete	V200.7	PUT发送指令完成

图 4-98　客户端编程（5）

4.3.2　TCP 通信

4.3.2.1　TCP 协议简介

TCP 协议（传输控制协议）是以太网通信协议家族中的一员。国际标准化组织（ISO）定义了开放系统互联模型（Open Systems Interconnection Model），简称"OSI 模型"。该模型定义了网络与主机在内的 7 个逻辑层，TCP 协议属于传输层的协议。OSI 网络参考模型如图 4-99 所示。

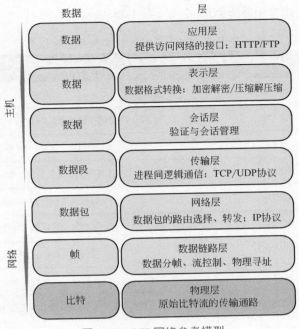

数据 层

图 4-99　OSI 网络参考模型

TCP 协议是一种面向连接的协议，这里的"连接"，是指通信双方在逻辑层面建立的一条专用的数据传输通道，它的执行跟打电话的过程很类似。一个人要想给另一个人打电话，首先要拨号，一旦对方接起电话，两人之间就建立了一条专用的通信信道。如果出现断线，则需要重新拨号，再次建立连接才能继续通话。TCP 的传输过程也是类似的，通信的发起方必须首先和接收方建立连接，才能进行通信。一旦连接中断，则需要重新请求建立连接。TCP 的传输具有确认机制，是可靠的、安全的，但相对慢些。

4.3.2.2　TCP_CONNECT 指令

S7-200 SMART 的指令库中提供了开放用户通信的指令，有包括 TCP_CONNECT 在内的 8 条指令，如图 4-100 所示。

TCP_CONNECT 指令用来创建两台通信设备之间的 TCP 连接，其程序框图如图 4-101 所示。

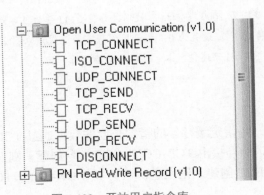

图 4-100　开放用户指令库

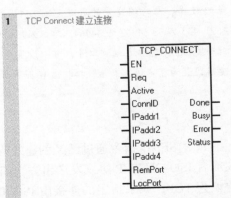

图 4-101　TCP_CONNECT 指令程序框图

TCP_CONNECT 指令中各参数的含义见表 4-25。

表 4-25　TCP_CONNECT 指令参数

参数名称	数据类型	说明
EN	BOOL	使能
Req	BOOL	1=启动连接操作；0=显示当前连接状态
Active	BOOL	1=主动建立连接；0=被动连接
ConnID	WORD	连接标识，取值范围：0～65534
IPaddr1	BYTE	远程通信伙伴的 IP 地址 1
IPaddr2	BYTE	远程通信伙伴的 IP 地址 2
IPaddr3	BYTE	远程通信伙伴的 IP 地址 3
IPaddr4	BYTE	远程通信伙伴的 IP 地址 4
RemPort	WORD	远程通信伙伴的端口号，取值范围：1～49151
LocPort	WORD	本地通信的端口号，取值范围：1～49151
Done	BOOL	1=连接完成且没有错误
Busy	BOOL	1=正在连接
Error	BOOL	1=连接完成且有错误
Status	BYTE	若 Error=1，这里存放错误代码；若没有错误，值为 0

说明

　　TCP_CONNECT 指令的执行是异步的，需要几个扫描周期才能完成。如果 Busy=1，则表示正在执行连接操作，此时不能更改连接的参数。Active 参数用来表示主动连接还是被动连接。主动连接是将 CPU 作为客户端，此时 CPU 会主动连接指定的 IP 地址的端口号，并打开本地端口号接收该 IP 地址的数据。本地端口号的有效范围为 1～49151，不能使用端口号 20、21、25、80、102、135、161、162、443 以及 34962～34964，建议采用的端口号范围为 2000～5000。被动连接将 CPU 作为服务器，此时 CPU 会忽略远程端口号，可以设置为 0。若将 IP 地址设置为 0，表示接收所有的连接请求；若 IP 地址设置为指定值，表示仅接收该 IP 地址的请求。对于被动连接，本地端口号必须是唯一的。

4.3.2.3　TCP_SEND 指令

　　TCP_SEND 指令通过已经创建好的连接，将指定缓存区的指定长度的数据通过 TCP 协议或者 ISO-ON-TCP 协议发送出去。如果指定的连接由 TCP_CONNECT 指令创建，则发送协议为 TCP；如果指定的连接由 ISO_CONNECT 创建，则发送协议为 ISO-ON-TCP。TCP_SEND 指令的程序框图如图 4-102 所示。

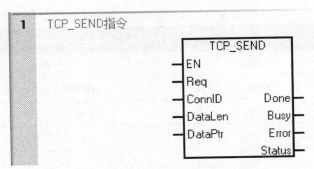

图 4-102 TCP_SEND 指令程序框图

TCP_SEND 指令中各参数的含义见表 4-26。

表 4-26 TCP_SEND 指令参数

参数名称	数据类型	说明
EN	BOOL	使能
Req	BOOL	1= 启动发送操作；0= 显示当前连接状态
ConnID	WORD	TCP_CONNECT 创建的连接标识，取值范围：0 ～ 65534
DataLen	WORD	要发送的字节长度，取值范围：1 ～ 1024
DataPtr	DWORD	发送数据缓存区的指针
Done	BOOL	1= 发送数据完成且没有错误
Busy	BOOL	1= 正在发送数据
Error	BOOL	1= 数据发送完成且有错误
Status	BYTE	若 Error=1，这里存放错误代码；若没有错误，值为 0

4.3.2.4 TCP_RECV 指令

TCP_RECV 指令根据已经创建好的连接，将 TCP 协议或者 ISO-ON-TCP 协议的数据存放到指定缓存区。TCP_RECV 指令的程序框图如图 4-103 所示。

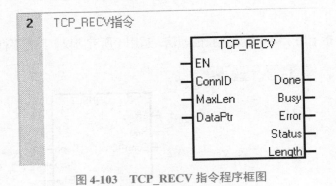

图 4-103 TCP_RECV 指令程序框图

TCP_RECV 指令中各参数的含义见表 4-27。

表 4-27　TCP_RECV 指令参数

参数名称	数据类型	说明
EN	BOOL	使能
ConnID	WORD	连接标识，由创建指令确定
MaxLen	WORD	接收数据的最大长度，字节为单位
DataPtr	DWORD	接收数据缓存区的指针
Done	BOOL	1= 数据接收完成且没有错误，Length 值有效
Busy	BOOL	1= 正在接收数据
Error	BOOL	1= 数据接收完成且有错误
Status	BYTE	若 Error=1，这里存放错误代码；若没有错误，值为 0
Length	WORD	实际接收的数据长度，字节为单位

CPU 首次执行 TCP_RECV 指令时，指令会显示为忙（Busy=1）状态，直到指令通过该连接接收到数据。当 TCP_RECV 指令通过指定连接接收到消息后，下一次执行该指令时会完成以下动作：

① 将接收到的数据复制到指定的数据区 （DataPtr）；

② 将 Length 输出设置为实际接收到的字节数；

③ 置位 Done 输出，清除 Busy 和 Error 输出，且将 Status 输出字节值设置为零（无错误）。

由于 TCP 协议的数据帧没有开始和结束标志，因此对于 TCP_CONNECT 指令创建的连接，使用 TCP_RECV 指令接收数据时，要与发送指令保持相同的调用时间间隔，即 TCP_RECV 指令的执行周期要和发送指令的执行周期相同或者更短。例如，发送方以每条 100 个字节、每秒 10 次的频率发送数据，接收方接收到数据并将其存放到自身的缓存区中。若接收方的用户程序每秒只执行一次 TCP_RECV 指令，则用户程序看到的不是 10 条、每条 100 个字节的数据，而是 1 条总计 1000 个字节的数据。将这些数据拷贝到指定的接收存储区可能会造成溢出而使数据丢失。对于 ISO-ON-TCP 协议则没有这个问题。这是因为 ISO-ON-TCP 有明确的消息标志，因此，接收指令的执行周期即使高于发送指令的执行周期，也同样会接收到相同条目的数据。

4.3.2.5　DISCONNECT 指令

DISCONNECT 指令用于终止指定连接的通信，适用于所有协议。其程序框图如图 4-104 所示。

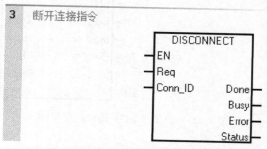

图 4-104　DISCONNECT 指令程序框图

DISCONNECT 指令中各参数的含义见表 4-28。

表 4-28　DISCONNECT 指令参数

参数名称	数据类型	说明
EN	BOOL	使能
Req	BOOL	1= 请求断开连接
ConnID	WORD	连接标识，由创建指令确定
Done	BOOL	1= 断开连接完成且没有错误
Busy	BOOL	1= 正在断开连接
Error	BOOL	1= 断开连接指令执行完成且有错误
Status	BYTE	若 Error=1，这里存放错误代码；若没有错误，值为 0

4.3.2.6　实例：S7-200 SMART 与 S7-1200 的 TCP 通信

本例程介绍如何在 S7-200 SMART 和 S7-1200 之间进行 TCP 通信。

硬件环境：S7-200 SMART CPU ST40，S7-1200 CPU 1215C，交换机，编程电脑。

软件环境：STEP 7-Micro/WIN SMART V2.4，TIA Portal STEP 7 Professional V13。

通信任务：CPU 1215C 作为客户端，CPU ST40 作为服务器，二者之间通过 TCP 协议进行通信；CPU 1215C 将存储区中 30 个字节（DB100.DBB0 ～ DBB29）发送到 CPU ST40 的 VB0 ～ VB29；CPU 1215C 接收 CPU ST40 发送过来的 VB30 ～ VB39 的 10 个字节的数据并存放到 DB100.DBB30 ～ DBB39，见表 4-29。

表 4-29　数据发送 / 接收区定义

项目	数据发送区	数据接收区
客户端 -CPU 1215C	DB100.DBB0 ～ DBB29	DB100.DBB30 ～ DBB39
服务器 -CPU ST40	VB30 ～ VB39	VB0 ～ VB29

本例程中各站点的 IP 地址分配、端口号及网络拓扑图如图 4-105 所示。

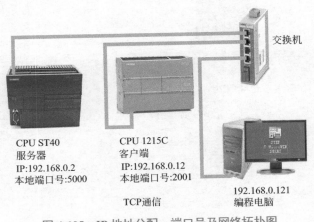

图 4-105　IP 地址分配、端口号及网络拓扑图

西门子S7-200 SMART PLC 应用技术

（1）客户端配置与编程

① 硬件组态　打开 TIA Portal V13，添加新设备 CPU 1215C，如图 4-106 所示。

图 4-106　添加 CPU 1215C

为方便编程，启用 CPU 的系统存储器字节和时钟字节，如图 4-107 所示。

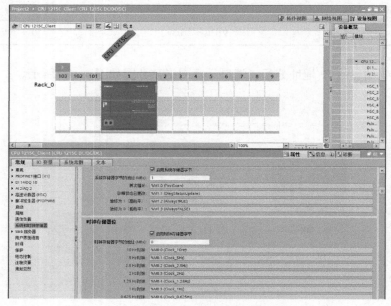

图 4-107　启用系统存储器字节与时钟字节

② IP 地址设置　设置 CPU 的 IP 地址为 192.168.0.12，如图 4-108 所示。

图 4-108　设置 IP 地址

③ 编程

a. 创建用于通信的数据块 DB100。双击左侧项目树"添加新块"菜单，在弹出的对话框中添加新的数据块 DB100（DB_Data_Exchange），如图 4-109 所示。

图 4-109　创建数据块

在 DB100 中定义 TCP 发送和接收存储区，如图 4-110 所示。

图 4-110　定义 TCP 发送和接收存储区

b. 添加 TCON 指令。在指令库中添加 TCON 指令到 OB1 中，系统会提示创建该指令的背景数据块，如图 4-111 所示。

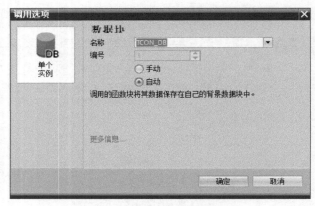

图 4-111　TCON 指令背景数据块

配置 TCON 指令的属性，设置通信伙伴的 IP 地址为 192.168.0.2，新建连接数据的 DB 为 PLC_1_Connection_DB，并选中本地 PLC 为"主动建立连接"，如图 4-112 所示。

图 4-112　配置 TCON 指令属性

TCP 的连接指令 TCON 的完整代码如图 4-113 所示。

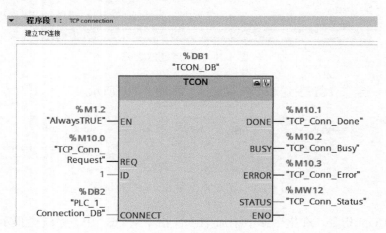

图 4-113　TCON 指令完整代码

c. 发送数据。TSEND 指令用来发送数据。参数 ID 来自 TCON 指令创建的 ID；参数 REQ 的上升沿会启动发送，本例程使用 M0.5 系统时钟，每秒发送 1 次数据；参数 LEN 表示要发送的数据长度，本例程为 30 字节；参数 DATA 表示发送数据的地址，本例程使用指针数据 "P# DB100.DBX0.0 byte 30"，如图 4-114 所示。

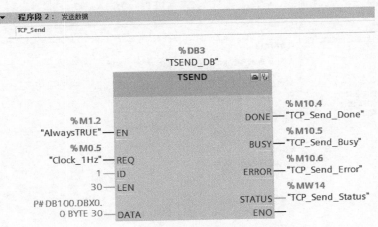

图 4-114　使用 TSEND 指令发送数据

d. 接收数据。TRCV 指令用来接收数据，完整代码如图 4-115 所示。

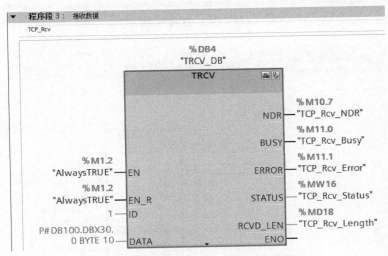

图 4-115　使用 TRCV 指令接收数据

（2）服务器的配置与编程

① 硬件配置　在"系统块"中配置 CPU ST40 的 IP 地址为 192.168.0.2，如图 4-116 所示。

② 编程

a. 建立连接。将 TCP_CONNECT 指令拖放到 MAIN 程序块中；在 M0.0（TCP_Conn_Request）的上升沿启动连接；参数 Active 设置为 0，表示被动连接；指定接收连接请求的 IP 地址与端口号，仅接收该 IP 地址的连接请求，如图 4-117 所示。

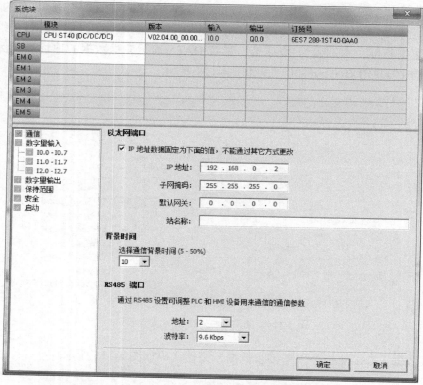

图 4-116　CPU ST40 硬件组态

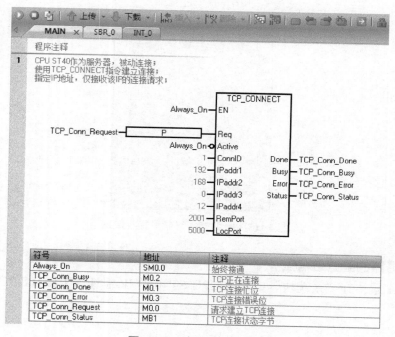

图 4-117　建立 TCP 连接

　　b. 接收数据。使用 TCP_RECV 指令来接收数据，完整接收代码如图 4-118 所示。参数 ConnID 的值来自 TCP_CONNECT 指令。

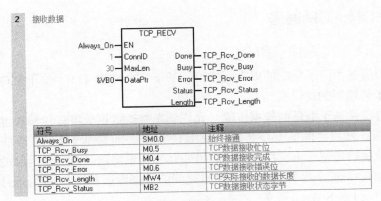

图 4-118　接收数据

c. 发送数据。使用 TCP_SEND 指令来发送数据，完整代码如图 4-119 所示。在数据接收完成后，将发送缓存区的数据发送出去。

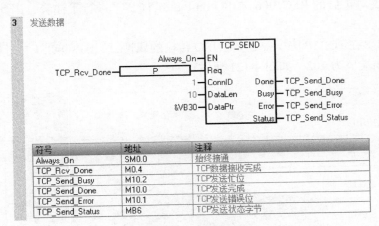

图 4-119　发送数据

d. 分配库指令 V 存储器。本例程使用的 TCP_CONNECT、TCP_RECV、TCP_SEND 指令都属于开放用户通信指令库中的指令。该指令库需要 50 个字节的全局存储器，在库存储器分配指令框中单击"建议地址"，系统会自动分配 V 存储器，如图 4-120 所示。

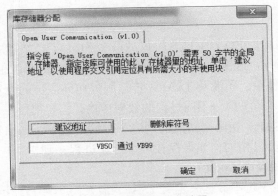

图 4-120　分配 V 存储器

4.3.3 ISO-ON-TCP 通信

4.3.3.1 ISO-ON-TCP 协议简介

ISO 传输协议是西门子早期的以太网协议，基于 ISO 8073 TP0，位于 ISO-OSI 参考模型的第四层，属于传输层的协议。

ISO 传输协议是基于消息的数据传输，允许动态修改数据长度；传输速度快，适合中等或较大量的数据；站点之间的 ISO 传输不使用 IP 地址，而是基于 MAC 地址，因此数据包不能通过路由器进行传递（不支持路由）。另外 ISO 传输协议是西门子内部的以太网协议，仅适用于 SIMATIC 系统。两个 SIMATIC 站点之间的数据发送和接收使用 Send/Receive 服务，服务器的读写使用 Fetch/Write 服务。

ISO 传输协议最大的优势是通过数据包来发送 / 接收数据，但由于它不支持路由功能，随着网络节点的增加，ISO 传输协议的劣势逐渐显现。

为了应对日益增加的网络节点，西门子在 ISO 传输协议的基础上增加了 TCP/IP 协议的功能，新的协议对扩展的 RFC1006 "ISO on top of TCP" 进行了注释，因此被称为 "ISO-ON-TCP" 协议。

ISO-ON-TCP 在 TCP/IP 协议中定义了 ISO 传输的属性，位于 ISO-OSI 参考模型的第四层，默认的数据传输端口为 102，如图 4-121 所示。

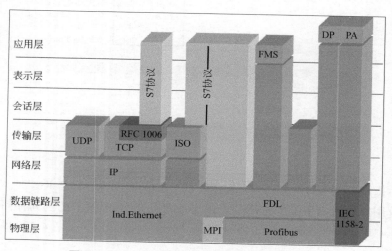

图 4-121 ISO 协议在 ISO-OSI 参考模型的位置

与 ISO 传输协议相同，ISO-ON-TCP 协议的两个 SIMATIC 站点之间的数据发送和接收也使用 Send/Receive 服务，服务器的读写使用 Fetch/Write 服务。在 ISO 传输协议和 ISO-ON-TCP 协议的使用过程中，还涉及 TSAP（传输服务访问点）的设置。在一个传输的链接中，可能存在多个进程。为了区分不同进程的数据传输，需要提供一个进程独用的访问点，这个访问点，被称为 TSAP。在两个站点的同一个传输链接中，如果只存在一个传输进程，则本地和远程的 TSAP 可以相同；如果存在多个传输进程，则 TSAP 必须唯一。TSAP 相当于 TCP 或 UDP 协议中的端口（port）。

S7-200 SMART 使用字符串数据来定义 TSAP，最大长度为 255 个字节，详见下面 4.3.3.2 节 ISO_CONNECT 指令中的介绍。

ISO-ON-TCP 协议的主要优点是数据有一个明确的结束标志，可以知道总共接收了多少条消息，不会出现像 TCP 协议那样将几条消息合并成一条的情况。SIMATIC S7 协议其实就是使用了 ISO-ON-TCP 协议。

4.3.3.2　ISO_CONNECT 指令

ISO_CONNECT 指令存放在开放用户通信指令库中，其作用是创建基于 ISO-ON-TCP 协议的连接。ISO_CONNECT 指令程序框图如图 4-122 所示。

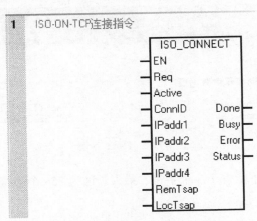

图 4-122　ISO_CONNECT 指令程序框图

ISO_CONNECT 指令中各参数的含义见表 4-30。

表 4-30　ISO_CONNECT 指令参数

参数名称	数据类型	说明
EN	BOOL	使能
Req	BOOL	1= 启动连接操作；0= 显示当前连接状态
Active	BOOL	1= 主动建立连接；0= 被动连接
ConnID	WORD	连接标识，取值范围：0 ～ 65534
IPaddr1	BYTE	远程通信伙伴的 IP 地址 1
IPaddr2	BYTE	远程通信伙伴的 IP 地址 2
IPaddr3	BYTE	远程通信伙伴的 IP 地址 3
IPaddr4	BYTE	远程通信伙伴的 IP 地址 4
RemTsap	DWORD	指向远程通信伙伴的 TSAP 的字符串指针
LocTsap	DWORD	指向本地 TSAP 的字符串指针
Done	BOOL	1= 连接完成且没有错误
Busy	BOOL	1= 正在连接
Error	BOOL	1= 连接完成且有错误
Status	BYTE	若 Error=1，这里存放错误代码；若没有错误，值为 0

ISO_CONNECT 指令中大部分参数与 TCP_CONNECT 是相同的，除了 RemTsap 和 LocTsap。RemTsap 为指向远程通信伙伴的 TSAP 字符串指针，LocTsap 为指向本地 TSAP 的字符串指针。如果在程序中将字符串常数赋值给 RemTsap 和 LocTsap 参数，STEP 7-Micro/WIN SMART 会自动创建指向字符串的指针。可以在数据块中创建字符串常量，然后将字符串的首地址赋值给 RemTsap 和 LocTsap 参数。TSAP 示例如图 4-123 所示。

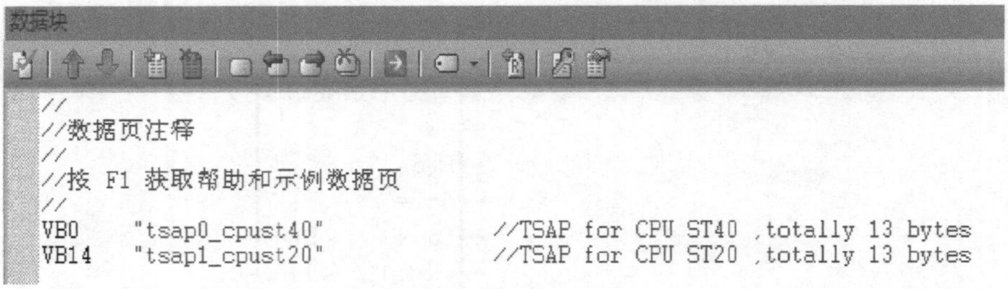

图 4-123　TSAP 示例

TSAP 字符串的长度不能少于 3 个字符，最大长度为 255 个字符。

4.3.3.3　TCP_SEND 指令

ISO-ON-TCP 协议使用 TCP_SEND 指令来发送数据，具体请参考 4.3.2.3 节。

4.3.3.4　TCP_RECV 指令

ISO-ON-TCP 协议使用 TCP_RECV 指令来接收数据，具体请参考 4.3.2.4 节。

4.3.3.5　DISCONNECT 指令

ISO-ON-TCP 协议使用 DISCONNECT 指令来断开通信连接，具体请参考 4.3.2.5 节。

4.3.3.6　实例：CPU ST40 与 CPU ST20 的 ISO-ON-TCP 通信

本例程介绍 S7-200 SMART CPU ST40 与 CPU ST20 之间的 ISO-ON-TCP 通信。

硬件环境：S7-200 SMART CPU ST40，S7-200 SMART CPU ST20，交换机，编程电脑。

软件环境：STEP 7-Micro/WIN SMART V2.4。

通信任务：CPU ST20 作为客户端，CPU ST40 作为服务器，二者之间通过 ISO-ON-TCP 协议进行通信；CPU ST20 将存储区中 20 个字节（VB100 ～ VB119）发送到 CPU ST40 的 VB0 ～ VB19；CPU ST20 接收 CPU ST40 发送过来的 VB30 ～ VB39 的 10 个字节的数据并存放到 VB120 ～ VB129 中，见表 4-31。

表 4-31　数据发送 / 接收区定义

项目	数据发送区	数据接收区
客户端 -CPU ST20	VB100 ～ VB119	VB120 ～ VB129
服务器 -CPU ST40	VB30 ～ VB39	VB0 ～ VB19

本例程中各站点的 IP 地址分配、TASP 及网络拓扑图如图 4-124 所示。

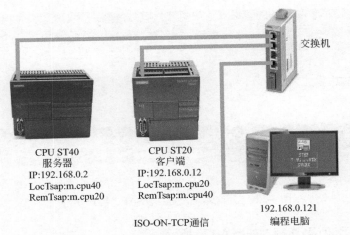

CPU ST40
服务器
IP:192.168.0.2
LocTsap:m.cpu40
RemTsap:m.cpu20

CPU ST20
客户端
IP:192.168.0.12
LocTsap:m.cpu20
RemTsap:m.cpu40

192.168.0.121
编程电脑

ISO-ON-TCP通信

图 4-124 IP 地址分配、TASP 及网络拓扑图

（1）客户端配置与编程

① 客户端硬件配置　打开"系统块"，设置 CPU ST20 的 IP 地址为 192.168.0.12，如图 4-125 所示。

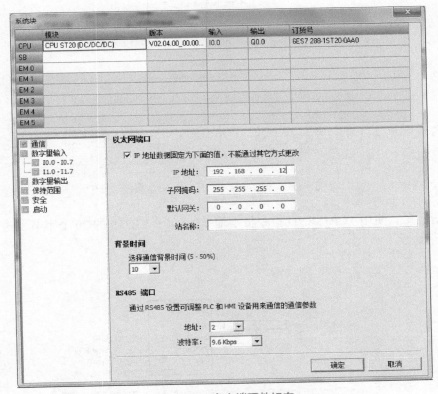

图 4-125 客户端硬件组态

② 客户端编程

a. 在数据块中定义本地和远程 TSAP，如图 4-126 所示。

图 4-126　定义本地及远程 TSAP（客户端）

b. 建立 ISO-ON-TCP 连接，如图 4-127 所示。

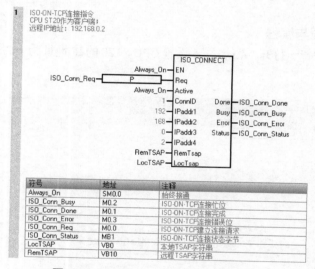

图 4-127　ISO-ON-TCP 连接（客户端）

c. 发送数据。使用 TCP_SEND 指令将本地 VB100 ～ VB119 的 20 个字节发送出去，如图 4-128 所示。

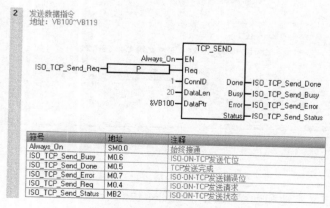

图 4-128　发送数据（客户端）

d. 接收数据。使用 TCP_RECV 指令接收发送来的 10 个字节的数据，并存放到 VB120 ～ VB129 中，如图 4-129 所示。

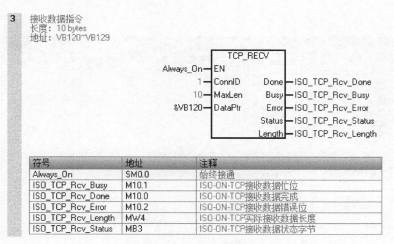

图 4-129 接收数据（客户端）

e. 断开通信连接。在 M10.3 的上升沿，使用 DISCONNECT 指令断开通信连接，如图 4-130 所示。

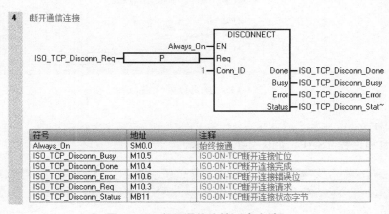

图 4-130 断开通信连接（客户端）

f. 分配指令库存储器，如图 4-131 所示。

图 4-131 分配指令库 V 存储器（客户端）

（2）服务器的配置与编程

① 服务器的硬件配置　打开"系统块"，设置 CPU ST40 的 IP 地址为 192.168.0.2，如图 4-132 所示。

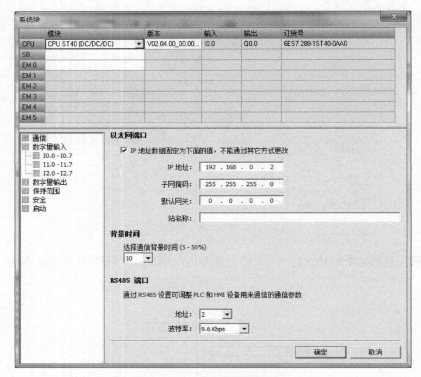

图 4-132　服务器硬件组态

② 服务器编程

a. 定义本地和远程 TSAP，如图 4-133 所示。

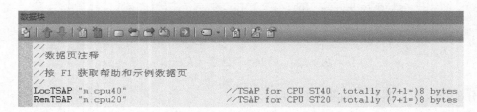

图 4-133　定义本地及远程 TSAP（服务器）

b. 建立连接，如图 4-134 所示。

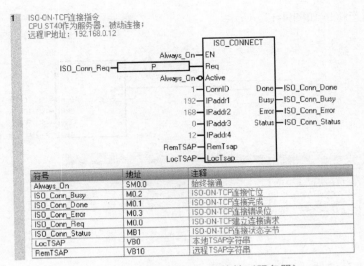

图 4-134　建立 ISO-ON-TCP 连接（服务器）

c. 接收数据，如图 4-135 所示。

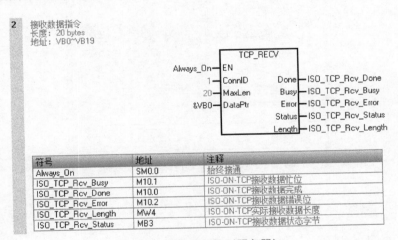

图 4-135　接收数据（服务器）

d. 发送数据，如图 4-136 所示。

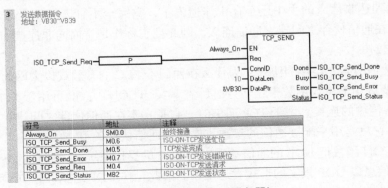

图 4-136　发送数据（服务器）

e. 断开通信连接，如图 4-137 所示。

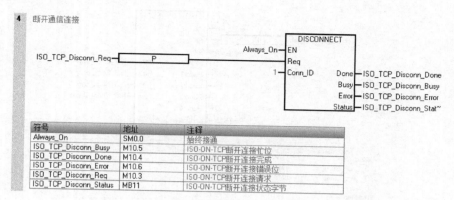

图 4-137　断开通信连接（服务器）

f. 分配指令库存储器，如图 4-138 所示。

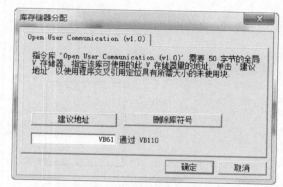

图 4-138　分配指令库 V 存储器（服务器）

4.3.4　UDP 通信

4.3.4.1　UDP 协议简介

　　UDP 协议与 TCP 协议不同，它不需要在两个通信伙伴之间建立真实的通信信道，其执行过程跟写信很类似。寄信人将收信人的名称和地址写到信封上，然后把信投到邮箱。至于这封信是顺利到达收信人的手中还是在中途遗失了，它完全不管。UDP 协议没有确认重传机制，不需要在通信伙伴之间建立通信连接，因此把它称作是"面向非连接"的协议。其优点是传输速度较快。

　　既然 UDP 是面向非连接的协议，为什么在西门子 PLC 的开放式以太网通信中，在使用UDP 传输前，要调用 TCON 函数来建立"连接"？其实，TCON 函数既可用于 TCP 传输的连接，也可用于 UDP 传输的连接。用于 TCP 通信时，它是真实在通信伙伴之间建立连接；而用于UDP 通信时，它只是用来配置通信的参数（比如，通信伙伴的 IP 地址和端口号）。用户程序通过调用 TCON 函数把 UDP 的通信参数交给 PLC 的操作系统，之后它就不管了。操作系统负责把这些信息以 UDP 报文的形式发送出去。因此，在 UDP 通信时，TCON 函数是在用户程序和操作系统之间建立了"连接"，而不是与通信伙伴建立连接。图 4-139 所示是博途环境下 S7-1200/1500/300/400 等 PLC 支持的 TCON 指令的程序框图。在 S7-200 SMART 中,
使用 UDP_CONNECT 指令创建 UDP 连接。

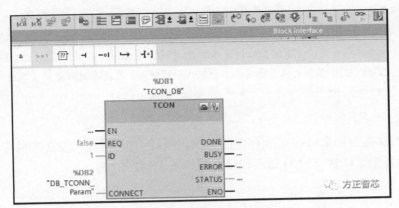

图 4-139　TCON 指令程序框图

4.3.4.2　UDP_CONNECT 指令

UDP_CONNECT 指令用来创建基于 UDP 协议的连接,该指令位于开放用户通信指令库
中。UDP_CONNECT 指令程序框图如图 4-140 所示。

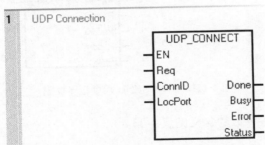

图 4-140　UDP_CONNECT 指令程序框图

UDP_CONNECT 指令中各参数的含义见表 4-32。

表 4-32　UDP_CONNECT 指令参数

参数名称	数据类型	说明
EN	BOOL	使能
Req	BOOL	1= 启动连接操作；0= 显示当前连接状态
ConnID	WORD	连接标识,取值范围：0 ～ 65534
LocPort	WORD	本地端口号,范围：1 ～ 49151
Done	BOOL	1= 连接完成且没有错误
Busy	BOOL	1= 正在连接
Error	BOOL	1= 连接完成且有错误
Status	BYTE	若 Error=1,这里存放错误代码；若没有错误,值为 0

UDP 协议是无连接的协议，UDP_CONNECT 指令并不能在 CPU 和远程通信伙伴之间创建连接。该指令只是告诉操作系统开放某个基于 UDP 协议的端口，即指令中的 LocPort。UDP_CONNECT 指令只需要连接 ID 和本地端口号，并不需要通信伙伴的 IP 地址。这是因为 IP 地址是通过 UDP_SEND 指令发送的。UDP_CONNECT 指令的执行需要几个扫描周期的时间，在指令执行期间不要修改参数值。

4.3.4.3 UDP_SEND 指令

UDP_SEND 指令用来将指定缓存区的数据，通过 UDP 协议，发送到特定 IP 地址和端口号的远程设备中。UDP_SEND 指令程序框图如图 4-141 所示。

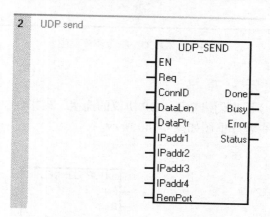

图 4-141　UDP_SEND 指令程序框图

UDP_SEND 指令中各参数的含义见表 4-33。

表 4-33　UDP_SEND 指令参数

参数名称	数据类型	说明
EN	BOOL	使能
Req	BOOL	1= 启动发送操作；0= 显示当前连接状态
ConnID	WORD	连接标识，取值范围：0～65534
DataLen	WORD	要发送的字节长度，取值范围：1～1024
DataPtr	DWORD	指向发送数据缓存区的指针
IPaddr1	BYTE	远程通信伙伴 IP 1
IPaddr2	BYTE	远程通信伙伴 IP 2
IPaddr3	BYTE	远程通信伙伴 IP 3
IPaddr4	BYTE	远程通信伙伴 IP 4
RemPort	WORD	远程设备的端口号，范围：1～49151
Done	BOOL	1= 发送完成且没有错误

续表

参数名称	数据类型	说明
Busy	BOOL	1= 正在发送数据
Error	BOOL	1= 发送完成且有错误
Status	BYTE	若 Error=1，这里存放错误代码；若没有错误，值为 0

4.3.4.4　UDP_RECV 指令

UDP_RECV 指令通过 UDP 协议，以指定的连接 ID 来接收数据。UDP_RECV 指令程序框图如图 4-142 所示。

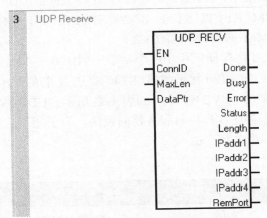

图 4-142　UDP_RECV 指令程序框图

UDP_RECV 指令中各参数的含义见表 4-34。

表 4-34　UDP_RECV 指令参数

参数名称	数据类型	说明
EN	BOOL	使能
ConnID	WORD	UDP 接收数据的连接标识，取值范围：0 ～ 65534
MaxLen	WORD	要接收数据的最大字节长度，取值范围：1 ～ 1024
DataPtr	DWORD	指向接收数据缓存区的指针
Done	BOOL	1= 数据接收完成且没有错误
Busy	BOOL	1= 正在接收数据
Error	BOOL	1= 接收完成且有错误
Status	BYTE	若 Error=1，这里存放错误代码；若没有错误，值为 0
Length	WORD	实际接收的数据长度
IPaddr1	BYTE	发送数据的远程通信伙伴 IP 1
IPaddr2	BYTE	发送数据的远程通信伙伴 IP 2
IPaddr3	BYTE	发送数据的远程通信伙伴 IP 3

参数名称	数据类型	说明
IPaddr4	BYTE	发送数据的远程通信伙伴 IP 4
RemPort	WORD	发送数据的远程设备端口号，范围：1 ～ 49151

4.3.4.5　DISCONNECT 指令

UDP 协议使用 DISCONNECT 指令来断开通信连接，具体请参考 4.3.2.5 节。

4.3.4.6　实例：CPU ST20 与 CPU ST40 的 UDP 通信

本例程介绍 S7-200 SMART CPU ST20 与 CPU ST40 之间的 UDP 通信。

硬件环境：S7-200 SMART CPU ST20，S7-200 SMART CPU ST40，交换机，编程电脑。

软件环境：STEP 7-Micro/WIN SMART V2.4。

通信任务：CPU ST20 将存储区中 100 个字节（VB100 ～ VB199）的数据发送到 CPU ST40 的 VB0 ～ VB99；CPU ST20 接收 CPU ST40 发送过来的 VB100 ～ VB299 的 200 个字节的数据并存放到 VB200 ～ VB399 中，如表 4-35 所示。UDP 协议通信的两个主体之间不建立真实的连接，也不存在客户机与服务器的说法。为了便于后续描述，本例程把 CPU ST20 称为甲方，CPU ST40 称为乙方。

表 4-35　数据发送 / 接收区定义

项目	数据发送区	数据接收区	本地端口号
CPU ST20 - 甲方	VB100 ～ VB199	VB200 ～ VB399	2000
CPU ST40 - 乙方	VB100 ～ VB299	VB0 ～ VB99	5000

本例程中各站点的 IP 地址分配、端口号及网络拓扑图如图 4-143 所示。

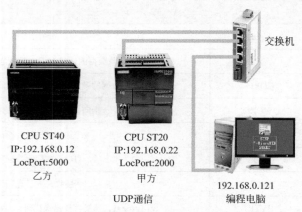

图 4-143　IP 地址分配、端口号及网络拓扑图

（1）甲方的配置与编程

① 甲方硬件配置　打开"系统块"，设置 CPU ST20 的 IP 地址为 192.168.0.22，如图 4-144 所示。

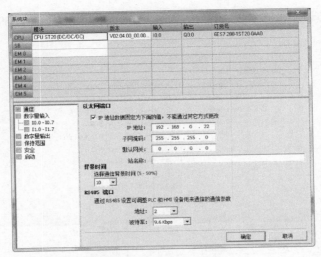

图 4-144 CPU ST20 组态

② 甲方编程

a. 调用 UDP_CONNECT 指令开放本地端口 "2000"，如图 4-145 所示。

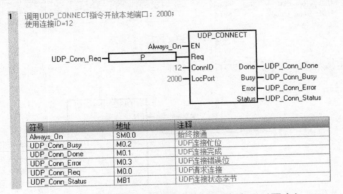

图 4-145 UDP_CONNECT 开放本地端口（甲方）

b. UDP 发送数据（VB100 ~ VB199）到乙方，如图 4-146 所示。

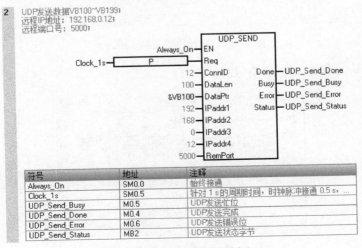

图 4-146 发送数据（甲方）

c. UDP 接收乙方发送来的 200 个字节的数据，并存放到 VB200 ～ VB399，如图 4-147 所示。

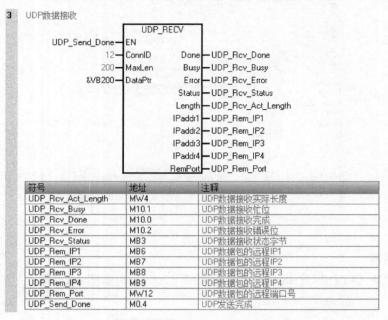

图 4-147　接收数据（甲方）

d. 断开通信连接，如图 4-148 所示。

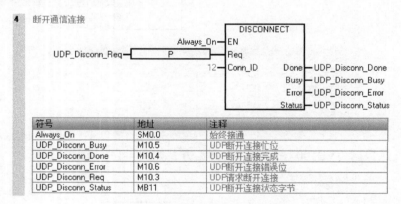

图 4-148　断开通信连接（甲方）

e. 分配指令库存储器，如图 4-149 所示。

图 4-149　分配指令库 V 存储器（甲方）

（2）乙方的配置与编程

① 乙方硬件配置 打开"系统块"，设置 CPU ST40 的 IP 地址为 192.168.0.12，如图 4-150 所示。

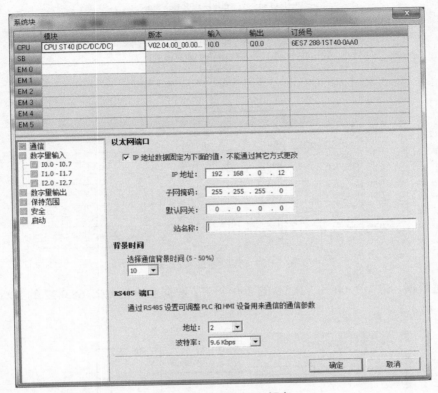

图 4-150 CPU ST40 组态

② 乙方编程

a. 调用 UDP_CONNECT 指令开放本地端口 "5000"，如图 4-151 所示。

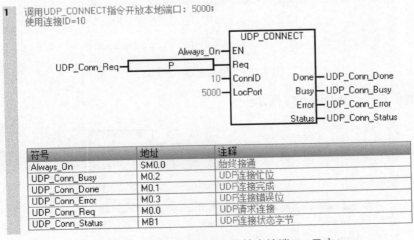

图 4-151 UDP_CONNECT 开放本地端口（乙方）

b. 接收数据到 VB0 ～ VB99，如图 4-152 所示。

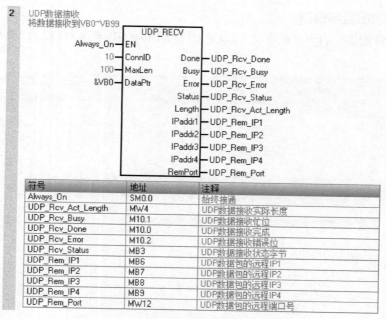

图 4-152　接收数据（乙方）

c. 发送数据。将 VB100 ～ VB299 的 200 个字节数据发送到 192.168.0.22 的 2000 端口上，如图 4-153 所示。

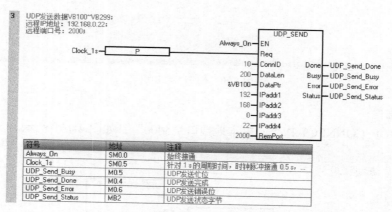

图 4-153　发送数据（乙方）

d. 断开通信连接，如图 4-154 所示。

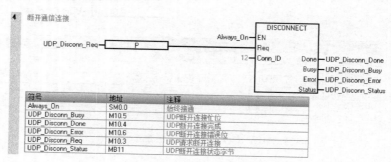

图 4-154　断开通信连接（乙方）

e. 分配指令库存储器，如图 4-155 所示。

图 4-155　分配指令库 V 存储器（乙方）

4.3.5　OPC 通信

4.3.5.1　OPC 技术概述

（1）经典 OPC

经典 OPC 是 OPC 技术的早期阶段，名称中的"OPC"为"过程控制的 OLE"，"OLE"为"对象连接与嵌入"。OLE 技术是基于微软公司的 COM/DCOM 技术，因此经典 OPC 本质上也是基于 COM/DCOM 的过程控制技术。

经典 OPC 提供了一整套过程控制中数据交换的软件标准和接口，包括：

① OPC 数据访问接口（OPC DA）；

② OPC 报警与事件接口（OPC AE）；

③ OPC 历史数据访问接口（OPC HDA）。

OPC 数据访问接口定义了数据交换的规范，包括过程值、更新时间、数据品质等信息。OPC 报警与事件接口定义了报警、事件消息、变量的状态及如何管理。OPC 历史数据访问接口定义了访问及分析历史数据的方法。

根据在过程控制中扮演角色的不同，经典 OPC 软件可以分为 OPC 服务器软件和 OPC 客户端软件两大类。OPC 服务器软件是整个系统的核心，它一方面与现场设备、PLC 进行通信，将各种不同的现场总线、通信协议转换成统一的 OPC 协议；另一方面与 OPC 客户端软件通过标准 OPC 协议进行通信，为 OPC 客户端提供数据或者将 OPC 客户端的指令发送给 PLC 与现场设备。OPC 客户端软件只需要通过标准 OPC 协议与 OPC 服务器进行通信，就能将指令与数据发送给 PLC 或者现场设备。图 4-156 是经典 OPC 软件工作的示意图。

从图 4-156 中可以看出，OPC 服务器软件在整个系统中处于中介地位，它一方面联系现场设备与 PLC，另一方面与 OPC 客户端软件保持联系。这样做的好处在于：设备厂商只需要提供一个自己设备的 OPC 服务器软件，其他任何设备或软件只需要编写一个 OPC 客户端软件就能其通信。由于 OPC 的接口都是统一的，这大大减少了编程开发的工作量，日后的维护效率也成倍提高。经典 OPC 在过程控制中有着出色的表现。但是随着技术的发展及一些外部因素的变化，导致经典 OPC 已经不能完全满足人们的需求，主要表现在如下几个方面。

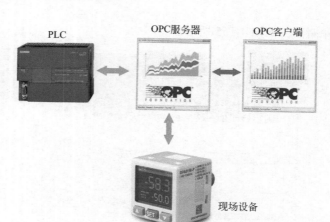

图 4-156　经典 OPC 软件工作示意图

① 经典 OPC 依赖微软的 COM/DCOM 技术。但是随着 IT 技术的发展，微软已经弱化了这种技术，而转向了跨平台的 SOA 技术。

② OPC 供应商希望提供一种数据模型将 OPC DA、OPC AE、OPC HDA 统一起来。

③ 为了增强竞争能力，OPC 供应商希望将 OPC 技术应用到非 Windows 平台。

④ 终端用户希望能在设备硬件的固件程序中直接访问 OPC 服务器软件。

⑤ 一些合作组织希望提供高效的、安全的、用于高水平数据传输的数据结构。

在这种情况下，OPC 技术的推广和管理组织——OPC 基金会在 2008 年推出了新的 OPC 技术：OPC UA（OPC 统一架构）。

（2）OPC UA

OPC 统一架构具有功能对等性、平台独立性、安全性、可扩展性及综合信息建模等特性。

① 功能对等性　OPC UA 实现了经典 OPC 的所有功能，并增加或增强了如下一些功能。

a. 发现：可以在本地 PC 和 / 或网络上查找可用的 OPC 服务器。

b. 地址空间：所有数据都是分层表示的（例如文件和文件夹），允许 OPC 客户端发现、利用简单和复杂的数据结构。

c. 按需：基于访问权限读取和写入数据 / 信息。

d. 订阅：监视数据 / 信息，并且当值变化超出客户端的设定时报告异常。

e. 事件：基于客户端的设定通知重要信息。

f. 方法：客户端可以基于在服务器上定义的方法来执行程序等。

OPC UA 产品和 OPC Classic 产品之间的集成可以通过 COM/Proxy Wrappers 轻松实现。

② 平台独立性　OPC 统一架构（OPC UA）是跨平台的，不依赖于硬件或者软件操作系统，可以运行在 PC、PLC、云服务器、微控制器等不同的硬件下，支持 Windows、Linux、Apple OSX、Android 等操作系统。

③ 安全性　OPC UA 支持会话加密、信息签名等安全技术，每个 UA 的客户端和服务器都要通过 OpenSSL 证书标识，具有用户身份验证、审计跟踪等安全功能。

④ 可扩展性　OPC UA 的多层架构提供了一个"面向未来"的框架。诸如新的传输协议、安全算法、编码标准或应用服务等创新技术和方法可以并入 OPC UA，同时保持现有产品的兼容性。

⑤ 综合信息建模　OPC UA 信息建模框架可以将数据转换为信息。通过完全的面向对象技术，即使非常复杂多层次结构也可以被建模和扩展。

由于 OPC UA 技术的发展，OPC 已经变成"开发平台通信（Open Platform Communications）"的缩写。

4.3.5.2　S7-200 PC Access SMART 简介

S7-200 PC Access SMART 是一款可以与 S7-200 SMART CPU 通信的应用程序，它内置 OPC 服务器软件，可以创建 PLC 变量并读取 CPU 的数据。S7-200 PC Access SMART 软件界面如图 4-157 所示。

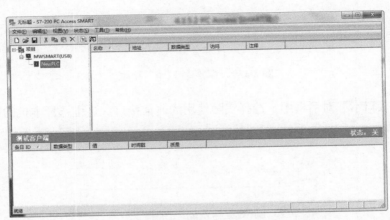

图 4-157　S7-200 PC Access SMART 软件界面

4.3.5.3　实例：S7-200 SMART 与 PC Access SMART 的 OPC 通信

本例程使用 S7-200 PC Access SMART 作为 OPC 服务器与 S7-200 SMART CPU 进行通信。

（1）PC Access SMART 的配置

① 新建项目　如图 4-158 所示。

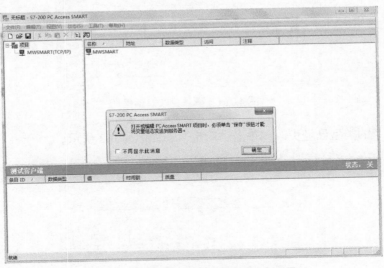

图 4-158　新建 PC Access SMART 项目

② 设置网络接口　右键单击"MWSMART（USB）"，在弹出的对话框中，选择"网络接口卡"，如图 4-159 所示。

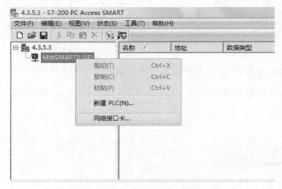

图 4-159 "网络接口卡"菜单

在"网络接口卡"对话框中，选择实际使用的通信接口。这里选择本机的以太网网卡，如图 4-160 所示。

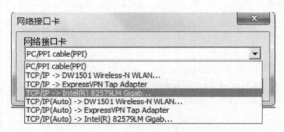

图 4-160 设置"网络接口卡"

之后会弹出确认更改对话框，单击"是"确认，如图 4-161 所示。

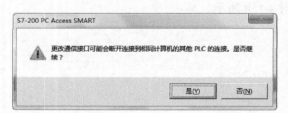

图 4-161 确认更改对话框

网络接口卡的类型已经更改，单击"确定"，如图 4-162 所示。

图 4-162 更改后的"网络接口卡"

③ 新建 PLC　右键单击"MWSMART（TCP）"，在弹出的对话框中，选择"新建PLC"，如图 4-163 所示。

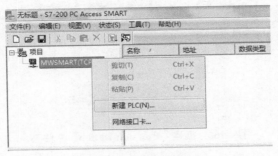

图 4-163　"新建 PLC"菜单

在弹出的"通信"对话框中，单击"查找 CPU"，如图 4-164 所示。

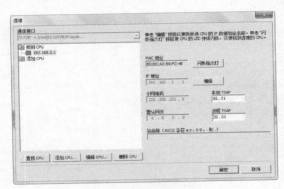

图 4-164　查找 CPU

单击找到的 CPU 并确认，系统默认生成一个"NewPLC"的节点，可以为其重新命名。这里我们更改该节点的名称为"ST20_Jack"，如图 4-165 所示。

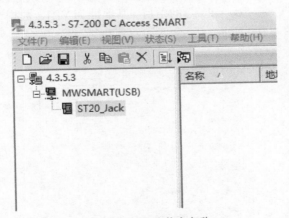

图 4-165　更改节点名称

选中"ST20_Jack"，单击右键，在弹出的对话框中选择"新建"-"文件夹"，并将其重命名为"Communication"，如图 4-166 所示。

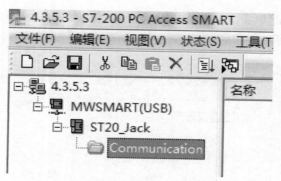

图 4-166　新建"Communication"文件夹

④ 新建条目　在"Communication"中单击右键 - "新建" - "条目"，如图 4-167 所示，新建一个名称为"Com_counter"的条目，其地址为 VB0，数据类型为 BYTE（字节），操作方式为只读，如图 4-168 所示。

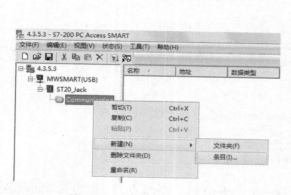

图 4-167　新建条目

图 4-168　设置条目属性（1）

新建一个名称为"Com_Set_Value"的条目，其地址为 VB1，数据类型为 BYTE（字节），操作方式为只写，如图 4-169 所示。

图 4-169　设置条目属性（2）

新建一个名称为"Com_RD_WR"的条目，其地址为 VB10，数据类型为 BYTE（字节），操作方式为读 / 写，如图 4-170 所示。

新建条目总览如图 4-171 所示。

图 4-170 设置条目属性（3）

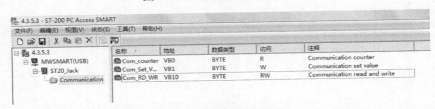

图 4-171 新建条目总览

⑤ 添加条目到测试客户端 选中要测试的条目并单击"添加当前条目到测试客户端"按钮，将其添加到测试客户端，如图 4-172 所示。

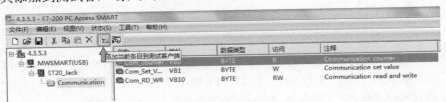

图 4-172 添加条目到测试客户端

（2）CPU ST20 设置及编程

在 CPU ST20 中写一段简单的程序，使 VB0=1，如图 4-173 所示。

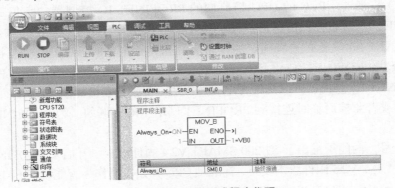

图 4-173 简单测试程序代码

（3）启动客户端进行测试

单击工具栏的启动客户端测试按钮进行测试，如图 4-174 所示。从图 4-174 中可以看出，客户端已经读取了 Com_counter 和 Com_RD_WR 的值，通信质量"良好"说明通信成功，而 Com_Set_Value 的通信质量为"差"，说明通信失败。这是因为 S7-200 PC Access SMART 内置的测试客户端程序只能进行客户端（PLC）的读取，不能进行写入操作。

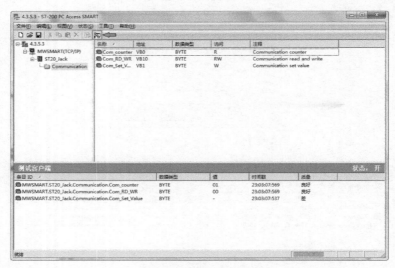

图 4-174　测试客户端

4.3.6　PROFINET 通信

4.3.6.1　PROFINET 简介

PROFINET 技术主要包括 PROFINET IO 和 PROFINET CBA 两大部分。PROFINET IO 用来完成工业现场分布式系统的 IO 控制；PROFINET CBA 是基于组件的自动化，它通过 TCP/IP 协议和实时通信，满足工业现场智能设备之间的数据交换。它与 PROFINET IO 的区别在于：PROFINET IO 只是分布式系统的 IO 点进行简单的数据交换；而 PROFINET CBA 是智能系统之间的接口，是相对较复杂的数据交换。本书讨论的是 PROFINET IO 技术。在 PROFINET IO 技术中，包括三种角色：PROFINET IO 控制器；PROFINET IO 设备；PROFINET IO 监视器。PLC 的 CPU 是典型的 PROFINET IO 控制器，它负责查找已经组态的 PROFINET IO 设备并保持通信。PROFINET IO 设备是分布于现场的各种分散设备或系统。PROFINET IO 设备必须有确定的设备名，在初始上电时，PROFINET 控制器必须通过设备名来查找 PROFINET IO 设备，一个 PROFINET 网络中至少要有一台 PROFINET IO 设备。PROFINET IO 监视器可以是编程电脑（PG/PC）或者人机界面（HMI），一般情况下它是为了调试或者监控而临时连接到 PROFINET 网络中的（例如：为 PROFINET IO 设备分配设备名）。

2019 年 3 月，西门子推出了 S7-200 SMART V2.4 固件版本，开启了 PROFINET 通信的新纪元。2020 年 1 月，V2.5 固件版本发布，标准型 CPU 开始支持作为智能设备（I-Device）使用。

关于 S7-200 SMART 的 PROFINET 通信特点，请参考 4.3.6.4 节。

4.3.6.2 PROFINET 协议模型

PROFINET 协议的物理层采用基于双绞线的百兆以太网（100BASE-TX）和基于光纤的百兆以太网（100BASE-FX）。数据链路层采用的是 IEEE 802.3 标准，但增加了一些实时性的措施。网络层采用的是 IP 协议。传输层有 UDP 协议和 TCP 协议两种，PROFINET IO 采用无连接的 UDP 协议，PROFINET CBA 采用面向连接的 TCP 协议。OSI 的会话层和表示层没有使用。在应用层上，PROFINET IO 是无连接的协议，PROFINET CBA 是面向连接的协议。PROFINET 协议模型和 ISO/OSI 协议模块的对比见表 4-36。

表 4-36　PROFINET 协议模型和 ISO/OSI 协议模块的对比

层号	ISO/OSI 协议层	PROFINET 协议	
		PROFINET IO	PROFINET CBA
7	应用层	无连接 IEC 61784/IEC 61158	面向连接 IEC 61158
6	表示层		
5	会话层		
4	传输层	UDP 协议（RFC768）	TCP 协议（RFC793）
3	网络层	IP 协议（RFC791）	
2	数据链路层	根据 IEC 617842 的实时增强型 IEEE 802.3 全双工，IEEE 802.1P 优先标识	
1	物理层	IEEE 802.3 100BASE-TX，100BASE-FX	

4.3.6.3 PROFINET 网络拓扑结构

PROFINET 可以组建线形、星形、树形和环形网络拓扑结构，典型结构为星形。

（1）线形网络拓扑结构

将 PROFINET 设备依次尾首相连，就构成了线形网络拓扑结构，如图 4-175 所示。

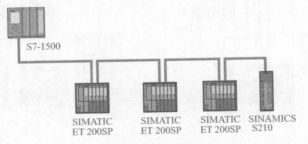

图 4-175　PROFINET 线形网络拓扑结构

线形网络的优点：结构简单、节省成本、安装容易。线形网络的缺点：单个节点故障能影响整个网络、故障定位困难、不能组成大型网络。

（2）星形网络拓扑结构

使用交换机将 PROFINET 各个设备连接到一起，就组成了星形网络拓扑结构，如图 4-176 所示。

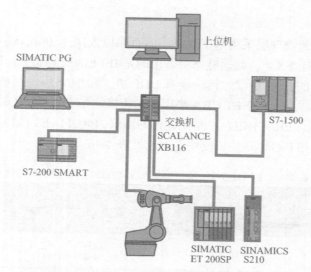

图 4-176　PROFINET 星形网络拓扑结构

　　交换机是整个星形网络的核心设备，通过管理交换机就能管理整个网络。星形网络是 PROFINET 总线的典型拓扑结构。星形网络结构的优点：节点增加和删除灵活、单个节点故障不会影响网络整体运行、容易管理、诊断及监控。星形网络结构的缺点：布线复杂，成本高。

（3）树形网络拓扑结构

　　将几个星形网络用交换机连接起来就构成树形网络拓扑结构，如图 4-177 所示。

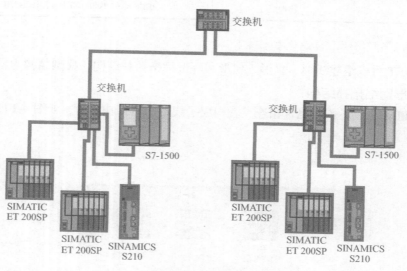

图 4-177　PROFINET 树形网络拓扑结构

　　树形网络结构的优点：层次清晰，网络整体可靠性、安全性高。树形网络结构的缺点：布线复杂，成本高。

（4）环形网络拓扑结构

　　环形网络拓扑结构具有冗余功能，适用于对网络的可靠性要求较高的场合。由于环形结构的特殊性，环形网络在使用时会有很多问题，比如：发送的数据可能从两个方向同时进行传输，这将导致数据接收错误；可能存在两个节点同时发送数据的情况，这将导致数据冲突。因此环形网络在实际使用时必须使用一种特殊的机制，以保证数据的发送请求、传输方向及冲突检测。具有冗余功能的交换机是环形网络的重要组件，它管理着整个网络的数据发送、传输及避免冲突。环形网络拓扑结构如图 4-178 所示。

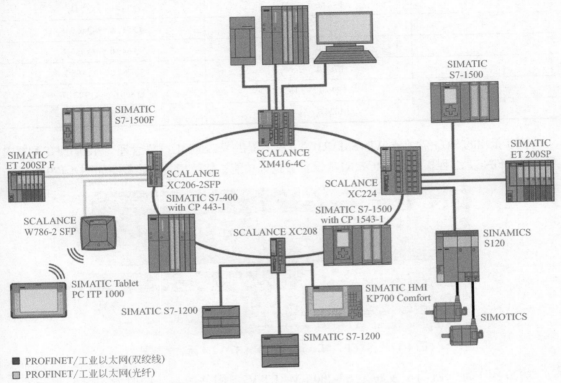

图 4-178 PROFINET 环形网络拓扑结构

环形网络结构的优点：冗余管理，可靠性高。环形网络结构的缺点：布线复杂，不易管理，成本高。

实际工业现场的 PROFINET 网络可能是几种拓扑结构混合使用，比如，将星形和线形配合使用，既便于管理，又能在局部降低布线难度、节省成本。

4.3.6.4 S7-200 SMART 的 PROFINET 新纪元

2019 年 3 月，西门子发布了 S7-200 SMART V2.4 固件版本，同时发布的还有编程开发软件 STEP-7 Micro/WIN SMART V2.4。新版本的最大亮点是：标准型 CPU 模块开始支持 PROFINET 通信。

S7-200 SMART V2.4 固件版本可以使标准型 CPU 模块的 RJ45 网口支持 PROFINET 通信协议。目前发布的标准型 CPU 模块包括：CPU SR20、ST20、SR30、ST30、SR40、ST40、SR60 及 ST60。标准型 CPU 作为 PROFINET IO 控制器，每个 CPU 最多支持 8 个 PROFINET IO 设备；每个 PROFINET IO 设备输入存储区最大为 128 个字节；输出存储区最大为 128 个字节；最多支持 64 个模块。8 个 PROFINET IO 设备的地址分配见表 4-37。

表 4-37　PROFINET IO 设备地址分配

PROFINET 设备号	CPU 输入过程映像区地址	CPU 输出过程映像区地址
1	I 128.0 ～ I 255.7	Q 128.0 ～ Q 255.7
2	I 256.0 ～ I 383.7	Q 256.0 ～ Q 383.7
3	I 384.0 ～ I 511.7	Q 384.0 ～ Q 511.7
4	I 512.0 ～ I 639.7	Q 512.0 ～ Q 639.0
5	I 640.0 ～ I 767.7	Q 640.0 ～ Q 767.7
6	I 768.0 ～ I 895.7	Q 768.0 ～ Q 895.7
7	I 896.0 ～ I 1023.7	Q 896.0 ～ Q 1023.7
8	I 1024.0 ～ I 1151.7	Q 1024.0 ～ Q 1151.7

　　同步推出的 STEP 7-Micro/WIN SMART V2.4 版本提供了 GSDML 文件管理、PROFINET 配置向导、PROFINET 编程指令及 PROFINET 设备查找等功能，软件相关功能截图如图 4-179 所示。

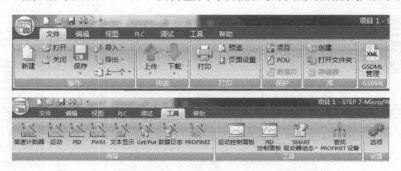

图 4-179　STEP 7-Micro/WIN SMART V2.4 新功能截图

　　2020 年 1 月，西门子发布了 S7-200 SMART V2.5 固件版本，同时发布了编程开发软件 STEP 7-Micro/WIN SMART V2.5。V2.5 版本进一步扩展了 S7-200 SMART 系列 PLC 的 PROFINET 通信能力，从该版本开始，标准型 CPU 可以作为智能设备（I-Device）使用。

　　所谓"智能设备"，是指一个 CPU 既可以作为下级 PROFINET 网络的 IO 控制器，也可以作为上级 PROFINET 网络的 IO 设备。智能设备功能使控制器与控制器之间的通信变得非常简单，只需要配置好数据交换区，导出 GSD 文件并组态到另一个控制器的 PROFINET 网络中就可以相互通信。

　　S7-200 SMART CPU 作为智能设备仅支持 1 个 IO 控制器，可配置的最大输入存储区为 128 个字节，地址范围：I1152.0 ～ I1279.7；可配置的最大输出存储区为 128 个字节，地址范围：Q1152.0 ～ Q1279.7。

　　当然，如果你使用的标准型 CPU 模块的固件版本低于 V2.5，首要的任务是对 CPU 进行固件升级。使用微型 SD 卡对 CPU 进行固件升级请参考 2.14.3 节。使用 STEP 7-Micro/WIN SMART 编程软件（V2.3 以上版本）进行固件升级请参考 3.1.2 节。

4.3.6.5　GSD 文件管理

　　S7-200 SMART V2.4 以上版本通过 GSDML（站点通用标记语言）文件来管理 PROFINET 设备。GSDML 文件是使用站点通用标记语言（GSDML）编写的站点说明。通过 GSDML 文件，STEP 7-Micro/WIN SAMRT 就可以管理 PROFINET 设备，以便组建

PROFINET 网络。

单击"文件"选项卡的"GSDML 管理"按钮可以打开"GSDML 管理"对话框（图 4-180）。

图 4-180 "GSDML 管理"按钮

图 4-181 是作者电脑中已经添加的 GSDML 文件：第一个是费斯托（FESTO）阀岛 CPX 的 GSDML 文件；第二个是西门子 SINAMIC V90 的 GSDML 文件。

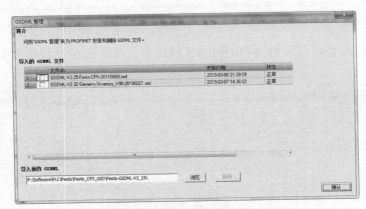

图 4-181 GSDML 文件

可以通过"GSDML 管理"对话框下方的"浏览"按钮导入新的 GSDML 文件。GSDML 文件可以从 PROFINET 设备供应商处获取。

4.3.6.6 组建 PROFINET 网络

启动 STEP 7-Micro/WIN SMART，双击项目树"向导"的"PROFINET"可以打开 PROFINET 配置向导。勾选"PLC 角色"中的"控制器"组合框，将其设置为"PROFINET 控制器"，如图 4-182 所示。

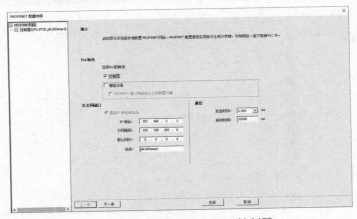

图 4-182 设置 PROFINET 控制器

单击"下一步",在 PROFINET-IO 列表中,选中"CPX Rev 18V3.1.18",如图 4-183 所示。

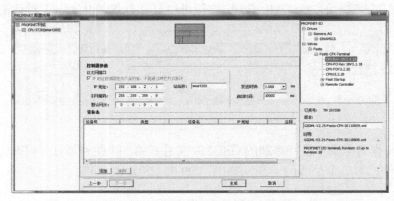

图 4-183　PROFINET-IO 列表

单击"添加"按钮将其添加到 PROFINET 网络中,并将其 IP 地址修改为 192.168.2.10,如图 4-184 所示。

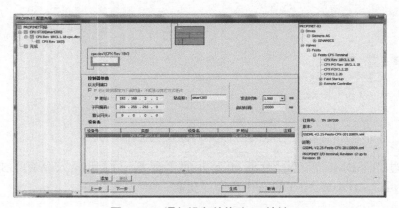

图 4-184　添加设备并修改 IP 地址

选中左侧"PROFINET 网络"的"CPX Rev 18V3.18",可以在右侧为其添加设备的模块。图 4-185 所示为添加了一个 16DI、一个 8DO 及一个 4DO 的气动模块。

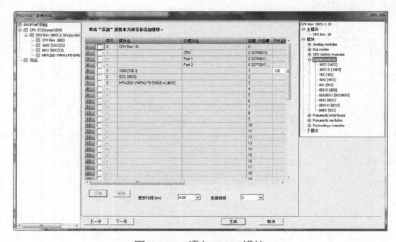

图 4-185　添加 CPX 模块

同样的方法可以添加 "SINAMICS V90 PN"，设置其 IP 地址为 192.168.2.20，如图 4-186 所示。

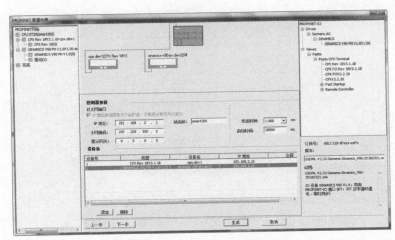

图 4-186   添加 "SINAMICS V90 PN"

S7-200 SMART 最多支持 8 个 PROFINET 设备，可以根据需要添加。全部添加完成后单击 "生成" 按钮，会出现图 4-187 所示的提示对话框。单击 "确定"，PROFINET 向导即完成了 PROFINET 网络的配置。

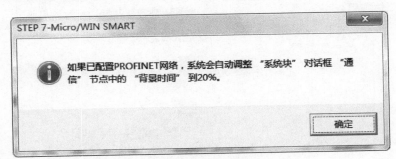

图 4-187   提示对话框

4.3.6.7   为 PROFINET IO 设备分配名称

打开 STEP 7-Micro/WIN SMART V 2.5，单击 "工具" 菜单的 "查找 PROFINET 设备" 按钮，可以查找 PROFINET IO 设备并为其分配设备名，如图 4-188 所示。

图 4-188   "查找 PROFINET 设备" 按钮

在弹出的对话框中，"通信接口" 一栏中选择当前连接的网卡类型，如图 4-189 所示。

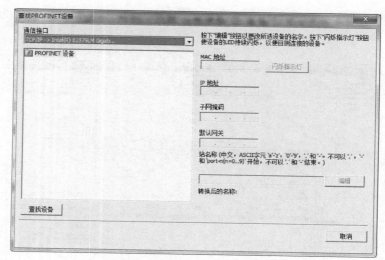

图 4-189　设置"查找 PROFINET 设备"的通信接口

单击图 4-189 中的"查找设备"按钮，STEP 7-Micro/WIN SMART V 2.5 会通过 PROFINET DCP（发现和组态协议）查找当前网段中的 PROFINET IO 设备。图 4-190 是当前网段中查找到的 PROFINET IO 设备。

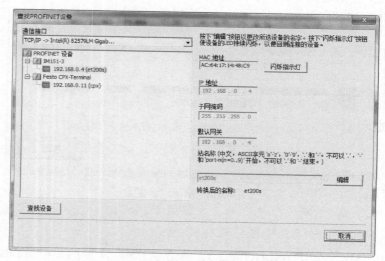

图 4-190　查找到的 PROFINET IO 设备

单击选中查找到的设备，会在右侧显示出其 MAC 地址、IP 地址、子网掩码、默认网关及设备名称等信息，如图 4-191 所示。

可以根据需要更改 PROFINET IO 的设备名称，方法如下：选中某个设备后，单击右侧"编辑"按钮，站名称一栏变为可编辑状态，根据需要编辑名称。编辑完成后，单击"设置"按钮，即可完成站名称（PROFINET IO 设备名称）的更改，如图 4-192 所示。

 PROFINET IO 设备名是 PROFINET IO 控制器查找 PROFINET IO 设备的依据，必须与组态中的名称相同。否则，S7-200 SMART CPU 会提示找不到 PROFINET IO 设备。

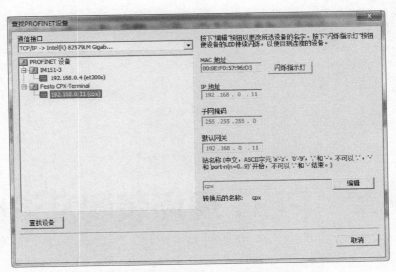

图 4-191　PROFINET IO 设备信息

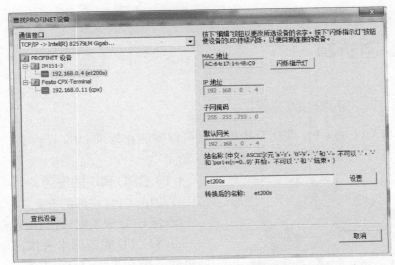

图 4-192　编辑 PROFINET IO 设备名称（站名称）

第 5 章 PLC 现场装调及诊断

5.1 安装与拆卸

5.1.1 CPU 模块的安装与拆卸

S7-200 SMART 的 CPU 模块及扩展模块可以安装在标准 DIN 导轨上。在 CPU 模块的中间有一个用于安装的导轨卡夹，如图 5-1 所示。

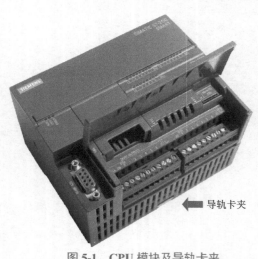

导轨卡夹

图 5-1 CPU 模块及导轨卡夹

（1）CPU 模块的安装

① 拔出 CPU 底部的卡夹。

② 将 CPU 模块安放到 DIN 导轨上。

③ 将 CPU 底部的卡夹推回原位置，听到咔嚓的声音表明卡夹已经锁紧。

（2）CPU 模块的拆卸

① 断开电源及必要的接线。

② 用工具打开 CPU 的导轨卡夹。

③ 将 CPU 模块拿出导轨。

5.1.2 扩展模块的安装与拆卸

S7-200 SMART 的扩展模块底部也有与 CPU 模块类似的卡夹结构。

（1）扩展模块的安装

① 拆掉 CPU 模块右侧的总线连接器盖板，CPU 模块的总线连接器（母头）如图 5-2 所示。

② 拔出扩展模块的导轨卡夹，将其安放到导轨上。

③ 从右向左移动扩展模块，直到其总线连接器（公头）与 CPU 的总线连接器（母头）

完全吻合。扩展模块总线连接器（公头）如图 5-3 所示。

图 5-2　CPU 模块的总线连接器（母头）

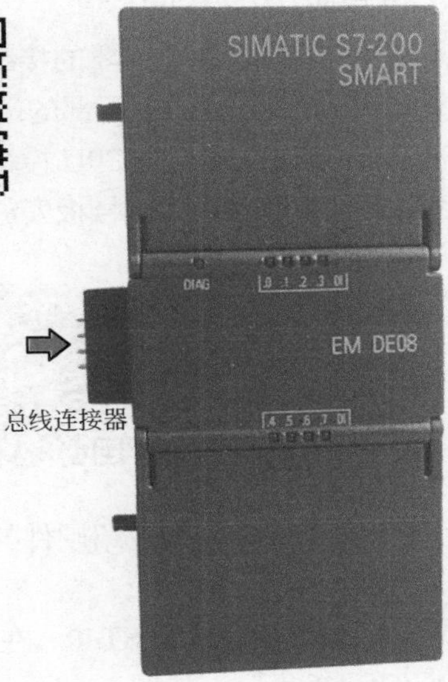

图 5-3　扩展模块的总线连接器（公头）

④ 将扩展模块的导轨卡夹推回原位置，听到咔嚓的声音表明卡夹已经锁紧。

（2）扩展模块的拆卸

① 断开电源及必要的接线。

② 用工具打开扩展模块的导轨卡夹。

③ 向右移动扩展模块使其总线连接器与 CPU 的总线连接器分离。

④ 将扩展模块拿出导轨。

5.1.3　信号板 / 电池板的安装与拆卸

（1）信号板/电池板的安装

① 断开 CPU 的电源及必要的接线。

② 卸掉 CPU 模块上部 / 下部的端子盖板（图 5-4）。

③ 将扁平螺丝刀（螺钉旋具）插入到 CPU 模块上部的凹槽中，轻轻用力撬起盖板（图 5-5）。

图 5-4　拆掉端子盖板

图 5-5　撬起 CPU 的信号板盖板

④将信号板或电池板小心插入 CPU 中间的安装位置，不需任何螺钉固定。

（2）信号板/电池板的拆卸

①断开 CPU 的电源及必要的接线。

②卸掉 CPU 模块上部/下部的端子盖板。

③将扁平螺丝刀插入到 CPU 模块上部的凹槽中，轻轻用力撬起信号板或者电池板。

④将 CPU 盖板或新的信号板安放到中间的安装位置。

5.2 调试

5.2.1 组态硬件

本节以 CPU ST20 为例介绍硬件的组态。在 STEP 7-Micro/WIN SMART 的项目树列表中双击"CPU ST××"选项卡，"××"代表具体的型号。新建的项目默认使用上次组态的 CPU 类型，首次打开默认为 ST40。在弹出的"系统块"对话框中，选择 CPU 模块为"CPU ST20［DC/DC/DC］"，如图 5-6 所示。

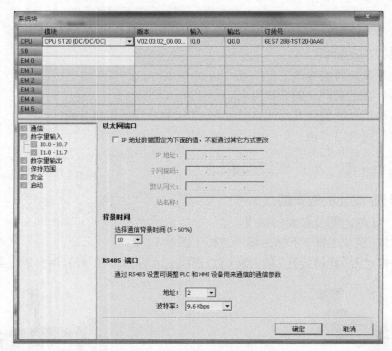

图 5-6　系统块硬件组态

对于其他参数暂时不做修改，单击"确定"按钮。

5.2.2 与 CPU 建立连接

首先用网线把调试电脑与 CPU ST20 DC/DC/DC 的网口相连。然后单击 STEP 7-Micro/WIN SMART 的"PLC"菜单，找到并单击其中的"PLC"子菜单，如图 5-7 所示。

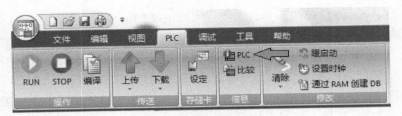

图 5-7　"PLC" 子菜单

单击 "PLC" 子菜单后会弹出 "通信" 对话框，在 "通信接口" 中选择 "TCP/IP-> 调试电脑的网卡"，如图 5-8 所示。

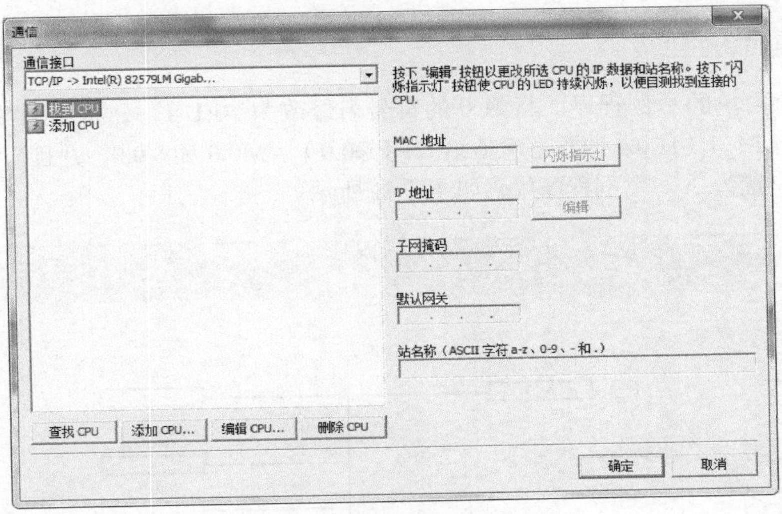

图 5-8　查找 CPU 对话框

单击 "查找 CPU" 按钮，STEP 7-Micro/WIN SMART 会自动查找所有能连接到的CPU，并会在 "找到 CPU" 列表中将其列出，如图 5-9 所示。

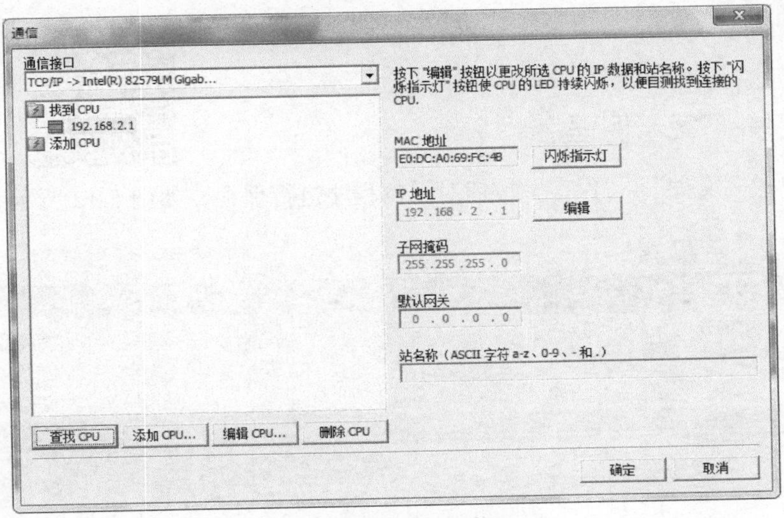

图 5-9　查找 CPU

这里找到了一个 CPU 模块，其 IP 地址为 192.168.2.1。单击右侧的"闪烁指示灯"按钮可以让 CPU 的 LED 灯持续闪烁，这样在有多个 CPU 模块的情况下可以很方便地目测该 IP 连接的 CPU。"编辑"按钮可以对 CPU 模块的 IP 地址、子网掩码、默认网关及站名称进行更改。

这里我们不做更改，直接单击"确定"。这样，STEP 7-Micro/WIN SMART 状态栏会提示已经与 CPU 建立了连接，如图 5-10 所示。

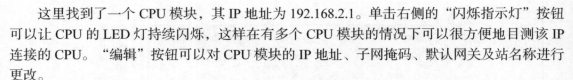

图 5-10　状态栏指示已经建立连接

5.2.3　创建示例程序

创建一个简单的示例程序。将 I1.0 的符号名修改为"F1_1"，将 Q0.0 的符号名修改为"K1"；将 F1_1（I1.0）的状态赋值给 K1（Q0.0）、M0.0 和 V0.0，并且当 F1_1 为真时，将 VB1 的值设置为 20。示例程序代码如图 5-11 所示。

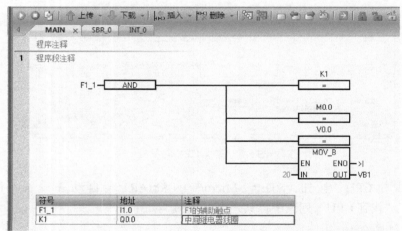

图 5-11　示例程序代码

5.2.4　保存并下载示例程序

单击菜单栏"文件"-"保存"按钮对示例程序进行保存，如图 5-12 所示。

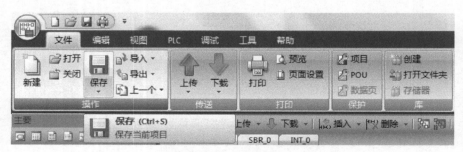

图 5-12　文件保存按钮

单击菜单栏"PLC"-"编译"按钮对示例程序进行编译。在输出窗口中查看编译信息，确保没有错误。如图 5-13 所示。

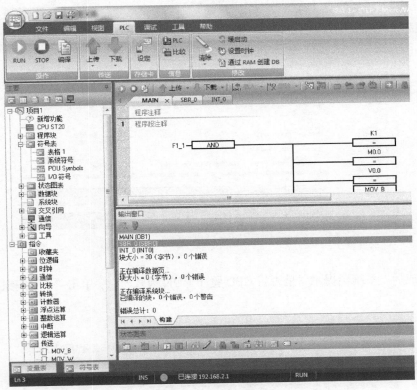

图 5-13　编译信息

单击"下载"按钮，可以选择下载"程序块""数据块"或者"系统块"，如图 5-14 所示。

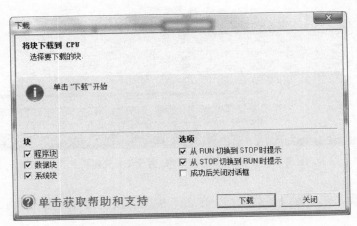

图 5-14　"下载"对话框

单击"下载"按钮，系统会提示"是否将 CPU 置于 STOP 模式？"（图 5-15），单击"是"按钮。

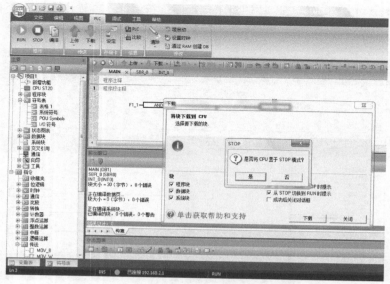

图 5-15　提示"是否将 CPU 置于 STOP 模式？"

下载完成后，系统会提示"是否将 CPU 置于 RUN 模式？"，单击"是"按钮，如图 5-16 所示。

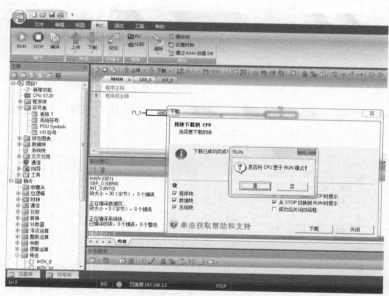

图 5-16　提示"是否将 CPU 置于 RUN 模式？"

这样，系统就完成了程序下载工作，单击"关闭"按钮即可（图 5-17）。

5.2.5　在线监控示例程序

单击导航栏菜单"调试"-"程序状态"或者工具栏中的程序状态按钮可以进入在线监控状态（图 5-18）。

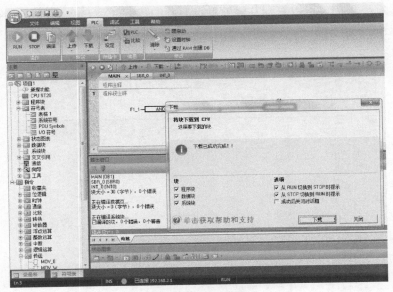

图 5-17　程序下载完成

图 5-18　"程序状态"按钮

合上微型断路器 F1，可以看到其辅助触点 I1.0 的状态变为 ON（1），程序段变为蓝色，并且会显示出 K1（Q0.0）、M0.0 和 V0.0 的状态，如图 5-19 所示。

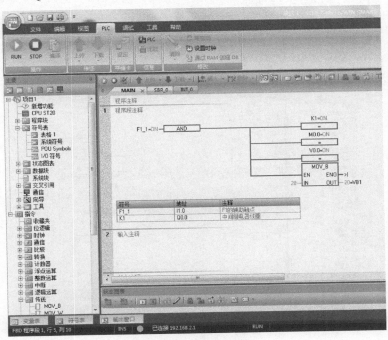

图 5-19　程序在线监控（1）

断开微型断路器 F1，可以看到其辅助触点 I1.0 的状态变为 OFF（0），程序段变为灰色，K1（Q0.0）、M0.0 和 V0.0 的状态也发生改变，如图 5-20 所示。

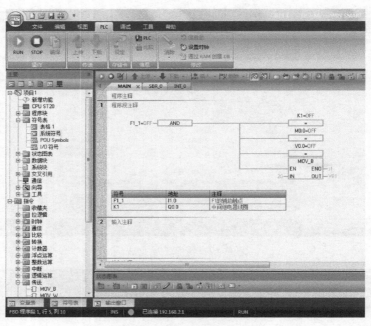

图 5-20　程序在线监控（2）

改变程序代码，在 M0.0 前增加取反指令，重新编译下载。

合上 F1 并在线监控，可以看到 I1.0（F1_1）、Q0.0（K1）、V0.0 为蓝色（ON），而 M0.0 为灰色（OFF），如图 5-21 所示。

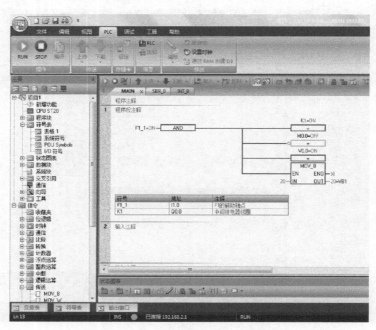

图 5-21　程序在线监控（3）

5.2.6　在线程序比较

利用 STEP 7-Micro/WIN SMART 提供的在线比较功能来确定编程电脑中的 PLC 程序与现场 CPU 中的程序是否一致。

单击菜单栏"PLC"-"比较"按钮，如图 5-22 所示。

图 5-22　PLC"比较"按钮

在弹出的"比较项目与 CPU"对话框中，可以选择"程序块""数据块"与"系统块"的比较，如图 5-23 所示。

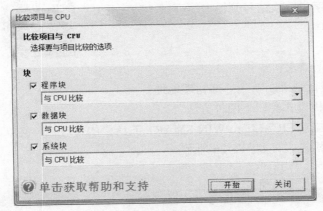

图 5-23　"比较项目与 CPU"对话框

单击"开始"按钮启动比较功能，结果会在下方的组合框中列出，如图 5-24 所示。

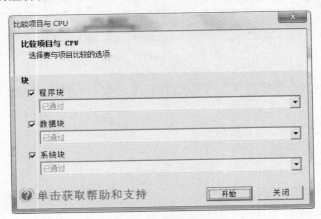

图 5-24　项目比较结果

5.2.7　CPU 的运行与停机

S7-200 SMART 的 CPU 有两种操作模式：运行与停机。可以通过 CPU 面板的 LED 灯来判断当前是处于运行还是停机模式。

使 CPU 进入运行模式：通过点击 STEP 7-Micro/WIN SMART 工具栏中 "PLC" 菜单下的 "RUN" 按钮可以让 CPU 进入运行模式，如图 5-25 所示。

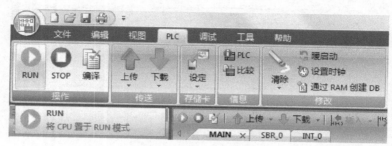

图 5-25　"RUN" 按钮

在运行模式下，CPU 执行以下功能：
① 读取外部数字量输入信号到输入缓存区（I）；
② 执行用户程序；
③ 处理中断；
④ 处理外部通信请求；
⑤ 将 CPU 的运行结果刷新到外部物理地址。

让 CPU 进入停机模式有以下两种方法。

第一，通过点击 STEP 7-Micro/WIN SMART 工具栏的 "PLC" 菜单下的 "STOP" 按钮可以让 CPU 进入停机模式，如图 5-26 所示。

图 5-26　"STOP" 按钮

第二，在程序中添加停机指令，当 CPU 执行停机指令（STOP）后，将会进入停机模式，如图 5-27 所示。

在停机模式下，CPU 有如下特点：
① 不读取外部数字量输入信号；
② 不执行用户程序；
③ 不响应用户中断；
④ 响应 PG/PC 的单边通信请求；

⑤ 用安全值代替程序运行结果刷新到外部物理地址。

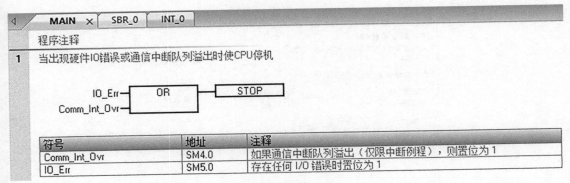

图 5-27　STOP 指令

 CPU 程序的下载需要在停机模式下进行。

5.2.8　设置 CPU 的时钟

单击"PLC"选项卡的"设置时钟"按钮可以对当前 PLC 的时钟进行设置，如图 5-28 所示。

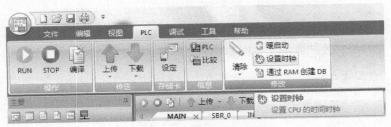

图 5-28　"设置时钟"按钮

如果 STEP 7-Micro/WIN SMART 处于未连接的状态，系统会首先提示选择要设置的
CPU，如图 5-29 所示。

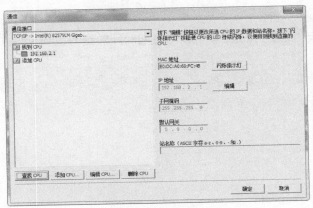

图 5-29　查找 CPU 对话框

成功连接后，会弹出设置 CPU 日期与时间对话框，如图 5-30 所示。

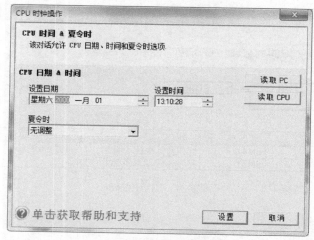

图 5-30　设置 CPU 日期与时间对话框

单击"读取 PC"可以直接读取编程电脑的日期时间，也可以手动修改，如图 5-31 所示。

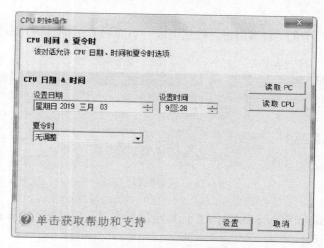

图 5-31　手动修改日期时间

修改完成后单击"设置"按钮，就可以将日期时间数据写入到 S7-200 SMART 的 CPU 中。

 也可以通过编程的方式设置 CPU 的时钟，具体请参考 3.3.9 节时钟指令。

5.3　诊断

5.3.1　硬件信号灯的诊断

S7-200 SMART CPU 模块上有 LED 指示灯，如图 5-32 所示。

图 5-32　CPU 模块的 LED 指示灯

LED 指示灯的含义见表 5-1。

表 5-1　LED 指示灯的含义

CPU 状态	LED 指示灯状态	说明
运行模式	RUN：绿色常亮 STOP：熄灭 ERROR：熄灭	CPU 处于运行模式
停止模式	RUN: 熄灭 STOP: 黄色常亮 ERROR: 熄灭	CPU 处于停止模式
错误	RUN: 熄灭 STOP: 黄色常亮 ERROR: 红色常亮	CPU 已经停止运行，有错误发生
带强制的停止模式	RUN: 熄灭 STOP:1Hz 频率闪烁 ERROR: 熄灭	CPU 处于停止模式，且有的输出值被强制
PROFINET 控制器 STOP	RUN: 熄灭 STOP: 黄色常亮 ERROR:1Hz 频率闪烁	CPU 处于停止模式，且有 PROFINET IO 设备无法找到或存在故障
PROFINET 控制器 RUN	RUN: 绿色常亮 STOP: 熄灭 ERROR:1Hz 频率闪烁	CPU 处于运行模式，且有 PROFINET IO 设备无法找到或存在故障
忙碌	ERROR: 熄灭 RUN、STOP 以 2Hz 的频率交替闪烁	重新上电、处理存储卡或固件升级过程
存储卡插入	RUN/ERROR: 熄灭 STOP:2Hz 频率闪烁	将存储卡插入到已经上电的 CPU 中
存储卡正常	RUN/ERROR: 熄灭 STOP: 2Hz 频率闪烁	已经完成对存储卡的操作
储存卡故障	RUN: 熄灭 STOP/ERROR:2Hz 频率闪烁	已经完成存储卡的评估，对存储卡的操作因错误而停止

标准型 CPU 网口的 LINK/Rx/Tx 指示灯：

① LINK：绿色常亮，表示已经与通信伙伴建立连接。

② Rx/Tx：有数据接收或发送时闪烁。

通道 LED 指示灯：当该通道有输入或输出时，其 LED 指示灯常亮。

5.3.2　CPU 诊断信息

通过在线连接 CPU，可以读取其当前致命错误、上一个致命错误、当前非致命错误及当前 I/O 错误的信息，如图 5-33 所示。

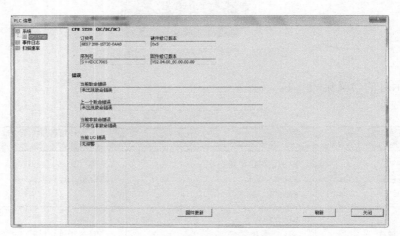

图 5-33　CPU 在线状态信息

在"事件日志"中，可以查看 CPU 上电、断电及 RUN/STOP 等事件，如图 5-34 所示。

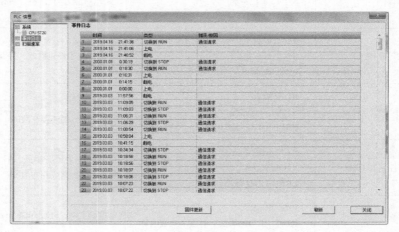

图 5-34　CPU 事件日志

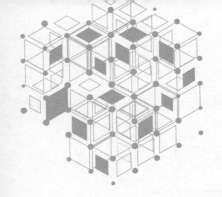

第6章 PLC 应用进阶

6.1 高速计数器

6.1.1 高速计数器资源

  S7-200 SMART 系列 PLC 的 CPU 模块集成了高速计数器（HSC），其中：标准型 CPU（ST20、SR20、ST30、SR30、ST40、SR40、ST60、SR60）支持 6 个高速计数器（HSC0 ~ HSC5），单相最高支持 200kHz 的输入频率；经济型 CPU（CR20s、CR30s、CR40s、CR60s）支持 4 个高速计数器（HSC0 ~ HSC3），支持单相输入的最高频率为 100kHz。

  高速计数器有八种工作模式，各模式编号及说明见表 6-1。其中，模式 0 和模式 1 都是带有内部方向控制的单相高速计数器，其区别在于模式 1 有外部复位功能。

表 6-1　高速计数器模式

模式编号	模式说明	复位输入
0	带有内部方向控制的单相计数器	无
1		有
3	带有外部方向控制的单相计数器	无
4		有
6	带有增减计数时钟的双相计数器	无
7		有
9	A/B 相正交计数器	无
10		有

（1）模式0和模式1

在模式0或模式1中，当前计数CV等于预设值PV时触发中断。模式0和模式1的时序图如图6-1所示。

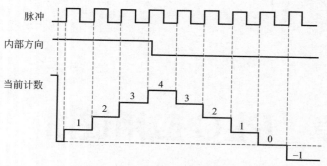

图6-1　模式0和模式1的时序图

（2）模式3和模式4

在模式3或者模式4下，不需要使能中断，使用I0.1/I0.3就可以改变计数方向。模式3和模式4的时序图如图6-2所示。

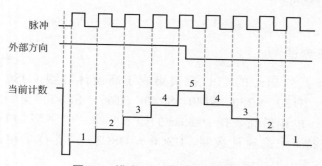

图6-2　模式3和模式4的时序图

（3）模式6和模式7

在模式6或者模式7下，计数的方向控制通过增/减脉冲来实现。每一个增计数脉冲都使计数值加1；同理，每一个减计数脉冲都使计数值减1。模式6和模式7的时序图如图6-3所示。

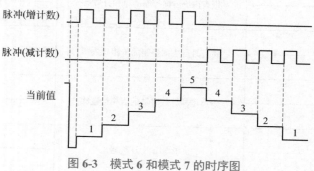

图6-3　模式6和模式7的时序图

（4）模式9和模式10

模式 9 和模式 10 使用 A、B 两相脉冲信号，并根据 A/B 相的相位差来判断增计数还是减计数。当 A 相超前 B 相时，表示增计数；当 B 相超前 A 相时，表示减计数。

模式 9 和模式 10 有 1 倍频（1x）和 4 倍频（4x）两种计数方式。1 倍频（1x）只在 A 相的上升沿进行加计数，在 A 相的下降沿进行减计数，4 倍频（4x）把 A 相的上升沿、下降沿及 B 相的上升沿、下降沿都作为计数点。这样 4 倍频计数的数值是 1 倍频的 4 倍。

模式 9 或模式 10 的 1 倍频（1x）计数时序图如图 6-4 所示。

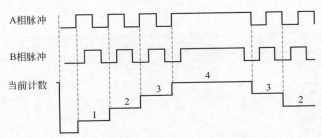

图 6-4　模式 9 或模式 10 的 1 倍频计数时序图

模式 9 或模式 10 的 4 倍频（4x）计数时序图如图 6-5 所示。

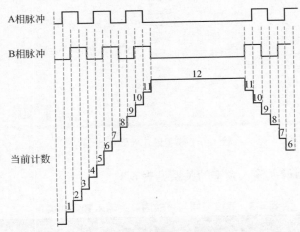

图 6-5　模式 9 或模式 10 的 4 倍频计数时序图

S7-200 SMART CPU 内置高速计数器 HSC0 ～ HSC5 的各引脚定义见表 6-2。

表 6-2　高速计数器引脚定义

高速计数器	时钟 A	方向 / 时钟 B	复位
HSC0	I0.0	I0.1	I0.4
HSC1	I0.1		
HSC2	I0.2	I0.3	I0.5
HSC3	I0.3		
HSC4	I0.6	I0.7	I1.2
HSC5	I1.0	I1.1	I1.3

高速计数器 HSC0、HSC2、HSC4 和 HSC5 支持所有的八种工作模式（模式 0、1、3、4、6、7、9、10），而 HSC1 和 HSC3 只支持模式 0（带有内部方向控制的单相计数器，无外部复位功能）。

6.1.2 高速计数器的滤波设置

要正确使用高速计数器，还需要根据实际连接脉冲信号的输入频率，调整高速计数器输入通道的滤波时间。在"系统块"的"数字量输入"中，可以选择各输入通道的滤波时间，如图 6-6 所示。

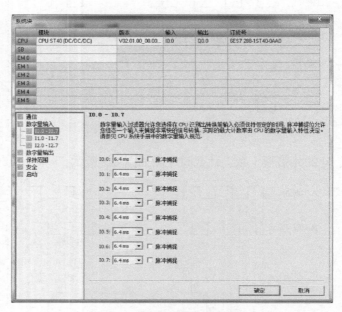

图 6-6　数字量滤波时间设置

滤波时间和可检测最大输入频率的关系见表 6-3。

表 6-3　滤波时间与可检测最大输入频率的关系

滤波时间	可检测最大输入频率 /Hz
0.2μs	200kHz（标准型 CPU）或 100kHz（经济型 CPU）
0.4μs	200kHz（标准型 CPU）或 100kHz（经济型 CPU）
0.8μs	200kHz（标准型 CPU）或 100kHz（经济型 CPU）
1.6μs	200kHz（标准型 CPU）或 100kHz（经济型 CPU）
3.2μs	156kHz（标准型 CPU）或 100kHz（经济型 CPU）
6.4μs	78kHz
12.8μs	39kHz
0.2ms	2.5kHz
0.4ms	1.25kHz

续表

滤波时间	可检测最大输入频率 /Hz
0.8ms	625Hz
1.6ms	312Hz
3.2ms	156Hz
6.4ms	78Hz
12.8ms	39Hz

6.1.3 高速计数器指令

S7-200 SMART 提供两种高速计数器指令：HDEF 和 HSC。

① HDEF 指令用来设置高速计数器的工作模式，其程序框图如图 6-7 所示。

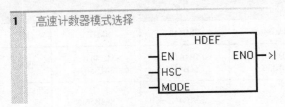

图 6-7 HDEF 指令程序框图

指令中各参数的含义见表 6-4。

表 6-4 HDEF 指令参数

参数	数据类型	说明
EN	BOOL	使能
HSC	BYTE	HSC 编号，取值：0、1、2、3、4、5
MODE	BYTE	模式编号，取值：0、1、3、4、6、7、9、10

对于每一个计数器，HDEF 指令仅需要在第一个扫描周期执行。

② HSC 指令根据高速计数器特殊存储器位的状态组态和控制高速计数器。参数 N 指定高速计数器编号。ASC 指令程序框图如图 6-8 所示。

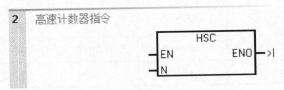

图 6-8 HSC 指令程序框图

指令中各参数的含义见表 6-5。

表 6-5　HSC 指令参数

参数	数据类型	说明
EN	BOOL	使能
N	WORD	高速计数器编号，取值：0、1、2、3、4、5

每一个高速计数器（HSC）都分配有 10 个字节的特殊存储器空间，包括：HSC 状态字节、HSC 控制字节、HSC 新当前值及 HSC 新预设值。HSC0 ～ HSC2 的特殊存储器说明见表 6-6。

表 6-6　HSC0 ～ HSC2 的特殊存储器说明

符号名	地址			说明
	HSC0	HSC1	HSC2	
HSCx_Status	SMB36	SMB46	SMB56	HSC 计数器状态
	SMB36.0 ～ SMB36.4	SMB46.0 ～ SMB46.4	SMB56.0 ～ SMB56.4	保留
HSCx_Status_5	SMB36.5	SMB46.5	SMB56.5	HSCx 当前计数方向状态位：TRUE= 加计数
HSCx_Status_6	SMB36.6	SMB46.5	SMB56.6	HSCx 当前值等于预设值状态位：TRUE= 相等
HSCx_Status_7	SMB36.7	SMB46.7	SMB56.7	HSCx 当前值大于预设值状态位：TRUE= 大于
HSCx_Ctrl	SMB37	SMB47	SMB57	HSC 计数器控制
HSCx_Reset_Level	SMB37.0	SMB47.0	SMB57.0	HSC 复位电平：TRUE= 低电平 / FALSE= 高电平
	SMB37.1	SMB47.1	SMB57.1	保留
HSCx_Rate	SMB37.2	SMB47.2	SMB57.2	HSC 正交计数频率选择：TRUE=1x/ FALSE=4x
HSCx_Dir	SMB37.3	SMB47.3	SMB57.3	HSC 方向控制：TRUE= 加计数
HSCx_Dir_Update	SMB37.4	SMB47.4	SMB57.4	HSC 更新方向：TRUE= 更新方向
HSCx_PV_Update	SMB37.5	SMB47.5	SMB57.5	HSC 更新预设值：TRUE= 写入新的预设值
HSCx_CV_Update	SMB37.6	SMB47.6	SMB57.6	HSC 更新当前值：TRUE= 写入新的当前值
HSCx_Enable	SMB37.7	SMB47.7	SMB57.7	HSC 使能位：TRUE= 使能
HSCx_CV	SMD38	SMD48	SMD58	HSC 新的当前值
HSCx_CV	SMD42	SMD52	SMD62	HSC 新的预设值

注：x=0，1，2；HSC3 ～ HSC5 与此类似。

6.1.4　高速计数器指令向导

S7-200 SMART 提供高速计数器向导，通过在向导中进行参数配置，会生成相应的 HSC 指令。将该指令放置到程序中进行调用即可。

单击项目树"向导"文件夹，可以看到"高速计数器"向导，如图 6-9 所示。

双击"高速计数器"向导即可弹出"高速计数器向导"对话框，如图 6-10 所示。

① 选择要使用的高速计数器，这里以 HSC0 为例（图 6-11）。

图 6-9　高速计数器向导

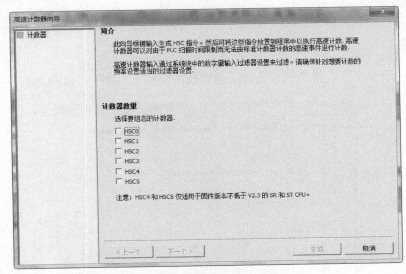

图 6-10　"高速计数器向导"对话框

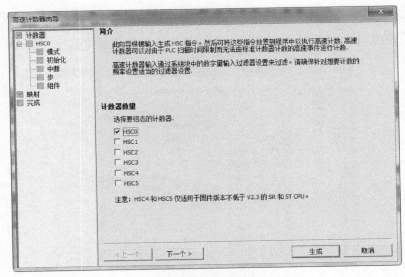

图 6-11　高速计数器配置（1）

② 单击"下一步"，为高速计数器命名，这里将其命名为"HSC0_Water"，如图 6-12 所示。

图 6-12　高速计数器配置（2）

③ 单击"下一个"，进行模式选择。这里使用模式 1，如图 6-13 所示。

图 6-13　高速计数器配置（3）

④ 单击"下一步"，进入初始化配置。配置初始化信息，包括初始化子例程的名称、预设值（PV）的大小、当前值（CV）、计数器的初始方向及复位信号，如图 6-14 所示。

图 6-14　高速计数器配置（4）

⑤ 单击"下一步"，配置中断事件。向导可以为高速计数器生成中断例程，可根据工艺要求激活相应的中断。有三种中断类型可供选择：外部复位激活中断；方向输入更改中断（具有方向的 HSC）；当前值等于预设值的中断。这里我们选择激活第三种中断类型，如图 6-15 所示。

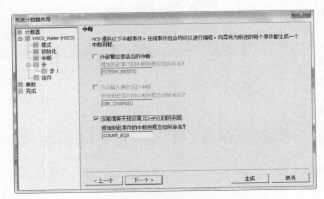

图 6-15　高速计数器配置（5）

⑥ 单击"下一步"，在"步 1"中激活"更新当前值"，将当前值设置为 0，如图 6-16 所示。

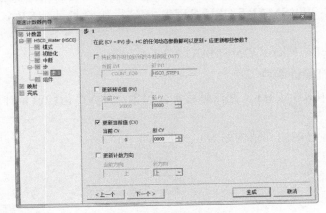

图 6-16　高速计数器配置（6）

⑦ 单击"下一步"，在"组件"中可以看到向导生成的所有组件，如图 6-17 所示。

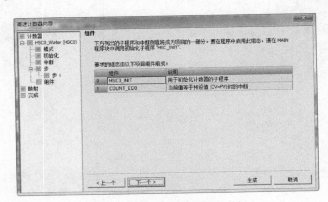

图 6-17　高速计数器配置（7）

⑧ 单击"生成",完成向导配置。在主程序 MAIN 中通过 SM0.1 调用子程序 HSC0_INIT(图 6-18)。

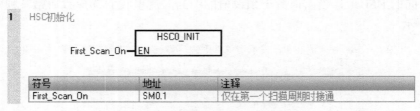

图 6-18　调用子程序 HSC0_INIT

 STEP 7-Micro/WIN SMART V2.4 的中文翻译有些并不准确。比如这里向导中的"下一个"翻译为"下一步"会更好一些(本书正文中使用的是"下一步")。

6.1.5　实例:S7-200 SMART 获取流量计的数值

本例程使用 S7-200 SMART 的高速脉冲功能对流过管路的液体体积进行计数。

硬件环境:S7-200 SMART CPU ST40,VC 齿轮流量计(KRACHT),连接管路与线缆。

软件环境:STEP 7-Micro/WIN SMART V2.4。

(1)VC 齿轮流量计简介

本例程采用德国 KRACHT(克拉赫特)公司生产的 VC 齿轮流量计,其外观如图 6-19 所示。

① VC 齿轮流量计的内部结构如图 6-20 所示。

图 6-19　VC 齿轮流量计外观

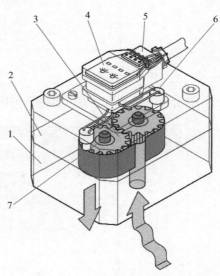

图 6-20　VC 流量计内部结构

1—壳体;2—盖板;3—齿轮;4—前置放大器;
5—连接器;6—传感器;7—轴承

② VC 齿轮流量计的工作原理 液体经过壳体内部的通道进入测量腔,由液体的动力推动测量齿轮转动。齿轮的运动信息由盖板内安装的两个传感器在不接触的情况下取样。传感器舱和计量器室之间安装了一个耐压的非磁性隔离板。当测量装置旋转一个齿积时,传感器发出对应于几何齿积的 V_{gz} 信号,该信号由前置放大器转换为方波信号。该方波信号可以连接到 PLC 的高速计数器进行计数。前置放大器有两路信号输出通道,可以实现更好的分辨率和流向识别。前置放大器的信号输出与连接器的接线定义如图 6-21 所示。

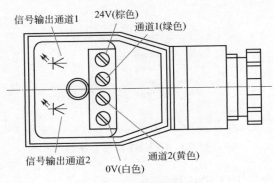

图 6-21 连接器接线定义

（2）系统接线原理图

系统接线原理图如图 6-22 所示。图中,VC 流量计的棕色线为 24V 电源正极;绿色线为方波信号输出线,连接到 CPU ST40 的 I0.0;蓝色线用来表示实物的白色线,表示 24V 电源负极。

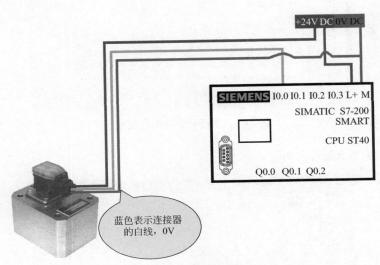

图 6-22 系统接线原理图

本例程仅对方波信号进行统计,不考虑液体流动方向,因此不使用通道 2 的信号线。

（3）CPU ST40 组态与编程

① CPU ST40 的组态 设置 I0.0 的滤波时间为 1.6μs,可检测最大输入频率为 200kHz,如图 6-23 所示。

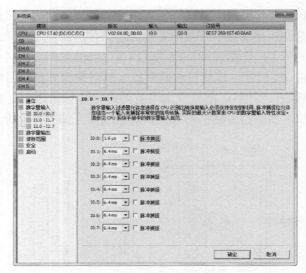

图 6-23　CPU ST40 硬件组态

② 使用高速计数器向导生成 HSC 指令。

a. 选中 HSC0，如图 6-24 所示。

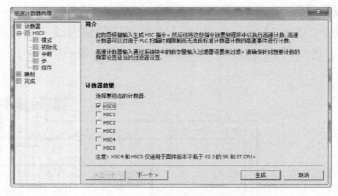

图 6-24　高速计数器向导配置

b. 命名为 HSC0_Water，如图 6-25 所示。

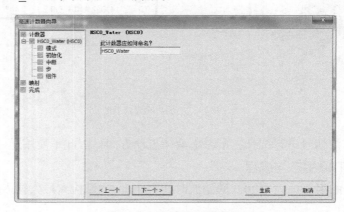

图 6-25　高速计数器命名

c. 选择模式 0，如图 6-26 所示。

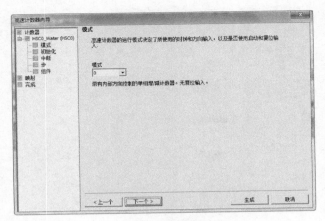

图 6-26 设置模式

d. 初始化参数（假设 6000 个脉冲表示 1L），如图 6-27 所示。

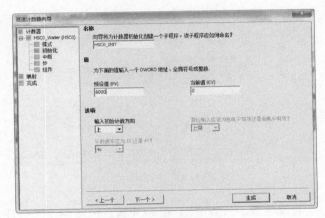

图 6-27 初始化参数

e. 激活 CV=PV 中断，如图 6-28 所示。

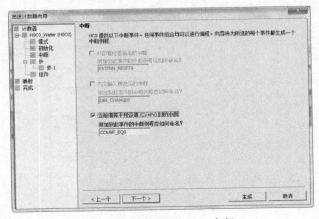

图 6-28 激活 CV=PV 中断

f. 当 CV=PV 时，将当前值清零，如图 6-29 所示。

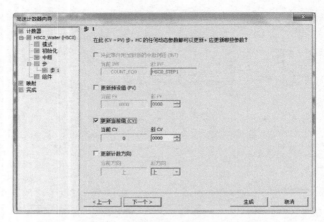

图 6-29　当 CV=PV 时更新当前值

g. 生成组件，如图 6-30 所示。

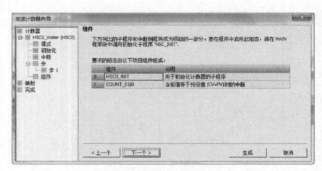

图 6-30　生成组件

高速计数器向导会自动生成 HSC0_INIT 和 COUNT_EQ0 两个子程序。HSC0_INIT 中的代码如图 6-31 所示。COUNT_EQ0 中的代码如图 6-32 所示。

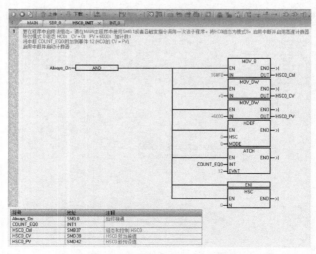

图 6-31　向导生成的 HSC0_INIT 代码

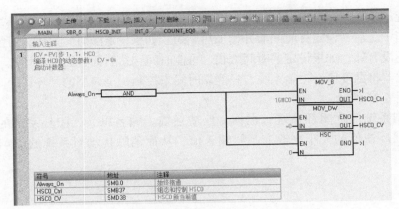

图 6-32 向导生成的 COUNT_EQ0 的代码

这段中断代码只是把高速计数器 HSC0 的当前值清零，没有统计流过的水量的功能。我们还需要手动增加代码：假设使用地址 VD0 来统计流过的水的体积，则需要在每次 CV=PV 中断触发时，将 VD0 加 1，如图 6-33 所示。

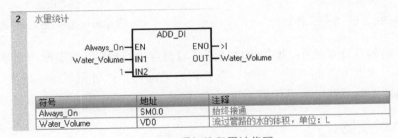

图 6-33 添加体积累计代码

最后，在主程序中调用 HSC 初始化子程序，如图 6-34 所示。

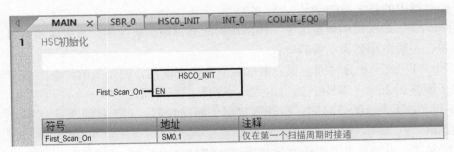

图 6-34 调用子程序 HSC0_INIT

6.2 PID 控制

6.2.1 开环系统与闭环系统

开环控制系统简称开环系统。开环系统的输出受系统输入和扰动的影响，但系统的输出不会影响系统的输入，即没有任何反馈。烤箱烤面包的过程可以视为一个开环系统。当把面包胚放到烤箱中之后，设定好时间后开始加热烘烤。如果设定的时间太短，可能设定的时间到达后面包还没有熟；如果设定的时间太长，可能时间到达后面包已经被烤焦了。这种烤箱没有温度传感器将温度值反馈给系统，只能靠时间来控制，是典型的开环系统。开环系统的工作过程如图 6-35 所示。

闭环控制系统简称闭环系统，也称为反馈系统。顾名思义，闭环系统的输出会反馈给输入，根据反馈值的大小来改变系统输入值，从而消除扰动对系统的影响，如图 6-36 所示。

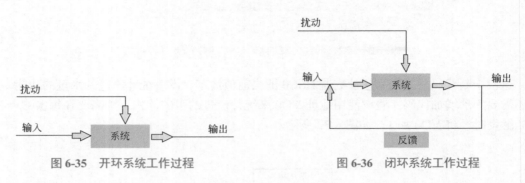

图 6-35　开环系统工作过程　　　　图 6-36　闭环系统工作过程

在上述烤箱的开环系统中，增加温度传感器对温度进行检测，当温度达到某个设定值时，系统停止加热；当温度值低于设定值时，重新再启动加热。这种把系统的输出（温度）反馈给输入（加热器）的系统，就是闭环系统。

6.2.2　PID 控制器

PID 控制器是工程上广泛使用的闭环控制器，它能通过反馈值与设定值之间的偏差，调整输出量的大小，从而使整个控制系统最终稳定在设定值。

PID 控制器中的各字母的含义：

① 字母"P"表示比例增益因子。比例调解能够提高调解速度，减少误差，但是不能消除稳态误差，一般由小到大单独调解；

② 字母"I"表示积分时间。积分调解能消除稳态误差，使系统的动态响应变慢，建议将比例因子调整到 50% ～ 80%，然后由大到小调解积分时间；

③ 字母"D"表示微分时间。微分调解属于超前控制，对干扰有放大作用，一般由小到大单独调解。

PID 控制器可以根据需要组成 P 控制器、PI 控制器或者 PID 控制器。

6.2.3　PID 回路向导

S7-200 SMART 的 CPU 支持 8 路 PID 控制。为了方便 PID 编程，STEP 7-Micro/WIN SMART 提供 PID 回路向导，用户可以根据向导的指引，快速生成一个闭环控制过程的 PID 算法。PID 回路向导可以自动生成相关的子程序，用户只需在主程序中调用这些子程序就可以完成 PID 控制任务。

可以在菜单"工具"-"PID"（图 6-37）或者左侧项目树的"向导"-"PID"中启动

....

PID 回路向导（图 6-38）。

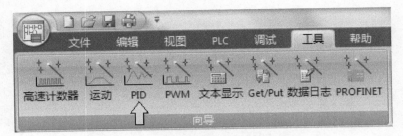

图 6-37　工具栏菜单的"PID"向导按钮

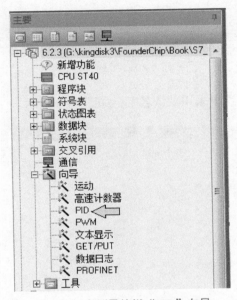

图 6-38　左侧导航栏"PID"向导

图 6-39 是"PID 回路向导"对话框。

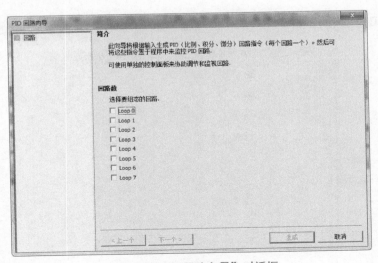

图 6-39　"PID 回路向导"对话框

① 勾选"Loop 0"，单击"下一步"，如图 6-40 所示。

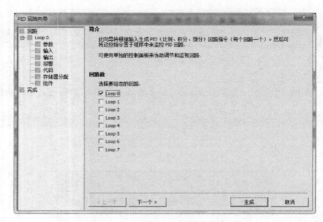

图 6-40　PID 回路向导 Loop 0

② 为回路 PID 命名，这里采用默认名字，如图 6-41 所示。

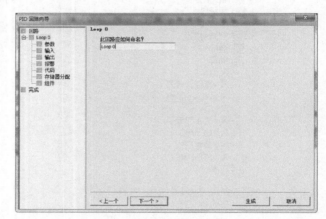

图 6-41　PID 回路命名

③ 设置 PID 回路的参数（图 6-42）：增益、采样时间、积分时间与微分时间。

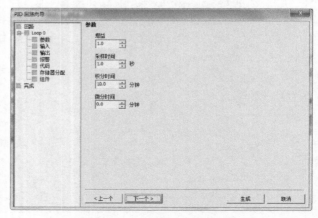

图 6-42　设置 PID 回路参数

若不想使用积分作用，可以将积分时间设置成最大值：10000.0 分钟。若不想使用微分作用，可以将微分时间设置成最小值：0.0 分钟。采样时间默认为 1s，不能在程序中修改。若要重新修改采样时间，必须回到向导中修改。

④ 设定 PID 回路中反馈信号（PID 输入）的类型、过程变量及回路设定值（图 6-43）。

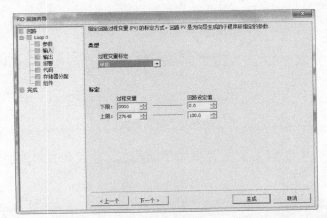

图 6-43　设置 PID 回路反馈信号的类型、过程变量及回路设定值

反馈信号的类型包括如下几种：

a. 单极：适用于单极性信号，典型应用是 0 ～ 20mA 电流信号。

b. 单极 20% 偏移量：典型应用是 4 ～ 20mA 电流信号。

c. 双极：适用于双极性信号，比如 ±10V 的电压信号。

d. 温度 ×10℃：适用热电偶或热敏电阻（RTD）的摄氏温度信号。

e. 温度 ×10℉：适用热电偶或热敏电阻（RTD）的华氏温度信号。

⑤ 设定 PID 回路的信号输出方式（图 6-44）。

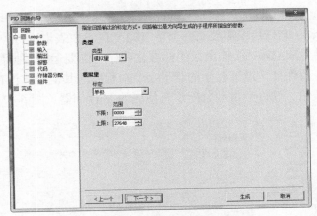

图 6-44　设定 PID 回路的信号输出方式

输出类型包括模拟量和数字量两种。模拟量的输出信号包括单极性、单极性 20% 偏移量和双极性三种。如果选择数字量，则需要设定循环时间，默认为 0.1s。这里的循环时间是指 PMW 的占空比周期。

⑥ 设置报警　可以启用下限报警、上限报警及模拟量输入错误报警（图 6-45）。

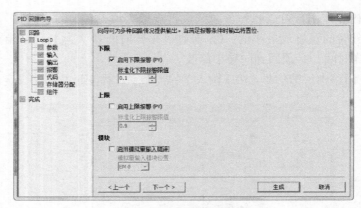

图 6-45　设置报警

⑦ 生成子程序、中断程序及是否添加手动控制。建议勾选"添加 PID 的手动控制"（图 6-46）。

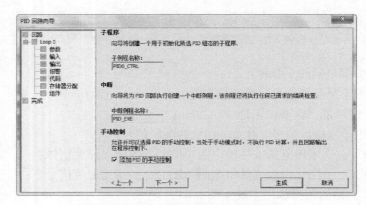

图 6-46　勾选"添加 PID 的手动控制"

⑧ 分配 V 存储器　PID 指令需要 120 个字节的 V 区参数表来进行控制回路的运算工作。除此之外，PID 向导生成的输入/输出量的标准化程序也需要运算数据存储区。需要为它们定义一个起始地址，要保证该地址起始的若干字节在程序的其他地方没有被重复使用。

单击"建议"按钮，软件会自动分配没有使用的 V 存储器（图 6-47）。

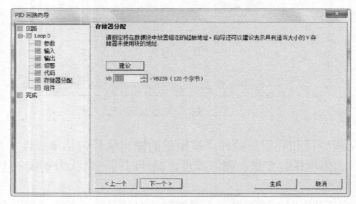

图 6-47　分配 V 存储器

⑨ 生成 PID 子程序、中断程序及符号表等。一旦点击完成按钮，将在项目中生成上述 PID 子程序、中断程序及符号表等（图 6-48）。

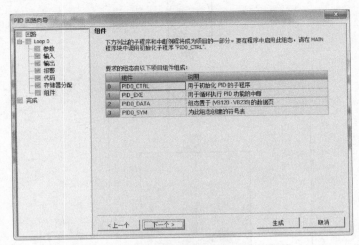

图 6-48　PID 回路向导生成的组件

⑩ 单击"下一步"，完成 PID 回路配置（图 6-49）。

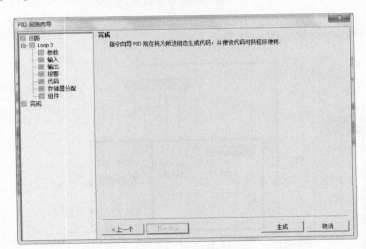

图 6-49　完成 PID 回路配置

6.2.4　实例：S7-200 SMART 对反应罐的恒温控制

本例程通过 S7-200 SMART 内置的 PID 控制器对食品生产线上反应罐进行恒温控制。

硬件环境：S7-200 SMART CPU ST40；EM AR02 模块；RTD 热敏电阻传感器，编号为 RTD1；加热器，编号为 Heater1；中间继电器，编号为 K1。

软件环境：STEP 7-Micro/WIN SMART V2.4。

工艺要求：要求将反应罐的温度控制在 60℃。

控制过程：RTD 温度传感器对反应罐的温度进行测量，并将测量结果反馈到 PID 控制器；PID 控制器根据测量值与设定值的差别，控制中间继电器的接通与断开，以达到启动或停止加热器的目的。控制系统工艺过程原理图如图 6-50 所示。

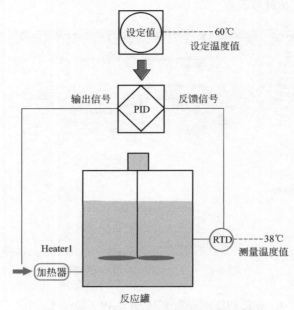

图 6-50　控制系统工艺过程原理图

控制系统的接线原理图如图 6-51 所示。

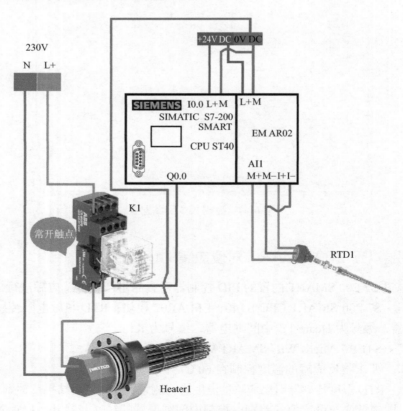

图 6-51　控制系统接线原理图

（1）RTD传感器

本例程温度测量传感器采用美国 TSC 公司生产的 Pt100、三线制 RTD 产品，相关参数如表 6-7 所示。

表 6-7 RTD 传感器参数

电阻（0℃）	材料	温度系数
100Ω	铂	0.00385Ω/℃

关于温度采集，可以参考 3.8.3 节。

（2）CPU ST40的组态与编程

① CPU 的组态 在"系统块"的 EM0 通道添加 EM AR02（2AI RTD）模块，系统自动设置输入通道的地址为 AIW16。对通道 1 进行设置，选择类型"3 线制热敏电阻""Pt100"，温度系数为"Pt0.00385055"。采用"摄氏度"标尺，默认的滤波周期及超限报警，如图 6-52 所示。

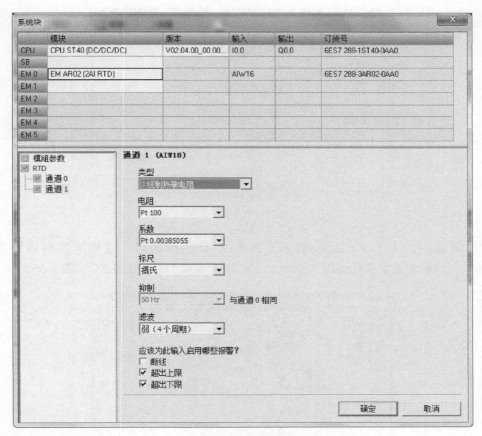

图 6-52 硬件组态

② PID 配置

a. 使用回路 0，命名为 Loop0_Temperature（图 6-53）。

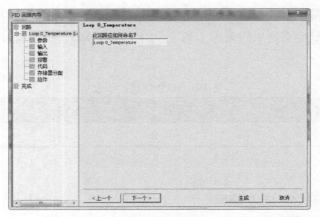

图 6-53　PID 回路 0 命名

b. PID 增益、采样时间、积分时间、微分时间使用默认值，在后续进行自动或手动整定（图 6-54）。

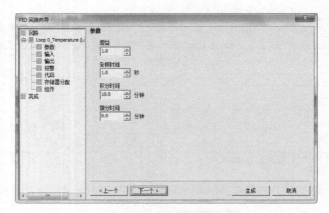

图 6-54　PID 参数设置

c. 反馈输入。由于本例程反馈采用的是 RTD 热敏电阻，这里输入参数设置为温度 ×10℃，过程变量值变化范围为 0 ～ 1000，对应温度为 0 ～ 100.0℃（图 6-55）。

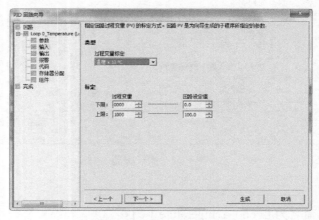

图 6-55　PID 输入参数

　　d. 本例程输出参数采用中间继电器控制加热器，因此输出选择数字量，循环时间采用默认值（图 6-56）。

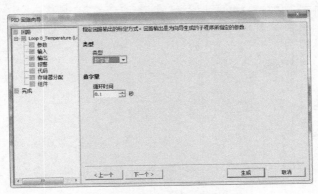

图 6-56　PID 输出参数

　　e. 启用过程值上、下限报警及模拟量输入错误报警。设置报警的下限为 50℃，对应过程值百分比为 50%（0.5）；设置报警的上限为 70℃，对应过程值百分比为 70%（0.7）（图 6-57）。

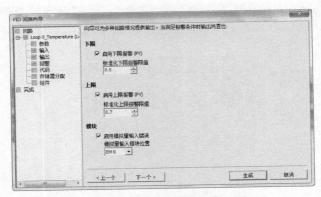

图 6-57　PID 上下限及报警设置

　　f. 启用手动控制（图 6-58）。

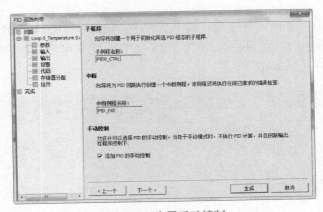

图 6-58　启用手动控制

g. 分配 V 存储器（图 6-59）。

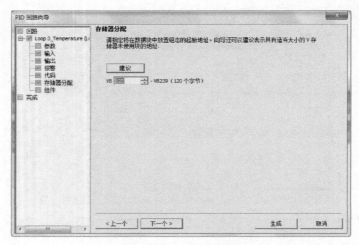

图 6-59　分配 V 存储器

h. 生成组件（图 6-60）。

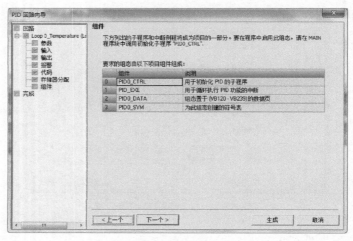

图 6-60　PID 向导组件

③ 生成的子程序　PID 向导生成了两个子程序：PID0_CTRL 和 PID_EXE。两个子程序都是加密的，打开程序可以看到使用说明。PID0_CTRL 用来进行 PID 回路控制（图 6-61），PID_EXE 是中断程序（图 6-62）。

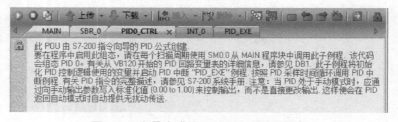

图 6-61　向导生成的 PID0_CTRL 子程序

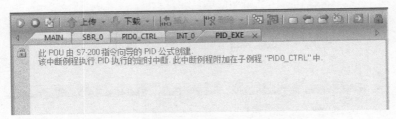

图 6-62　向导生成的 PID_EXE 中断子程序

④ 调用子程序　PID0_CTRL 子程序框图如图 6-63 所示。

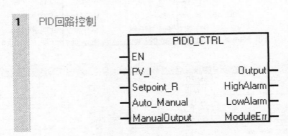

图 6-63　PID0_CTRL 子程序框图

PID0_CTRL 子程序中各参数的含义见表 6-8。其中，设定值（Setpoint_R）的取值范围为 0% ～ 100%，表示过程值（传感器检测值）满量程的百分比。本例程中，过程值为 0 ～ 100.0℃，设定值为 60.0，表示 60.0%×100.0℃ =60.0℃。当在 PID 向导中勾选"添加 PID 手动控制"时，程序框中会增加参数"Auto_Manual"和"Manual_Output"两个选项。当参数"Auto_Manual"的输入值 =1 时，程序的输出值为 PID 控制器的运算结果；当"Auto_Manual"=0 时，程序使用参数"Manul_Output"的值进行输出。参数"Manual_Output"的取值范围为 0.0 ～ 1.0，表示过程值量程的百分比。

表 6-8　PID0_CTRL 子程序参数

参数名称	类型	数据类型	说明
EN	输入	BOOL	使能
PV_I	输入	WORD	PID 反馈信号的地址
Setpoint_R	输入	REAL	设定值（0.0% ~ 100%），为过程值量程的百分比
Auto_Manual	输入	BOOL	1= 自动，0= 手动
Manual Output	输入	REAL	手动输出值，过程值的百分比
Output	输出	BOOL	PID 数字量输出通道
HighAlarm	输出	BOOL	过程值上限报警
LowAlarm	输出	BOOL	过程值下限报警
ModuleErr	输出	BOOL	模块错误报警

本例程程序代码如图 6-64 所示。

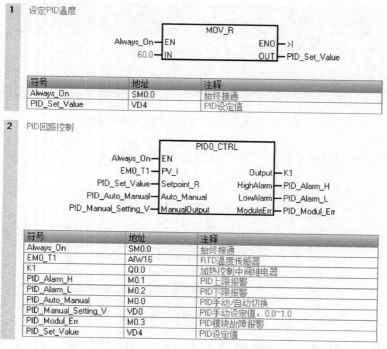

1 设定PID温度

符号	地址	注释
Always_On	SM0.0	始终接通
PID_Set_Value	VD4	PID设定值

2 PID回路控制

符号	地址	注释
Always_On	SM0.0	始终接通
EM0_T1	AIW16	RTD温度传感器
K1	Q0.0	加热控制中间继电器
PID_Alarm_H	M0.1	PID上限报警
PID_Alarm_L	M0.2	PID下限报警
PID_Auto_Manual	M0.0	PID手动/自动切换
PID_Manual_Setting_V	VD0	PID手动设定值，0.0~1.0
PID_Modul_Err	M0.3	PID模块故障报警
PID_Set_Value	VD4	PID设定值

图 6-64 例程程序代码

⑤ PID 参数整定 STEP 7-Micro/WIN SMART 提供 PID 整定面板，可以很方便地整定 PID 的参数。

6.3 脉宽调制（PWM）技术

6.3.1 PWM 技术简介

PWM（脉冲宽度调制）技术简称为脉宽调制技术，它能输出周期固定的且脉冲宽度可以调节的脉冲信号，脉冲宽度的调节范围为 0% ～ 100%。图 6-65 是 PWM 工作原理。

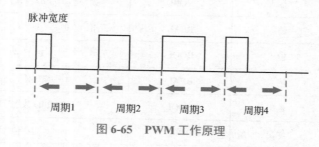

图 6-65 PWM 工作原理

图 6-65 中，虚线表示脉冲输出的周期，为固定值；实线表示脉冲输出的宽度，为可变值。

PWM 技术提供了一种类似于模拟量输出的数字量输出解决方案，理论上，只要周期足够小，PWM 能输出接近于模拟量的任何波形。PWM 技术可用于直流电机的转速控制、比例阀的开度控制等场合。6.2.4 节使用的数字量 PID 控制，对控制继电器 K1 的控制其实就是使用的 PWM 技术。

6.3.2　PWM 向导

S7-200 SMART 标准型 CPU 提供 3 路 PWM 控制，输出通道固定为 Q0.0、Q0.1 和 Q0.3。

　　继电器输出型 CPU 不支持 PWM，必须使用标准型 CPU 晶体管输出型。

STEP 7-Miro/WIN SMART 提供 PWM 配置向导，方便编程。在"工具"菜单 -"PWM"（图 6-66）或者左侧项目树"PWM"（图 6-67）可以开启 PWM 向导。

图 6-66　"工具" -"PWM"向导按钮

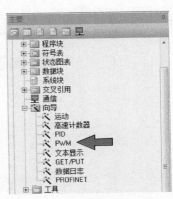

图 6-67　项目树 PWM 向导

PWM 向导配置步骤如下。

① 组态脉冲数：勾选想要启用的脉冲发生器，最多可以选择三路 PWM 脉冲（图 6-68）。

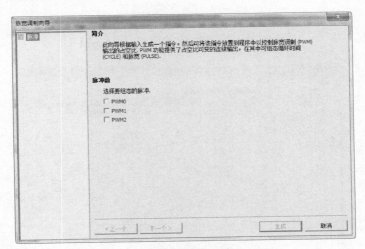

图 6-68　"脉宽调制向导"对话框

② 单击"下一步"，为 PWM 脉冲命名，可采用默认值（图 6-69）。

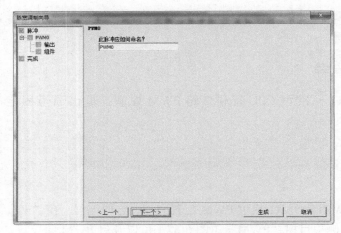

图 6-69　PWM 向导命名

③ 单击"下一步",选择脉冲输出的时间基准(单位),有毫秒和微秒可以选择(图6-70)。

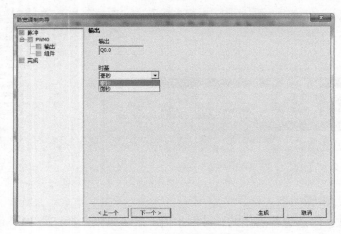

图 6-70　PWM 输出设置

④ 单击"下一步",向导会提示将要生成的组件(图6-71)。

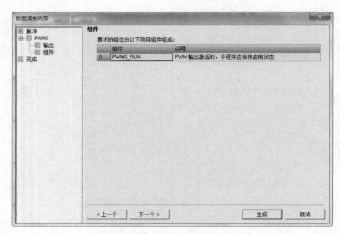

图 6-71　向导生成的组件

⑤ 单击"生成"，向导自动生成组件提示的子程序。该子程序为加密程序，打开可以看到其内部注释（图 6-72）。

图 6-72　PWM0_RUN 子程序

6.3.3　实例：使用 PWM 技术控制直流电机的转速

本例程使用 S7-200 SMART CPU 的 PWM 功能来控制直流电机的转速。

硬件环境：S7-200 SMART CPU ST40，直流电机（DC24V/6W）。

软件环境：STEP 7-Micro/WIN SMART V2.4。

（1）直流电机的调速原理

直流电机的转速公式：

$$n=(U-IR)/K\varphi$$

式中　U——电枢电压；

　　　I——电枢电流；

　　　R——电枢回路总电阻；

　　　φ——每极磁通量；

　　　K——电动机结构参数。

由上述公式可以看出直流电机的调速方案一般有下列三种方式：

① 改变电枢电压；

② 改变励磁绕组电压；

③ 改变电枢回路电阻。

本例程采用改变直流电机电枢电压的方式实现电机的调速，通过 PWM 输出占空比不同的电压方波信号，来达到改变电枢电压的目的。一个 10% 占空比的方波，会有 10% 的高电平时间和 90% 的低电平时间，而一个 80% 占空比的方波则具有 80% 的高电平时间和 20% 的低电平时间。占空比越大，高电平持续的时间越长，输出的电压越高。如果占空比为 0%，则意味着高电平持续的时间为 0，即没有电压输出；如果占空比为 100%，则意味着高电平在整个周期持续输出，即输出全部电压。

本例程使用宁波中大力德智能传动公司生产的 Z2D6-254GN 直流电机，额定电压：24V DC；额定电流：0.5A；额定输出功率：6W；额定转速：3000r/min。电机外观如图 6-73 所示。

图 6-73　Z2D6-254GN 直流电机外观

（2）接线原理图

接线原理图如图 6-74 所示。

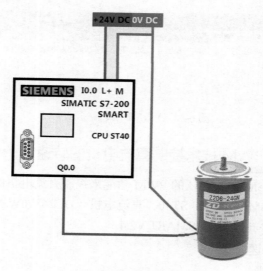

图 6-74　接线原理图

 本例程使用的直流电机功率较小，工作电压为 DC24V，因此直接将其连接到 PLC 的输出通道；对于功率较大的电机，需要使用专用的功率放大器与电机相连，不能直接与 CPU 的 PWM 输出通道相连。

（3）PWM配置与编程

① 配置 PWM 向导

a. 启用 PWM0（Q0.0），如图 6-75 所示。

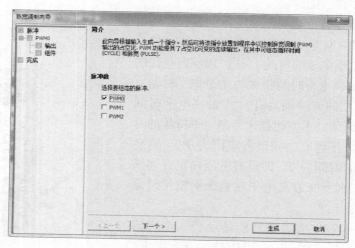

图 6-75　启用 PWM0

b. 单击"下一步"，命名 PWM 为 PWM0_Motor（图 6-76）。

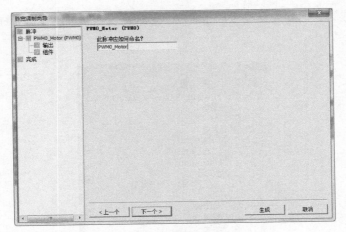

图 6-76　命名 PWM

c. 单击"下一步"，设置输出时间基准为毫秒（图 6-77）。

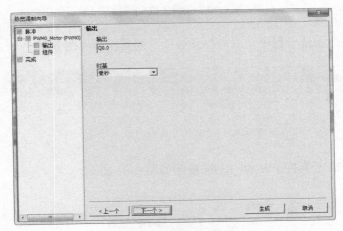

图 6-77　设置时间基准

d. 单击"下一步"，PWM 组件列表（图 6-78）。

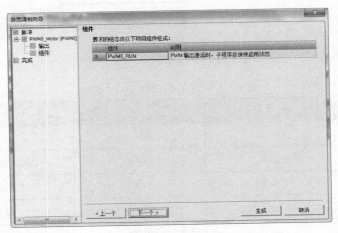

图 6-78　PWM 组件

e. 单击"生成",向导会自动生成子程序 PWM0_RUN。可以在"程序块"-"向导"文件夹下查看(图 6-79)。

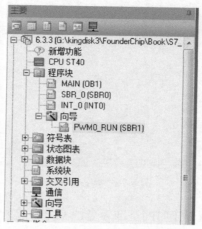

图 6-79 向导生成的子程序

PWM0_RUN 为加密子程序,双击打开可以看到其注释(图 6-80)。

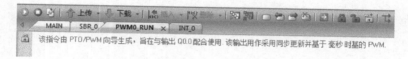

图 6-80 子程序 PWM0_RUN 注释

② 编程 PWM 子程序 PWM0_RUN 框图如图 6-81 所示。

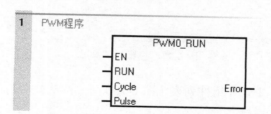

图 6-81 子程序 PWM0_RUN 框图

子程序 PWM0_RUN 中各参数的含义见表 6-9。

表 6-9 子程序 PWM0_RUN 参数

参数名称	类型	数据类型	说明
EN	输入	BOOL	使能
RUN	输入	BOOL	控制脉冲发生器,1= 产生脉冲
Cycle	输入	WORD	脉冲周期时间
Pulse	输入	WORD	脉冲宽度时间
Error	输出	BYTE	错误字节

说明

RUN=1 时启动 PWM 输出；Cycle 为脉冲周期，取值范围为 10 ～ 65535μs 或者 2 ～ 65535ms；Pulse 为脉冲宽度，取值范围为 0 ～ 65535μs 或者 0 ～ 65535ms；脉冲宽度不能小于 4μs，设置为 0μs 表示禁止脉冲输出。

本例程程序代码如图 6-82 所示。

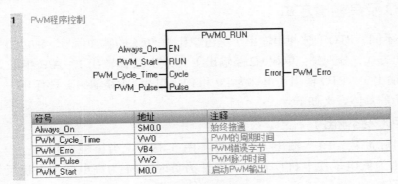

图 6-82　例程代码

通过将 M0.0（PWM_Start）置 1，可以启动 PWM 脉冲输出。VW0 为脉冲周期时间，单位为毫秒。VW2 为脉冲宽度，通过改变 VW2 的值，就能改变脉冲输出的宽度。

6.4　运动控制

6.4.1　运动控制概述

所谓"运动控制"，是指利用伺服系统对机械传动的位置、速度等物理量进行控制的过程。比如，控制机床的传送带及刀具以完成准确的工件切割。运动控制系统主要包括运动控制器、伺服驱动器、伺服电机 / 步进电机、编码器等部件。运动控制器是具有运动控制功能的 PLC 的 CPU 或专门的运动控制模块；伺服驱动器用来接收运动控制器的命令，并完成对伺服电机的运动控制；伺服电机 / 步进电机是执行机构，用来带动工艺轴进行运动；伺服电机内置编码器，可以将电机的位置反馈给伺服驱动器或运动控制器，从而形成闭环控制。步进电机根据接收的脉冲数旋转一定的角度，将脉冲信号转换为角位移（或线位移）。步进电机本身没有编码器，但可以在同步轴上单独安装编码器形成闭环系统。

注意 运动控制不一定都是闭环控制，可以是开环控制（比如步进电机的运动控制）。

S7-200 SMART 的标准型 CPU 可以使用 Q0.0、Q0.1 和 Q0.3 向外发出 PTO（脉冲串）信号给伺服驱动器，脉冲的发送速度为 2 ～ 100000 个脉冲 /s（2Hz ～ 100kHz）。

S7-200 SMART 的运动控制功能包括：

① 电机的绝对位置、相对位置及曲线运动控制；

② 电机的回原点运动控制；

③ 最多可同时控制 3 个轴；

④ 可通过运动控制向导进行组态，通过调试面板在线调试；

⑤ 最多支持 32 个运动包络，每个包络最多支持 16 步。

STEP 7-Micro/WIN SMART 提供运动控制配置向导，可以很方便地进行运动控制的组态与编程。

6.4.2 PTO 及其输出方式

与 PWM 不同，PTO（脉冲串输出）是占空比为 50% 的脉冲信号。S7-200 SMART 支持四种 PTO 输出方式，分别是：单相（2 路输出）、双相（2 路输出）、A/B 相正交（2 路输出）和单相（1 路输出）。PTO 输出通道称为 P0 和 P1，单相（1 路输出）只有 P0 一个输出通道。各种 PTO 输出的具体含义如下。

（1）单相（2路输出）

P0：输出脉冲数；P1：输出方向信号（图 6-83）。当极性为正时，P1 为高电平使电机正转，P1 为低电平使电机反转；当极性为负时，P1 为高电平使电机反转，P1 为低电平使电机正转。

 当电机接线方向错误时，可以用极性来切换电机转向，而不用重新接线。

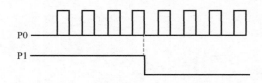

图 6-83 单相 2 路输出（脉冲 + 方向）

（2）双相（2路输出）

P0：正转脉冲数；P1：反转脉冲数（图 6-84）。

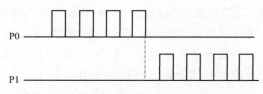

图 6-84 双相 2 路输出（正转脉冲 + 反转脉冲）

（3）A/B 相正交（2路输出）

P0 和 P1 以相同的速率发出脉冲，电机的转向由 P0 和 P1 的相位决定（图 6-85）。当选择正极性时，若 P0 的相位领先于 P1 的相位，电机正转；若 P0 的相位滞后 P1 的相位，则电机反转。当选择负极性时，若 P0 的相位领先于 P1 的相位，电机反转；若 P0 的相位滞后 P1 的相位，则电机正转。

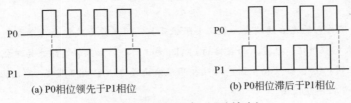

(a) P0相位领先于P1相位　　　　　(b) P0相位滞后于P1相位

图 6-85　A/B 相正交（2 路输出）

（4）单相（1 路输出）

仅有 P0 向外发送脉冲，只能进行一个方向的运动控制，如图 6-86 所示。

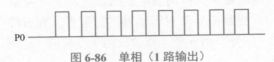

图 6-86　单相（1 路输出）

6.4.3　运动控制 I/O 映射

S7-200 SMART 用于运动控制的输入 / 输出映射见表 6-10。很多通道的功能是固定的，比如，轴 0 的 DIS 输出只能使用 Q0.4，不能修改。

表 6-10　S7-200 SMART 用于运动控制的输入 / 输出映射

类型	信号	描述	CPU 本体 I/O 分配		
输入	LMT+	电机或轴的正向最大位移	在运动控制向导中可组态为 I0.0 ~ I0.7 或 I1.0 ~ I1.3 中的任意一个，但是同一个输入通道不能被重复使用		
	LMT−	电机或轴的反向最大位移			
	STP	STP 为停止信号，该信号可以让 CPU 停止脉冲输出，使运动中的电机或轴停止			
	RPS	RPS 即参考点开关。RPS 可为作为绝对运动的参考点或零点			
	ZP（HSC）	ZP 即零脉冲。通常电机驱动器 / 放大器在电机每转一周产生一个 ZP 脉冲，可帮助建立参考点或零点位置。使用零脉冲需要占用一个高速计数器资源	ZP 可使用的高速计数器： HSC0（I0.0） HSC1（I0.1） HSC2（I0.2） HSC3（I0.3）		
	信号	描述	轴 0	轴 1	轴 2
输出	P0	标准型 CPU 的晶体管源型输出，用于控制电机运动	Q0.0	Q0.1	Q0.3
	P1	标准型 CPU 源型晶体管输出，多用于控制电机的方向	Q0.2	Q0.7 或 Q0.3	Q1.0
	DIS	标准型 CPU 的源型输出，用于禁止或使能伺服驱动器	Q0.4	Q0.5	Q0.6

说明

通常情况下，工作台的左右两端会安装两个限位开关，用来作为工作台的左右最大位移，也就是正向和反向运动的最大行程限值，也是上面表格的 LMT+ 和 LMT-。如果轴 1 组态为单相两路输出（脉冲 + 方向），则 P1 分配到 Q0.7；如果轴 1 组态为双相两路输出或者 A/B 相正交（2 路输出），则 P1 被分配到 Q0.3，但此时轴 2 将不能使用。

6.4.4 运动控制向导

S7-200 SMART 使用运动轴来进行伺服电机的位置和速度控制，标准型 CPU 最多支持 3 个运动轴。可以使用运动控制向导来对运动轴进行配置。在 STEP 7-Micro/WIN SMART 的"工具"菜单 -"运动"向导（图 6-87）或者左侧项目树的"向导"-"运动"菜单可以启动运动控制向导（图 6-88）。

图 6-87　工具栏运动控制向导按钮　　　　图 6-88　项目树运动控制向导

运动控制向导提供三个轴（图 6-89）。

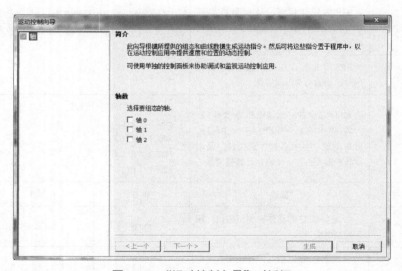

图 6-89　"运动控制向导"对话框

① 勾选要组态的运动轴，比如轴 0（图 6-90）。

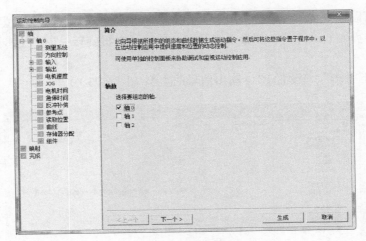

图 6-90　组态轴 0

② 单击"下一步",为运动轴命名(图 6-91)。

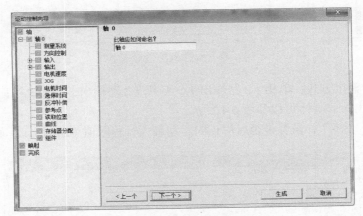

图 6-91　为运动轴命名

③ 单击"下一步",对测量系统进行设置(图 6-92)。

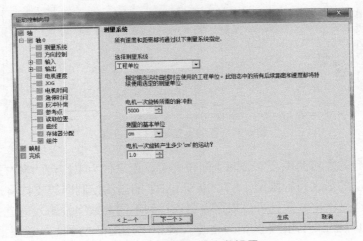

图 6-92　测量系统参数设置

测量系统可以选择"工程单位"或者"相对脉冲"。当选择"工程单位"时，需要设置电机旋转一周所需要的脉冲数、测量系统的基本单位及电机旋转一周产生多少个基本单位的位移。

④ 单击"下一步"，设置 PTO 输出信号的类型（图 6-93）。

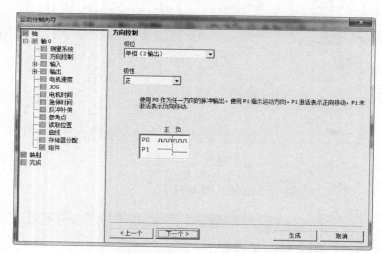

图 6-93　PTO 输出信号设置

PTO 有四种输出方式：单相（2 路输出）、双相（2 路输出）、A/B 相正交（2 路输出）和单相（1 路输出）。具体可以参考 6.4.2 节。

⑤ 单击"下一步"，设置是否启用正向运动最大行程限值（LMT+），如图 6-94 所示。

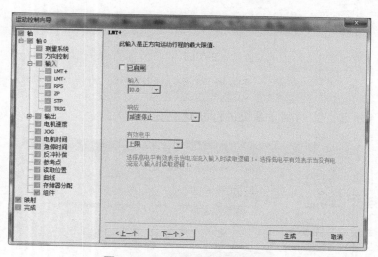

图 6-94　正向运动最大行程设置

一般在工作台的左右两端会安装两个限位开关，用来作为工作台的左右最大位移，也就是正向和反向运动的最大行程限值。S7-200 SMART 的运动控制向导支持将这两个限位开关的信号接入到运动控制中，并且可以根据需要连接到不同的数字量输入通道、设置信号的响应方式（减速停止或立即停止）及信号电平（高电平还是低电平）。这里的 LMT+ 是正向运动的最大限值。

注意 STEP 7-Micro/WIN SMART V2.4 的中文翻译有些并不准确。比如这里的有效电平的选项应为"高"或者"低",而不是"上限"与"下限"。向导中的"下一个"翻译为"下一步"会更好一些(本书正文中使用的是"下一步")。

⑥ 单击"下一步",设置是否启用反向运动的最大行程限值(LMT-),如图6-95所示。

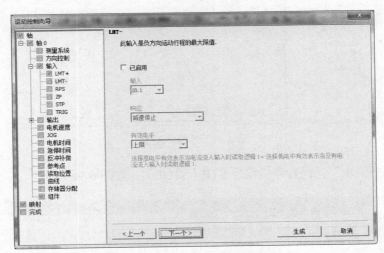

图6-95 反向运动最大行程设置

⑦ 单击"下一步",设置是否启用参考点开关(RPS),如图6-96所示。

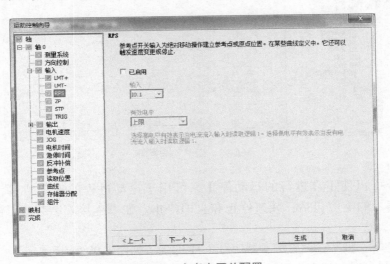

图6-96 参考点开关配置

RPS是物理硬件上的一个开关,可以作为绝对运动的原点或参考位置。

⑧ 单击"下一步",设置是否启用零脉冲,如图6-97所示。

一般情况下,电机每旋转一周,伺服驱动器都会发出一次零脉冲信号,可以用来辅助创建参考点。如果启用零脉冲,需要占用一个高速计数器资源。

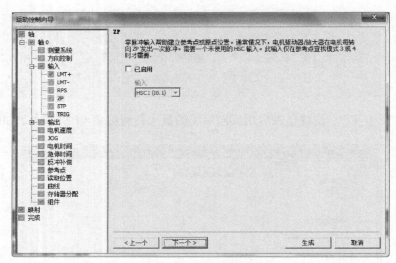

图 6-97　零脉冲配置

⑨ 单击"下一步"，设置停机信号 STP（STOP），如图 6-98 所示。

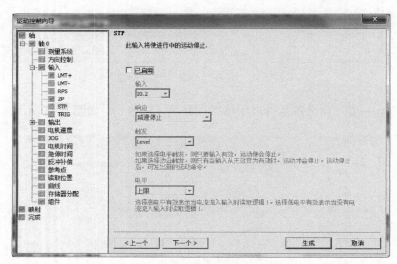

图 6-98　STP 信号配置

STP 信号可以使正在进行的运动停止，可用于运动过程的安全装置，比如防撞开关板。STP 信号的响应包括：减速停止和立即停止。如果连接安装装置，建议选择"立即停止"。

⑩ 单击"下一步"，设置触发器信号（TRIG），如图 6-99 所示。

触发器信号可以在特定位置让电机停止运行。

⑪ 单击"下一步"，设置禁用 / 使能信号（DIS），如图 6-100 所示。

当启用 DIS 功能时，可以通过配置的输出通道控制伺服驱动器的启动与停止。当信号从 0 变为 1，伺服驱动器启动；当信号从 1 变为 0 时，伺服驱动器减速停车或者自由停车。

⑫ 单击"下一步"，设置电机速度，如图 6-101 所示。

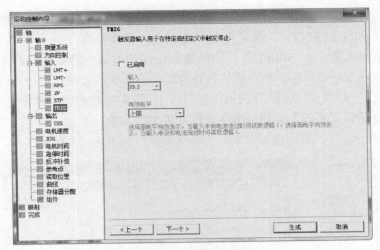

图 6-99 TRIG 信号配置

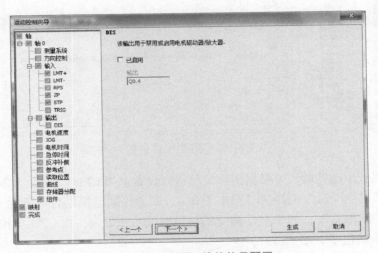

图 6-100 禁用 / 使能信号配置

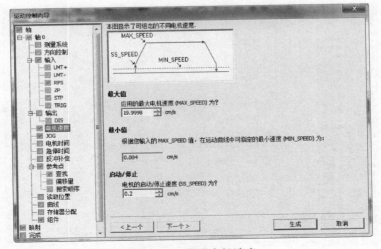

图 6-101 配置电机速度

a. 最大值（MAX_SPEED）：电机允许的最大速度，根据电机的实际参数进行设置。

b. 最小值（MIN_SPEED）：固定为 20 个脉冲 /s，不能修改。

c. 启动 / 停止速度（SS_SPEED）：能够使负载运动的最小转矩对应的速度，建议参照电机的转矩转速曲线图并根据机械负载特性计算得出。如果不方便计算也可以按照最大速度的 5% ~ 15% 设定。如果 SS_SPEED 的值设置得过小，则电机在启动或停止时可能出现抖动；如果 SS_SPEED 值设置得过大，则可能出现脉冲丢失的现象。

⑬ 单击"下一步"，设定点动（JOG）命令参数，如图 6-102 所示。

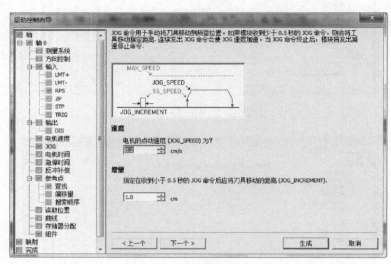

图 6-102　配置 JOG 参数

点动命令用于手动控制，可根据实际情况进行设置。当 CPU 收到点动命令时，会启动内部定时器。如果点动命令的持续时间小于 0.5s，则会控制电机以启动速度（SS_SPEED）移动指定的距离"增量"；如果点动命令的持续时间大于 0.5s，则 CPU 会控制电机从 SS_SPEED 加速到点动速度 JOG_SPEED。

⑭ 单击"下一步"，设置电机的加减速时间，如图 6-103 所示。

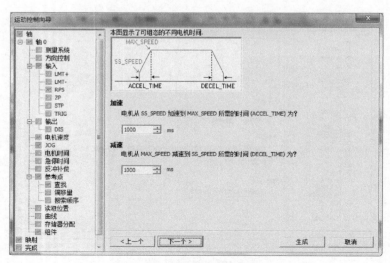

图 6-103　配置电机加减速时间

a. 加速时间：电机从启动速度（SS_SPEED）加速到最大速度（MAX_SPEED）所需要的时间。

b. 减速时间：电机从最大速度（MAX_SPEED）减速到停止速度（SS_SPEED）所需要的时间。

默认的加减速时间均为 1000ms，需要根据现场实际情况进行设置。

⑮ 单击"下一步"，设置急停时间，如图 6-104 所示。

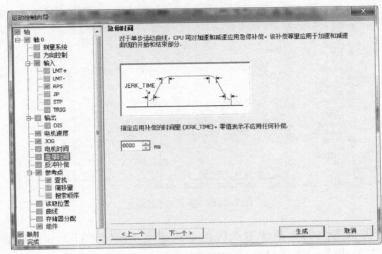

图 6-104　配置急停时间

急停时间的作用是对加速/减速时间进行补偿。急停时间补偿能够使加速、减速的曲线更加平滑，防止出现抖动的情况。急停时间的初始值可以设置为加速时间的 40%。

⑯ 单击"下一步"，设置反冲补偿，如图 6-105 所示。

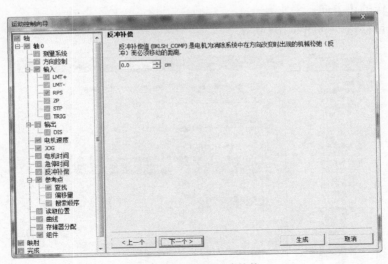

图 6-105　配置反冲补偿

电机或轴在反转时，机械传动部分可能会有间隙或者机械松弛。电机或轴必须先越过这个间隙才能进行反转，这个间隙就是反冲补偿。反冲补偿的值要根据实际情况进行设置，对于反转时没有间隙的轴或电机将反冲补偿的值设置为 0 即可。

⑰ 单击"下一步"，对参考点进行组态。

a. 参考点的查找，如图 6-106 所示。

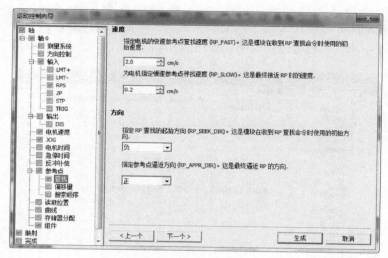

图 6-106　参考点查找

可以设置两种参考点的查找速度：快速查找速度（RP_FAST）和慢速查找速度（RP_SLOW）。快速查找速度（RP_FAST）：电机在收到查找参考点指令后的初始速度，典型值是最大速度的 2/3 左右。慢速查找速度（RP_SLOW）：电机在接近参考点时的速度，典型值为 SS_SPEED。寻找参考点的初始方向（RP_SEEK_DIR）：从工作区域到参考点附近，需要限位开关的配合。电机在寻找参考点的过程中遇到限位开关会反转，以便准确查找参考点。通常初始方向是电机工作的负方向。寻找参考点的逼近方向（RP_APPR_DIR）：通常设置为电机工作的正方向。

b. 参考点偏移量，如图 6-107 所示。

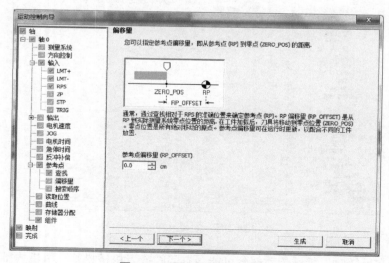

图 6-107　配置参考点偏移量

参考点偏移量是相对于零点的距离。偏移量可以在运动中更新，以配合不同的工件的放置位置。

c.搜索顺序如图 6-108 所示。

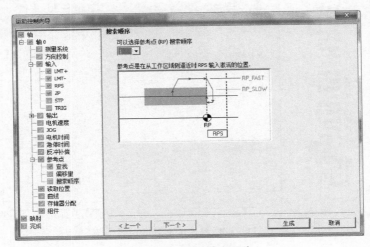

图 6-108　配置搜索顺序

最多支持四种参考点搜索顺序：

●"参考点"位于"参考点开关"靠近工作区一侧的起始激活位置处（默认），如图 6-109 所示。

●"参考点"位于"参考点开关"有效区域的中间位置，如图 6-110 所示。

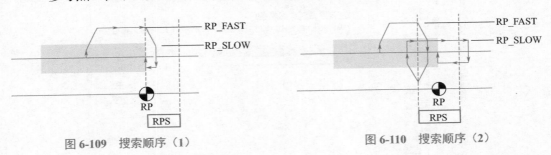

图 6-109　搜索顺序（1）　　　　　图 6-110　搜索顺序（2）

●"参考点"位于"参考点开关"有效区域之外，通过指定参考点开关失效后接收的零脉冲的个数来搜索参考点，如图 6-111 所示。

●"参考点"位于"参考点开关"有效区域之内，通过指定参考点开关激活后接收的零脉冲的个数来搜索参考点，如图 6-112 所示。

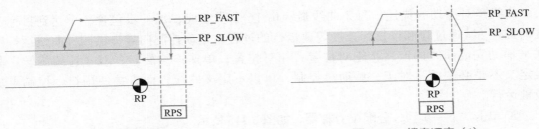

图 6-111　搜索顺序（3）　　　　　图 6-112　搜索顺序（4）

⑱ 单击"下一步"，读取绝对编码器的位置数值，如图 6-113 所示。

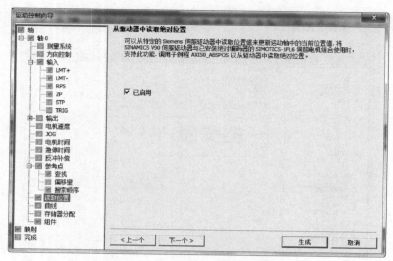

图 6-113　读取绝对编码器的位置数值

当使用 SINAMICS V90 与 SIMOTICS S-1FL6 伺服电机组成伺服驱动系统时，可以通过运动控制向导组态设置来读取伺服电机绝对编码器的数值。

⑲ 单击"下一步"，选择运动曲线，如图 6-114 所示。

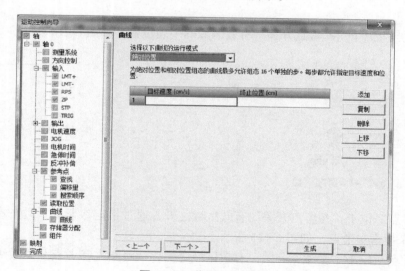

图 6-114　曲线运行模式

曲线是对运动的描述，每条曲线最多由 16 个步组成，每一步包含一个达到目标速度的加速/减速过程和以目标速度匀速运行的过程。运动控制向导提供四种曲线运行模式来辅助完成曲线的定义：绝对位置；相对位置；单速连续旋转；双速连续旋转。曲线定义不是必须的，对于一些简单控制，可以不定义曲线，而直接使用指令控制电机或轴运行。

⑳ 单击"下一步"，分配 V 存储器，如图 6-115 所示。

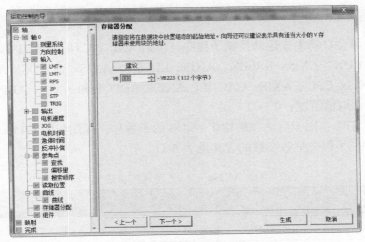

图 6-115　分配 V 存储器

运动控制向导需要 112 个字节的 V 存储器，单击"建议"会自动分配。
㉑ 单击"下一步"，向导会列出所有配置的组件，如图 6-116 所示。

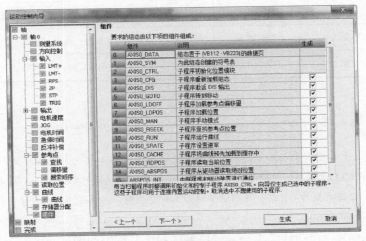

图 6-116　运动控制向导生成的组件

㉒ 单击"生成"，将自动生成所配置的所有子程序（图 6-117）。

图 6-117　运动控制向导生成的子程序

6.4.5 运动控制子程序

运动控制向导会自动生成运动控制子程序，包括 AXISx_CTRL、AXISx_MAN、AXISx_GOTO、AXISx_RUN、AXISx_RSEEK、AXISx_LDOFF、AXISx_LDPOS、AXISx_SRATE、AXISx_DIS、AXISx_CFG、AXISx_CACHE、AXISx_RDPOS 和 AXISx_ABPOS，名称中的 x 代表轴的编号（取值范围：0 ~ 2）。

① AXISx_CTRL：用于启动和初始化运动轴的子程序，框图如图 6-118 所示。

AXIS0_CTRL 子程序中各参数的含义见表 6-11。

表 6-11　AXIS0_CTRL 子程序参数含义

参数名称	类型	数据类型	说明
EN	输入	BOOL	当前子程序使能
MOD_EN	输入	BOOL	1= 启用运动控制轴；0= 终止运动控制指令执行
Done	输出	BOOL	当该运动轴任何子程序执行完成时该值为 1
Error	输出	BYTE	子程序的错误字节
C_Pos	输出	DINT/REAL	运动轴的当前位置，单位为：脉冲（DINT）或工程量值（REAL）
C_Speed	输出	DINT/REAL	运动轴的当前速度，单位为：脉冲（DINT）或工程量值（REAL）
C_Dir	输出	BOOL	电机的当前转向：0= 正转；1= 反转

　　AXISx_CTRL 子程序需要在每个扫描周期都调用，使用 SM0.0 作为 EN 的参数。每个运动轴只能调用一次 AXISx_CTRL 子程序。运动轴的当前位置和速度的数据类型可以是 DINT 或者 REAL。当测量单位为脉冲数时，数据类型为 DINT；当测量单位为工程量值时，数据类型为 REAL。

② AXISx_MAN：运动轴的手动运行控制子程序，框图如图 6-119 所示。

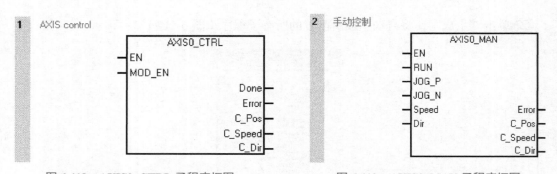

图 6-118　AXIS0_CTRL 子程序框图　　　　图 6-119　AXIS0_MAN 子程序框图

AXIS0_MAN 子程序中各参数的含义见表 6-12。

表 6-12 AXIS0_MAN 子程序参数含义

参数名称	类型	数据类型	说明
EN	输入	BOOL	当前子程序使能
RUN	输入	BOOL	1= 启动运动轴；0= 停止运动轴
JOG_P	输入	BOOL	正向点动
JOG_N	输入	BOOL	反向点动
Speed	输入	DINT/REAL	手动运行的速度，单位为：脉冲或工程量值
Dir	输入	BOOL	启动运动轴时的运行方向
Error	输出	BYTE	子程序的错误字节
C_Pos	输出	DINT/REAL	运动轴的当前位置，单位为：脉冲（DINT）或工程量值（REAL）
C_Speed	输出	DINT/REAL	运动轴的当前速度，单位为：脉冲（DINT）或工程量值（REAL）
C_Dir	输出	BOOL	电机的当前转向：0= 正转；1= 反转

说明

当 RUN=1 时，运动轴会以 Dir 设定的方向，从 0 加速到 Speed 设置的速度值。对于点动运行（JOG_P 或 JOG_N），如果 JOG_P 或 JOG_N 参数保持的时间小于 0.5s，则运动轴将通过脉冲指示移动 JOG_INCREMENT 中指定的距离；如果 JOG_P 或 JOG_N 参数保持的时间大于等于 0.5s，则运动轴将会加速至指定的手动运行 Speed。根据组态向导时设置的速度单位的不同，速度可以是：脉冲 / 秒或者工程量值 / 秒。

③ AXISx_GOTO：控制运动轴运动到指定位置的子程序，框图如图 6-120 所示。

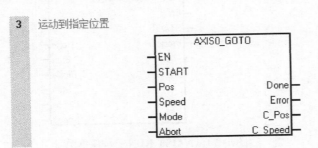

图 6-120 AXIS0_GOTO 子程序框图

AXIS0_GOTO 子程序中各参数的含义见表 6-13。

表 6-13 AXIS0_GOTO 子程序参数含义

参数名称	类型	数据类型	说明
EN	输入	BOOL	当前子程序使能
START	输入	BOOL	1= 向运动轴发送 GOTO 指令，建议使用沿触发
Pos	输入	DINT	目标位置，脉冲数或者工程量值

续表

参数名称	类型	数据类型	说明
Speed	输入	REAL	指令执行过程中的最大运动速度
Mode	输入	BYTE	运动轴的运动类型
Abort	输入	BOOL	1=终止指令执行
Done	输出	BOOL	1=子程序执行完成
Error	输出	BYTE	子程序的错误字节
C_Pos	输出	DINT/REAL	运动轴的当前位置，单位为：脉冲（DINT）或工程量值（REAL）
C_Speed	输出	DINT/REAL	运动轴的当前速度，单位为：脉冲（DINT）或工程量值（REAL）

 说 明

　　EN 参数会启用子程序的执行，需要确保 EN=1，直至 Done=1 指示子程序已经执行完成。START=1 时会向运动轴发送 GOTO 指令。为了确保在程序扫描周期只执行一次，建议使用沿触发信号。Mode 参数指定运动轴的运动类型包括四种：0= 绝对位置；1= 相对位置；2= 单速连续正向旋转；3= 单速连续反向旋转。

　　④ AXISx_RUN：命令运动轴按照存储在运动向导或者曲线表中的曲线进行运动的子程序，框图如图 6-121 所示。

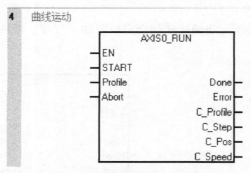

图 6-121　AXIS0_RUN 子程序框图

AXIS0_RUN 子程序中各参数的含义见表 6-14：

表 6-14　AXIS0_RUN 子程序参数含义

参数名称	类型	数据类型	说明
EN	输入	BOOL	当前子程序使能
START	输入	BOOL	1= 向运动轴发送 RUN 指令，建议使用沿触发
Profile	输入	BYTE	运动曲线的编号或符号名，取值介于 0 ~ 31 之间
Abort	输入	BOOL	1= 命令运动轴停止当前曲线命令的执行，使运动轴自由停车

参数名称	类型	数据类型	说明
Done	输出	BOOL	1= 子程序执行完成
Error	输出	BYTE	子程序的错误字节
C_Profile	输出	BYTE	运动轴当前执行的曲线编号
C_Step	输出	BYTE	运动轴当前执行的曲线步
C_Pos	输出	DINT/REAL	运动轴的当前位置，单位为：脉冲（DINT）或工程量值（REAL）
C_Speed	输出	DINT/REAL	运动轴的当前速度，单位为：脉冲（DINT）或工程量值（REAL）

 说 明

　　EN 参数会启用子程序的执行，需要确保 EN=1，直至 Done=1 指示子程序已经执行完成。START=1 时会向运动轴发送 RUN 指令。为了确保在程序扫描周期只执行一次，建议使用沿触发信号。Profile 是在运动向导中组态（或者曲线表）的曲线的编号或者符号名，取值必须介于 0 ～ 31 之间，否则会返回错误。

　　⑤ AXISx_RSEEK：按照向导或者曲线表中定义的方法搜索参考点位置的子程序，框图如图 6-122 所示。

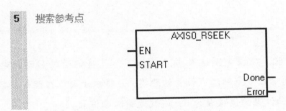

图 6-122　AXIS0_RSEEK 子程序

AXIS0_RSEEK 子程序中各参数的含义见表 6-15。

表 6-15　AXIS0_RSEEK 子程序参数含义

参数名称	类型	数据类型	说明
EN	输入	BOOL	当前子程序使能
START	输入	BOOL	1= 向运动轴发送 RSEEK 指令，建议使用沿触发
Done	输出	BOOL	1= 子程序执行完成
Error	输出	BYTE	子程序的错误字节

 说 明

　　START=1 时会向运动轴发送 RSEEK 指令。为了确保在程序扫描周期只执行一次，建议使用沿触发信号。运动轴找到参考点且运动停止后，会将参考点偏移量（RP_OFFSET）的值加载到当前位置。

⑥ AXISx_LDOFF：建立一个新的（不同于参考点位置的）零位置的子程序，框图如图 6-123 所示。

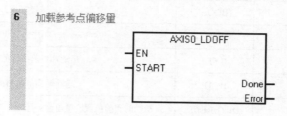

图 6-123　AXIS0_LDOFF 子程序框图

AXIS0_LDOFF 子程序中各参数的含义见表 6-16。

表 6-16　AXIS0_LDOFF 子程序参数含义

参数名称	类型	数据类型	说明
EN	输入	BOOL	当前子程序使能
START	输入	BOOL	1= 向运动轴发送 LDOFF 指令，建议使用沿触发
Done	输出	BOOL	1= 子程序执行完成
Error	输出	BYTE	子程序的错误字节

说明

　　在执行该子程序之前，应首先确认参考点的位置，并将运动轴移动到起始位置。当运动轴收到 LDOFF 指令后，会计算起始位置到参考点位置的距离，并将该距离值存储到参数"参考点偏移量"（RP_OFFSET）中，然后将起始位置的值设置为 0，这就是新的零位置。

⑦ AXISx_LDPOS：将运动轴的当前位置设置为新值的子程序，框图如图 6-124 所示。

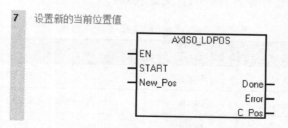

图 6-124　AXIS0_LDPOS 子程序框图

AXIS0_LDPOS 子程序中各参数的含义见表 6-17。

表 6-17　AXIS0_LDPOS 子程序参数含义

参数名称	类型	数据类型	说明
EN	输入	BOOL	当前子程序使能

续表

参数名称	类型	数据类型	说明
START	输入	BOOL	1= 向运动轴发送 LDPOS 指令，建议使用沿触发
New_Pos	输入	DINT/REAL	新的位置值，脉冲数（DINT）或工程量值（REAL）
Done	输出	BOOL	1= 子程序执行完成
Error	输出	BYTE	子程序的错误字节
C_Pos	输出	DINT/REAL	当前位置值，脉冲数（DINT）或工程量值（REAL）

⑧ AXISx_SRATE：用来设置运动轴的加速度、减速度和急停时间的子程序，框图如图 6-125 所示。

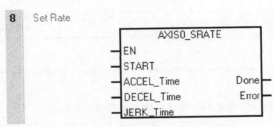

图 6-125　AXIS0_SRATE 子程序

AXIS0_SRATE 子程序中各参数的含义见表 6-18。

表 6-18　AXIS0_SRATE 子程序参数含义

参数名称	类型	数据类型	说明
EN	输入	BOOL	当前子程序使能
START	输入	BOOL	1= 向运动轴发送 SRATE 指令，建议使用沿触发
ACCEL_Time	输入	DINT	加速时间，单位：毫秒
DECEL_Time	输入	DINT	减速时间，单位：毫秒
JERK_Time	输入	DINT	急停时间，单位：毫秒
Done	输出	BOOL	1= 子程序执行完成
Error	输出	BYTE	子程序的错误字节

说明

当 START 参数的值为 1 时会将新的时间值（加速、减速和急停时间）复制到向导组态或曲线表中，并向运动轴发送 SRATE 指令。

⑨ AXISx_DIS：启用或禁止运动轴（DIS 参数的输出控制），框图如图 6-126 所示。

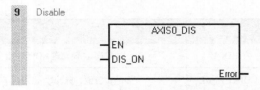

图 6-126　AXIS0_DIS 子程序框图

AXIS0_DIS 子程序中各参数的含义见表 6-19。

表 6-19　AXIS0_DIS 子程序参数含义

参数名称	类型	数据类型	说明
EN	输入	BOOL	当前子程序使能
DIS_ON	输入	BOOL	1= 禁止运动轴运行；0= 使能运动轴运行
Error	输出	BYTE	子程序的错误字节

如果没有在运控控制向导中配置 DIS 参数，调用该子程序会报错。

⑩ AXISx_CFG：命令运动轴重新加载组态参数，框图如图 6-127 所示。

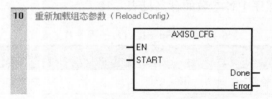

图 6-127　AXIS0_CFG 子程序框图

AXIS0_CFG 子程序中各参数的含义见表 6-20。

表 6-20　AXIS0_CFG 子程序参数含义

参数名称	类型	数据类型	说明
EN	输入	BOOL	当前子程序使能
START	输入	BOOL	1= 向运动轴发送 CFG 指令，建议使用沿触发
Done	输出	BOOL	1= 子程序执行完成
Error	输出	BYTE	子程序的错误字节

该子程序命令运动轴从向导或曲线中读取新的配置。运动轴会将新的配置与当前配置进行比较，并执行任何所需的更改或重新计算一些数值。

⑪ AXISx_CACHE：该子程序允许在曲线运动执行之前对需要的指令进行缓存，框图如图 6-128 所示。

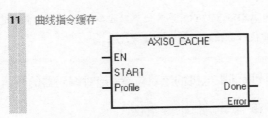

图 6-128 AXIS0_CACHE 子程序框图

AXIS0_CACHE 子程序中各参数的含义见表 6-21。

表 6-21 AXIS0_CACHE 子程序参数含义

参数名称	类型	数据类型	说明
EN	输入	BOOL	当前子程序使能
START	输入	BOOL	1= 向运动轴发送 CACHE 指令，建议使用沿触发
Profile	输入	BYTE	运动曲线的编号或符号名，取值介于 0 ~ 31 之间
Done	输出	BOOL	1= 子程序执行完成
Error	输出	BYTE	子程序的错误字节

曲线指令缓存可以节省运动的时间，并能在运动开始后在指令执行和实际运动之间提供很好的配合度（一致性）。

⑫ AXISx_RDPOS：返回运动轴的当前位置，框图如图 6-129 所示。

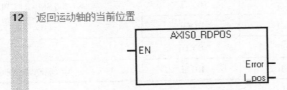

图 6-129 AXIS0_RDPOS 子程序

AXIS0_RDPOS 子程序中各参数的含义见表 6-22。

表 6-22 AXIS0_RDPOS 子程序参数含义

参数名称	类型	数据类型	说明
EN	输入	BOOL	当前子程序使能
Error	输出	BYTE	子程序的错误字节
I_pos	输出	DINT/REAL	当前位置，脉冲数（DINT）或工程量值（REAL）

由于 AXISx_CTRL 和 AXISx_GOTO 等其他运动控制子程序中位置状态值是周期性更新的，因此可能与该子程序返回的当前值略有出入，但这是正常现象。

⑬ AXISx_ABPOS: 读取伺服电机的绝对位置（绝对编码器的数值），框图如图 6-130 所示。

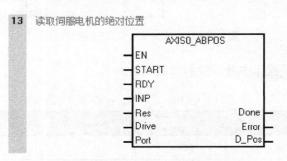

13 读取伺服电机的绝对位置

图 6-130　AXIS0_ABPOS 子程序框图

AXIS0_ABPOS 子程序中各参数的含义见表 6-23。

表 6-23　AXIS0_ABPOS 子程序参数含义

参数名称	类型	数据类型	说明
EN	输入	BOOL	当前子程序使能
START	输入	BOOL	1= 向伺服驱动器发送 ABPOS 指令，建议使用沿触发
RDY	输入	BOOL	1= 伺服电机处于就绪状态
INP	输入	BOOL	1= 伺服电机处于静止状态
Res	输入	DINT	伺服电机绝对编码器的分辨率
Drive	输入	BYTE	伺服驱动器的 RS485 地址，取值范围：0 ~ 31
Port	输入	BYTE	S7-200 SMART CPU 的 RS485 端口号
Done	输出	BOOL	1= 子程序执行完成
Error	输出	BYTE	子程序的错误字节
D_Pos	输出	REAL	伺服驱动器返回的当前绝对位置

RDY 参数指示伺服驱动器是否处于就绪状态，该信号来自伺服驱动器的数字量输出。仅当 RDY=1时，该子程序才会通过驱动器读取绝对位置。INP 参数指示伺服电机是否处于静止状态，该信号来自伺服驱动器的数字量输出。仅当 INP=1 时，此子程序才会通过驱动器读取绝对位置。Res 参数表示伺服电机的绝对编码器的分辨率。例如，具有绝对编码器的 SIMOTICS S-1FL6 伺服电机的单圈分辨率为 20 位或 1048576。Port 参数指示使用哪个串口读取位置，S7-200 SMART CPU 本体集成的串口编号为 0；信号板 SB RS485_RS232 的串口编号为 1。

6.4.6　认识 SINAMICS V90 伺服系统

　　SINAMICS V90 是西门子公司推出的基本型伺服驱动器，可与 SIMOTICS S-1FL6 伺服电机组成性能优良的伺服驱动系统。根据控制方式的不同，SINAMICS V90 伺服驱动器可分为脉冲序列（PTI）版本和 PROFINET（PN）通信版本。SINAMICS V90 脉冲序列（PTI）版本集成了外部脉冲位置控制、内部设定值位置控制、速度控制及转矩控制等模式，可用于不同的应用场合。外部脉冲位置控制信号有两种来源：标准的 5V 差分信号（RS422）和 24V 单端脉冲。SINAMICS V90 PN 版本支持通过 PROFINET 协议使用 PROFIdrive 行规对伺服电机进行速度控制，支持过程数据及诊断数据的传输。

　　根据电机负载惯性大小的不同，SINAMICS V90 伺服驱动器可分为低惯性和高惯性两种。SINAMICS V90 低惯性伺服驱动器有 1AC/230V 和 3AC/400V 两种供电电压，功率范围为 0.1 ～ 2kW。低惯性伺服驱动器连接低惯性伺服电机（SH20、SH30、SH40 和 SH50），可组成高动态响应系统，最大转速高达 5000r/min。低惯性伺服系统体积小巧，能满足苛刻的安装要求。SINAMICS V90 高惯性伺服驱动器的供电电压为 3AC/400V，功率范围为 0.4 ～ 7kW。高惯性伺服驱动器连接高惯性伺服电机（SH45、SH65 和 SH90），具有更高的转矩精度和极低的速度波动，额定转矩输出达 33.4N·m，可保证更优良的产品品质。

　　图 6-131 是 SINAMICS V90 PTI 版本（支持 1AC/230V、3AC/400V 两种电压）和 SIMOTICS S-1FL6 SH50 伺服电机的外观图。

SIMOTICS S-1FL6 SH50　　　　SINAMICS V90 PTI

图 6-131　SH50 与 V90 PTI 外观

　　图 6-132 是 SINAMICS V90 PN 版本（支持 1AC/230V、3AC/400V 两种电压）和 SIMOTICS S-1FL6 SH30 伺服电机的外观图。

　　SINAMICS V90 PTI 版本（3AC/400V）伺服驱动器前面板各种接口如图 6-133 所示。

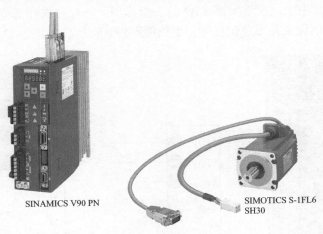

SINAMICS V90 PN　　　　SIMOTICS S-1FL6 SH30

图 6-132　SH30 与 V90 PN 外观

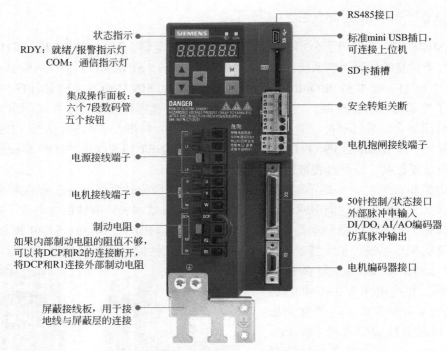

状态指示
RDY：就绪/报警指示灯
COM：通信指示灯

集成操作面板：
六个7段数码管
五个按钮

电源接线端子

电机接线端子

制动电阻
如果内部制动电阻的阻值不够，
可以将DCP和R2的连接断开，
将DCP和R1连接外部制动电阻

屏蔽接线板，用于接
地线与屏蔽层的连接

RS485接口

标准mini USB插口，
可连接上位机

SD卡插槽

安全转矩关断

电机抱闸接线端子

50针控制/状态接口
外部脉冲串输入
DI/DO, AI/AO编码器
仿真脉冲输出

电机编码器接口

图 6-133　SINAMICS V90 PTI 版本前面板

　　图 6-133 中，L1、L2、L3 为 400V 电源进线；U、V、W 为伺服电机连接电缆；X6 为安全转矩关断（STO）和 24V 电源的接线端子。伺服电机出厂时，安全转矩关断端子有短接片相连，如图 6-134 所示。

　　安全转矩关断有三个接线端子（STO1、STO+、STO2），其中：STO+ 为安全转矩关断通道电源端子；STO1 为安全转矩关断通道 1 接线端子；STO2 为安全转矩关断通道 2 接线端子。只有当 STO1 和 STO2 都为高电平的时候，伺服电机才能正常运行。伺服电机在出厂时用短接片将 STO+ 与 STO1、STO2 相连，就是为了保证电机能正常运行，如图 6-135所示。

　　但是，在实际应用中，应该发挥 STO 的安全作用，将急停按钮等安全装置的常闭通道连接到 STO 端子，以保证在紧急情况下，电机能够停止运行，如图 6-136 所示。

图 6-134　STO 功能端子及短接板

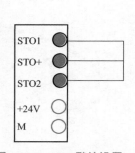

图 6-135　STO 默认设置

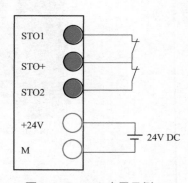

图 6-136　STO 应用示例

STO1 和 STO2 通道的电平与伺服电机的动作说明见表 6-24。

表 6-24　STO1 和 STO2 通道电平与伺服电机的动作说明

端子		状态	说明
STO1	STO2		
高电平	高电平	安全	伺服驱动器及伺服电机都可正常运行
低电平	低电平	安全	伺服驱动器可正常启动，但伺服电机不能正常运行
高电平	低电平	不安全	伺服驱动器报警 F1611，伺服电机自由停车
低电平	高电平		

端 X7（图 6-133）为电机抱闸的接线端子。抱闸的电磁线圈在通电的情况下会产生电磁力将抱闸打开，从而让电机正常运行；在失电的情况下，机械机构可以让抱闸关闭，从而使电机急停停止。

端子 X8（图 6-133）有 50 个针脚，包括两路 24V 单端高速脉冲输入 PTI_A 和 PTI_B，两者端子连接如图 6-137 所示。

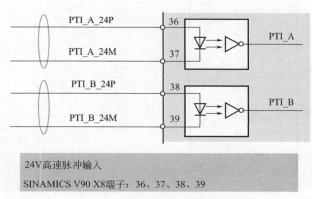

图 6-137　24V 高速脉冲输入接线端子

两路 5V 差分脉冲输入如图 6-138 所示。

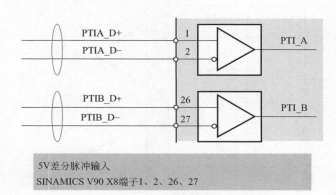

图 6-138　5V 差分脉冲输入接线端子

10 路数字量输入（DI1 ～ DI10）如图 6-139 所示。

6 路数字量输出（DO1 ～ DO6）如图 6-140 所示。

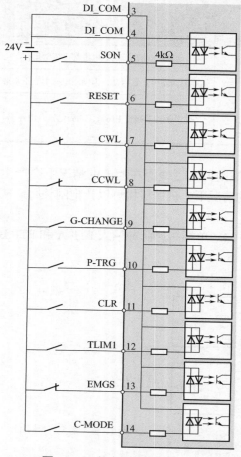

图 6-139　数字量输入端子

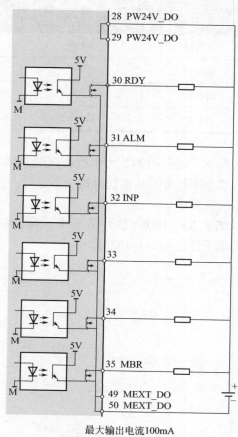

最大输出电流100mA

图 6-140　数字量输出端子

2 路模拟量输入（AI1 ～ AI2）如图 6-141 所示。

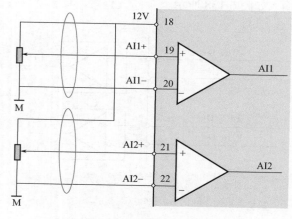

图 6-141　模拟量输入端子

2 路模拟量输出通道（AO1 ～ AO2）如图 6-142 所示。

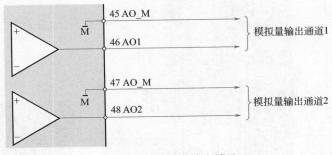

图 6-142　模拟量输出端子

零脉冲如图 6-143 所示。

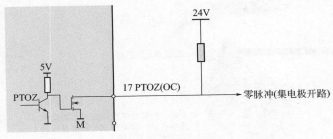

图 6-143　零脉冲端子

6.4.7　实例：数控机床工作台的位置控制

本例程使用 S7-200 SMART CPU 的运动控制功能来实现数控机床工作台的位置控制（往返运动）。

硬件环境：S7-200 SMART CPU ST40，SINAMICS V90 3AC/400V PTI 版伺服驱动器，SIMOTICS S-1FL6 SH40 伺服电机，数控机床工作台。

软件环境：STEP 7-Micro/WIN SMART V2.4。

工艺要求：以参考点开关作为参考点（零点），工作台在收到启动命令后，向右运行 500mm 的距离，然后停止等待刀具切割工作。当收到返回命令后，向左运动返回零点。图 6-144 是工作台的示意图。

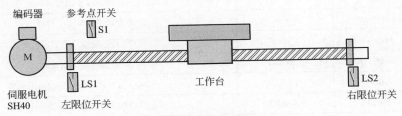

图 6-144　工作台示意图

SINAMICS V90 的接线示意图如图 6-145 所示。

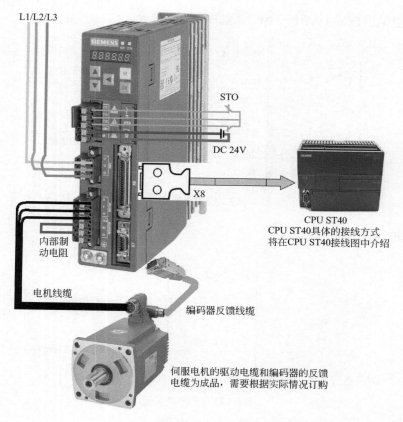

STO

DC 24V

X8

CPU ST40
CPU ST40具体的接线方式
将在CPU ST40接线图中介绍

内部制
动电阻

电机线缆

编码器反馈线缆

伺服电机的驱动电缆和编码器的反馈
电缆为成品，需要根据实际情况订购

图 6-145　SINAMICS V90 接线示意图

CPU ST40 接线示意图如图 6-146 所示。

本例程的 I/O 点检表见表 6-25。

表 6-25　I/O 点检表

地址	名称	符号名	含义
I0.0	LMT+	I_LMT1	工作台左限位开关输入
I0.1	LMT−	I_LMT2	工作台右限位开关输入
I0.2	RPS	I_RPS	工作台参考点开关输入
I0.3	ZP	I_ZP	SINAMICS V90 零脉冲反馈输出信号
I0.4	STP	I_STP	工作台停止信号输入
I0.5	Forward	I_Fwd	工作台前进信号（工件进给）
I0.6	Backward	I_Bwd	工作台返回信号（回零点）
I0.7	Start_Axis	I_START	使能运动控制轴 0
I1.0	RDY	I_READY	SINAMICS V90 就绪反馈输出信号
I1.1	FAULT	I_FAULT	SINAMICS V90 故障反馈输出信号
Q0.0	Pulse	Q_Pulse	ST40 P0 输出（脉冲数）信号
Q0.2	DIR	Q_DIR	ST40 P1 输出（方向）信号
Q0.4	DIS	Q_DIS	ST40 DIS（V90 使能）信号输出

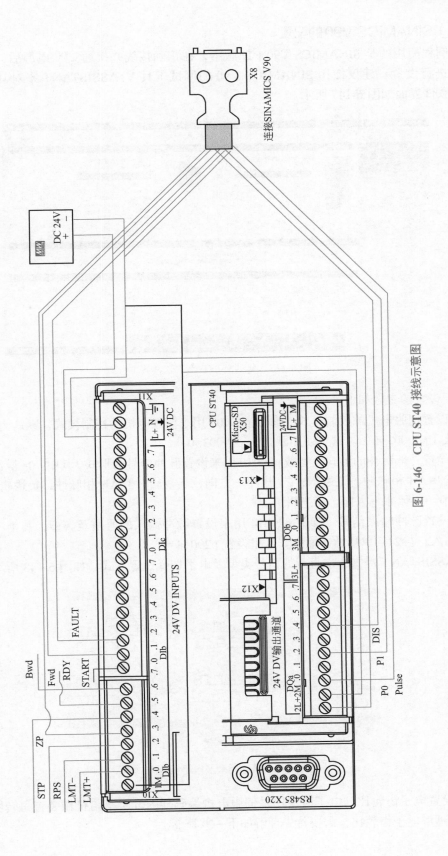

图 6-146 CPU ST40 接线示意图

（1）SINAMICS V90的配置

本例程使用的是 SINAMICS V90 PTI 版本，在正确接线并接通 24V 电源后，还需要对其参数进行设置。建议使用 SINAMICS V90 的调试工具 V_ASSISTANT 来对其参数进行设置，软件界面如图 6-147 所示。

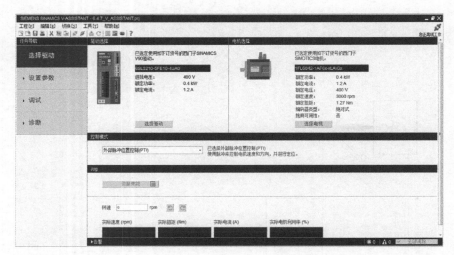

图 6-147 V_ASSISTANT 软件界面

需要设置的参数如下。

① 设置伺服电机的控制模式 参数 p29003 用来设置电机的控制模式，默认为外部脉冲控制模式（p29003=0）。这里使用默认值 p29003=0。

② 设置外部脉冲的形式 参数 p29010 用来设置脉冲信号的形式，其中：0= 脉冲+方向，正逻辑；1=AB 相脉冲，正逻辑；2= 脉冲+方向，负逻辑；3=AB 相脉冲，负逻辑。这里设置 p29010=0（脉冲+方向，正逻辑）。

③ 设置脉冲输入信号 参数 p29014 用来设置脉冲输入的通道及类型，其中：0=5V 差分脉冲输入；1=24V 单端脉冲输入。这里设置 p29014=1。

V_ASSISTANT 提供非常直观的信号类型及电平选择设置方式，如图 6-148 所示。

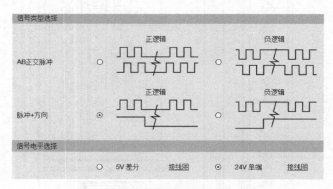

图 6-148 信号类型及电平设置方式

④ 设置电子齿轮比 电子齿轮比是伺服电机编码器的分辨率与机械装置每转脉冲数的比值。要理解电子齿轮比，需要首先理解如下一些概念。

a. 伺服电机编码器的分辨率：SINAMICS V90 伺服电机的编码器有增量型编码器和绝对编码器两种。增量型编码器的码盘由很多均匀的光栅刻线组成，其分辨率是指码盘旋转一周所发出的脉冲数（PPR）。SINAMICS V90 伺服电机的增量型编码器有 2500 条光栅，A/B 相输出总计有 4 种沿信号，因此其分辨率为 2500×4=10000。绝对编码器的分辨率与其码道的数量有关。绝对编码器的码盘被分成很多同心的通道，每一个通道被称为一个"码道"。每个码道都有单独的输出电路，用来表示一个二进制的位。码道的数量越多，能表示的测量范围就越大。SINMICS V90 伺服电机的绝对编码器有 20 位码道，因此其分辨率为 2 的 20 次方（2^{20}）=1048576。

b. 机械装置每转脉冲数：机械装置（比如丝杠）转动一圈所需的脉冲数量。这里的机械装置是指伺服电机的负载。伺服电机与负载之间可能存在变速装置，因此伺服电机的转速并不一定等于负载的转速。这里的脉冲是指 PLC 给伺服驱动器发送的脉冲。

c. 最小长度单位（LU）：PLC 发出一个脉冲时，机械装置（比如丝杠）移动的直线距离或旋转轴转动的度数，是控制系统所能控制的最小位移，也称作"脉冲当量"。

d. 螺距：相邻两螺纹之间的轴向距离。

e. 减速比：伺服电机的转速与负载转速的比值。假设减速比为 i，电机转速为 n，负载转速为 m，则 $i=n/m$。

假设：电子齿轮比为 a/b；伺服电机编码器分辨率为 r；丝杠的螺距为 c；机械装置每转脉冲数为 d，则 $d=c/(LUi)$。电子齿轮比：$a/b =r/d=r/[c/(LUi)]=rLUi/c$。

本例程使用丝杠的螺距 c=6mm；减速比 i=1；伺服电机采用绝对编码器，其分辨率为 1048576；最小长度单位（脉冲当量）LU=1μm；机械装置每转脉冲数 d=6mm/(0.001mm)=6000。因此，需要设置参数 p29011=6000。

如果采用增量型编码器，则电子齿轮比 a/b=10000/6000=5/3，这种情况下设置 p29012=10000，p29012=6000。

V_ASSISTANT 可以非常直观地设置电子齿轮比，提供了多种方法，如图 6-149 所示。

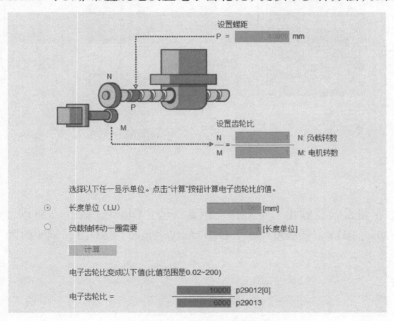

图 6-149　电子齿轮比设置

⑤ 设置转矩及速度的输出限制 参数 p29050 设置最大转矩限值；参数 p29051 设置最小转矩限值。可以在 V_ASSISTANT 上直接修改，如图 6-150 所示。

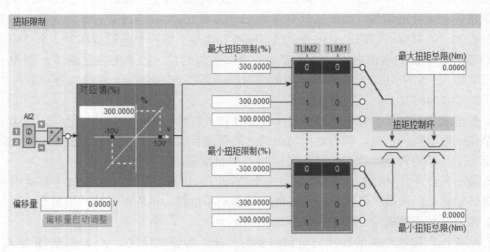

图 6-150 转矩设置

参数 p29070 设置正向速度限值；参数 p29071 设置负向速度限值。可以在 V_ASSISTANT 上直接修改，如图 6-151 所示。

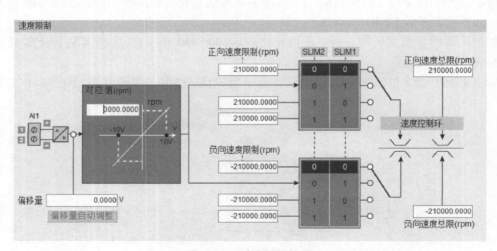

图 6-151 速度限值设置

⑥ 设置数字量输入及输出 本例程使用默认值：DI0=Servo On（SON，伺服启动）；DO0=Servo Ready（RDY，伺服就绪）；DO1=Servo Fault（FAULT，伺服故障）。

注意 在PTI（外部脉冲位置控制）模式下，必须等到SINAMICS V90就绪后（RDY=1），才能向它发送脉冲信号。

（2）CPU ST40运控控制向导组态

使用运动控制向导对实例进行组态。

① 设置测量系统　电机旋转一周需要 6000 个脉冲信号，每旋转一周机械装置运动 6mm 的距离，设置如图 6-152 所示。

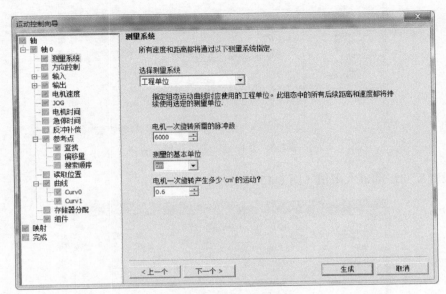

图 6-152　测量系统设置

② 设置方向控制（图 6-153）。

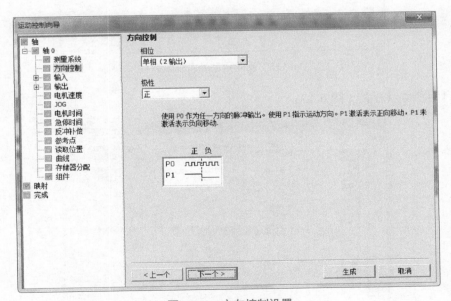

图 6-153　方向控制设置

③ 设置正向运动最大限值（图 6-154）。

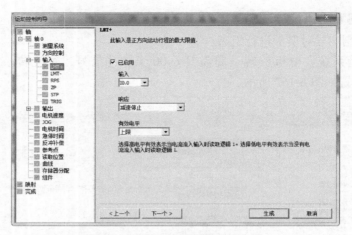

图 6-154　正向运动最大限值设置

④ 设置反向运动最大限值（图 6-155）。

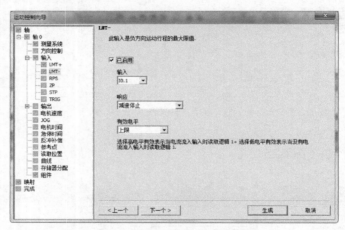

图 6-155　反向运动最大限值设置

⑤ 启用参考点开关（图 6-156）。

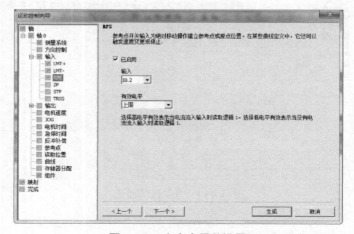

图 6-156　参考点开关设置

⑥ 启用零脉冲输入（图 6-157）。

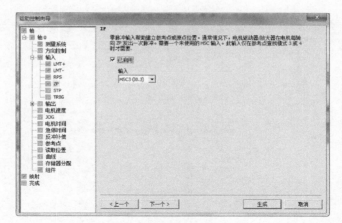

图 6-157 零脉冲设置

⑦ 配置 STP 信号（图 6-158）。

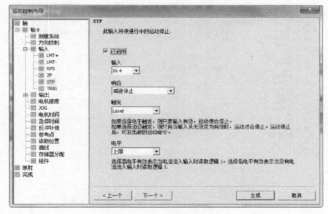

图 6-158 配置 STP 信号

⑧ 配置输出使能信号（图 6-159）。

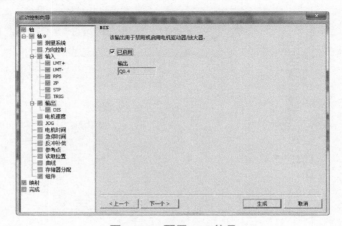

图 6-159 配置 DIS 信号

⑨ 设置电机速度（图 6-160）。

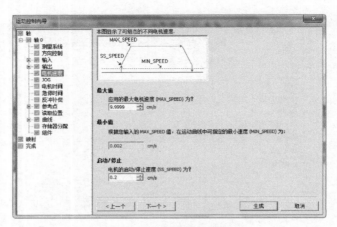

图 6-160　设置电机速度

⑩ 启用参考点（图 6-161）。

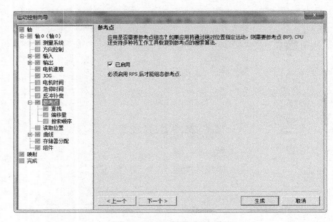

图 6-161　启用参考点

⑪ 配置两条曲线，分别用于工件的进给及工作台的返回（图 6-162）。

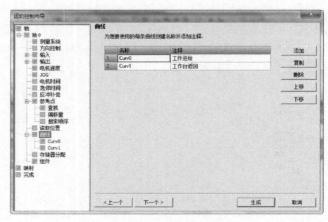

图 6-162　配置曲线

Curv0：工件进给（图 6-163）。

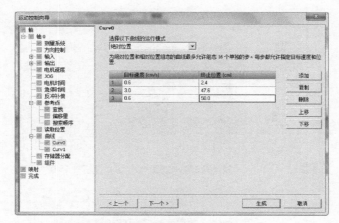

图 6-163　工作进给曲线（Curv0）

Curv1：工作台返回（图 6-164）。

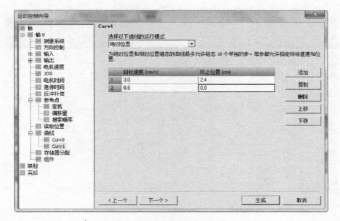

图 6-164　工作台返回曲线（Curv1）

⑫ 分配 V 存储器空间（图 6-165）。

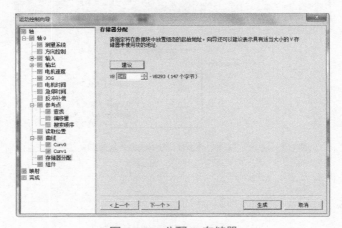

图 6-165　分配 V 存储器

⑬ 生成子程序（图6-166）。

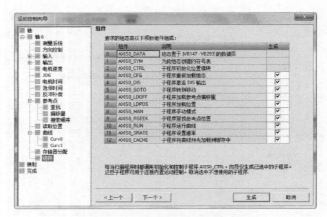

图 6-166　向导生成子程序组件

（3）CPU ST40编程

① 定义 I/O 符号表（图6-167）。

		符号	地址	注释
1		I_LMT1	I0.0	工作台左限位开关输入
2		I_LMT2	I0.1	工作台右限位开关输入
3		I_RPS	I0.2	工作台参考点开关输入
4		I_ZP	I0.3	SINAMICS V90 零脉冲反馈输入信号
5		I_STP	I0.4	工作台停止信号输入
6		I_Fwd	I0.5	工作台前进信号（工件进给）
7		I_Bwd	I0.6	工作台返回信号（回参点）
8		I_Start	I0.7	使能运动控制轴0
9		I_READY	I1.0	SINAMICS V90 就绪反馈输出信号
10		I_FAULT	I1.1	SINAMICS V90 故障反馈输出信号
25		Q_Pulse	Q0.0	ST40 P0输出（脉冲数）信号
26		Q_DIR	Q0.1	ST40 P1输出（方向）信号
27		CPU_Output2	Q0.2	
28		CPU_Output3	Q0.3	
29		Q_DIS	Q0.4	ST40 DIS(V90使能)信号输出

图 6-167　I/O 符号表定义

② 启动和初始化运动轴0（图6-168）。

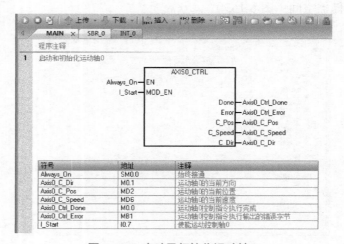

图 6-168　启动及初始化运动轴0

③启用和禁用伺服电机（图 6-169）。

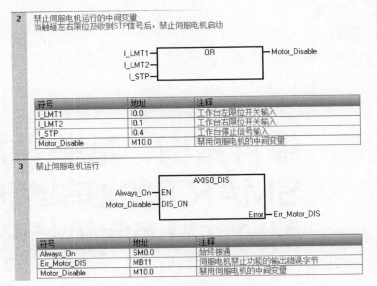

图 6-169　伺服电机的启用 / 禁用

④ 运行曲线 1- 工件进给（图 6-170）。

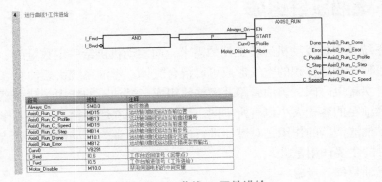

图 6-170　曲线 1- 工件进给

⑤ 运行曲线 2- 工作台返回（图 6-171）。

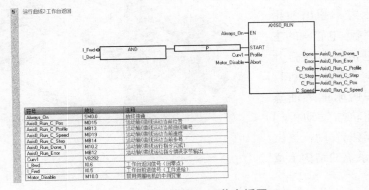

图 6-171　曲线 2- 工作台返回

第 **7** 章　**综合案例：基于 S7-200 SMART 的整车燃油系统密封性与通气性检测**

7.1　整车燃油系统组成

　　汽车燃油系统是根据发动机运转工控的需求，向发动机供给一定数量的、清洁的、良好雾化的燃油，以便于相应体积的空气形成可燃混合气体。燃油系统由燃油箱、燃油泵、燃油滤清器、炭罐、炭罐电磁阀、燃油管路及燃油轨组成。燃油箱的作用是储存燃油，根据车辆型号的不同，燃油箱的容积大小也有所不同。燃油泵安装在燃油箱上，主要作用是为燃油系统供给燃油。燃油滤清器的作用是对燃油进行过滤，以保证为发动机提供清洁、无水、无杂质的燃油。炭罐的主要作用是吸附燃油箱内的燃油蒸气。炭罐一方面与燃油箱相连，另一方面通过炭罐电磁阀与进气歧管相连。另外，炭罐还与大气相通，以保证燃油箱内的压力不超出油箱压力阀的量程。炭罐电磁阀的主要作用是通过电信号定时打开与关闭炭罐与进气歧管的接口，达到吸收炭罐中吸附的燃油蒸气的目的。燃油轨与发动机相连，作为燃油通路向发动机提供燃油。整车燃油系统的结构示意图如图 7-1 所示。

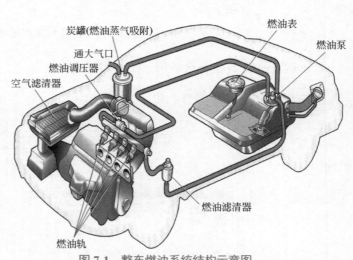

图 7-1　整车燃油系统结构示意图

7.2　燃油系统气密性检测工艺

　　整车燃油系统在加注燃油之前，要经过气密性检测。气密性检测包括两步：密封性检测与通气性检测。

　　① 密封性检测：首先将炭罐通大气口封堵，然后向燃油箱内施加 3.63kPa±0.1kPa 的压力。稳定 60s 左右断开气源，要求 300s 内压力下降值不大于 0.49kPa。

　　② 通气性检测：首先将炭罐通大气口封堵，然后向燃油箱内施加 3.63kPa±0.1kPa 的压力。稳定 60s 左右断开气源，同时去除炭罐通大气的封堵使其恢复正常状态，此时，燃油系统的压力应在 30 ~ 180s 内降低至 0.98kPa 以下。

　　由于国标规定的检测时间过长，在实际的汽车流水线上为了满足生产节拍的需要，一般采用经过对等实验后的工艺标准：

　　① 密封性检测：首先将炭罐通大气口封堵，然后向燃油箱内施加 5Pa±0.5kPa 的压力，充气时间持续 10s。稳定 5s 左右断开气源，要求 5s 内压力下降值不大于 0.167kPa。

　　② 通气性测试：首先将炭罐通大气口封堵，然后向燃油箱内施加 5kPa±0.5kPa 的压力，充气时间持续 5s。稳定 0.5s 左右断开气源，同时去除炭罐通大气的封堵使其恢复正常状态，此时，燃油系统的压力在 8s 内的压力变化量应该大于 0.34kPa。

　　燃油箱及炭罐的结构示意图如图 7-2 所示。

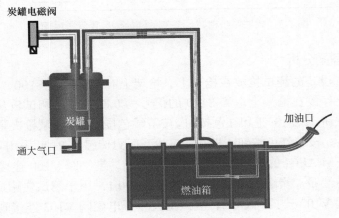

图 7-2　燃油箱及炭罐结构示意图

7.3　硬件需求分析

（1）机械原理图分析

　　工厂供给的压缩空气经过调压阀 DR100 后，被调节成 5kPa 的压力，然后连接到设备的进气阀 V100（两位两通电磁阀）。V100 的出气端连接管路到测试枪的枪头，同时并联压力传感器 P100 用来检测压力。压力传感器量程范围：0 ~ 500kPa。进气管路并联排气阀 V104（两位两通电磁阀），用于排气。测试枪内部有气缸，可用于测试枪头与燃油箱加油口的夹紧与松开。枪头的夹紧与松开受两位五通电磁阀 V103（松开）和 V102（夹紧）的控制。设备有一条气管（包括堵头）与炭罐通大气口相连接，内部链接电磁阀 V101，用于炭罐与大气的通断控制。燃油系统密封性及通气性检测装置气压原理图如图 7-3 所示。

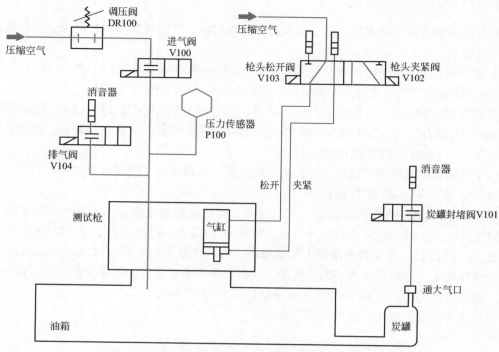

图 7-3　燃油系统密封性及通气性检测装置气压原理图

（2）电气原理图分析

空闲状态下，设备的测试枪放在枪架上。枪架上有接近开关 S100，当 S100 的信号为 1 时，表示测试枪存放在枪架上；当 S100 的信号为 0 时，表示测试枪从枪架上取出。测试枪头上有两个按钮：绿色按钮和红色按钮。按下绿色按钮后，测试枪夹紧，启动测试流程；当测试流程完成后，按下红色按钮，松开测试枪。压力传感器 P100 采用 4 ～ 20mA 信号，连接到扩展模块 EM AE04 的通道 0，地址为 AIW16。进气阀 V100 连接到 Q0.0，用于控制测试气体进入燃油箱。炭罐封堵阀 V101 连接到 Q0.1，用于测试炭罐通大气是否正常。测试枪夹紧电磁阀 V102 连接到 Q0.2，测试枪夹松开电磁阀 V103 连接到 Q0.3。检测装置 I/O 表见表 7-1。

表 7-1　检测装置 I/O 表

地址	名称	符号名	含义
I0.0	S100	I_S100	测试枪存放在枪架上
I0.1	START	I_START	测试枪绿色启动按钮
I0.2	STOP	I_STOP	测试枪红色停止按钮
AIW16	P100	AI_P100	压力传感器 P100 的测量结果
Q0.0	V100	Q_V100	进气阀 V100 控制
Q0.1	V101	Q_V101	炭罐封堵阀 V101 控制

续表

地址	名称	符号名	含义
Q0.2	V102	Q_V102	测试枪夹紧（V102）控制
Q0.3	V103	Q_V103	测试枪松开（V103）控制
Q0.4	V104	Q_V104	排气阀 V104 控制
Q0.5	Process_OK	Q_LT_OK	测试结合格 -OK
Q0.6	Process_NOK	Q_LT_NOK	测试结不合格 -NOK

燃油系统密封性及通气性检测装置电气原理图如图 7-4 所示。

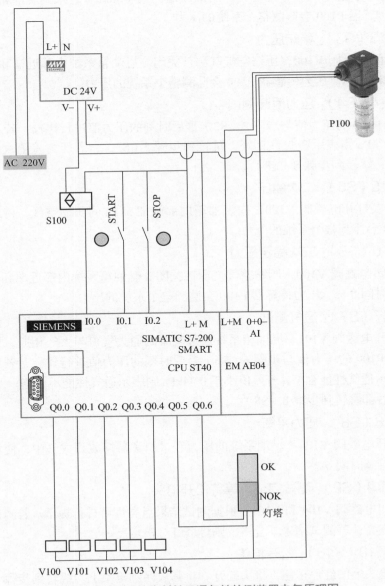

图 7-4　燃油系统密封性及通气性检测装置电气原理图

西门子S7-200 SMART PLC 应用技术

7.4　工艺步骤分析

（1）步骤0（S0）：就绪

当接近开关 S100 检测到测试枪存放在枪架上时激活该步骤。

（2）步骤1（S1）：枪头夹紧

操作者首先将封堵装置封堵到炭罐的通大气口上，然后从枪架上将测试枪拿出并插入到燃油箱的加油口中，并按下枪头上的绿色按钮。此时 V102 得电，V103 失电，压缩空气推动测试枪内部的气缸使其夹紧，燃油箱及炭罐、管路形成一个密闭系统。

（3）步骤2（S2）：建立压力

本步骤打开电磁阀 V100，经过调压后的压缩空气（5kPa）进入到燃油箱内部，持续时间 10s。压力传感器 P100 会监测整个系统的压力。

（4）步骤3（S3）：稳定压力

本步骤关闭电磁阀 V100，压缩空气气源被关闭。燃油箱系统内部近端和远端的压力相互平衡，持续时间 5s。压力传感器 P100 会监测整个系统的压力。

（5）步骤4（S4）：压力泄漏测试

本步骤用 P100 的压力值与步骤 3（S3）最后时刻的压力值进行比较。若 5s 内压力差值小于等于 0.167kPa 则表示密封性良好，跳转到步骤 5（S5）；若压力差值大于 0.167kPa 则表示存在泄漏，跳转到步骤 8（S8）。

（6）步骤5（S5）：二次建压

本步骤再次打开电磁阀 V100，向燃油箱内部施加 5kPa 的压缩空气，持续时间 5s。压力传感器 P100 会监测整个系统的压力。

（7）步骤6（S6）：二次稳定压力

本步骤关闭电磁阀 V100，压缩空气气源被关闭。燃油箱系统内部近端和远端的压力相互平衡，持续时间 0.5s。压力传感器 P100 会监测整个系统的压力。

（8）步骤7（S7）：通气测试

本步骤打开电磁阀 V101，燃油箱系统通过炭罐的通大气口与大气相通，持续时间 8s。用压力传感器 P100 的压力值与步骤 6（S6）最后时刻的压力值进行比较，若压力差值大于 0.34kPa，则表示通气性能合格；若差值小于 0.34kPa 则表示通气性能不合格。无论是否合格，测试时间达到后都跳转到步骤 8（S8）。

（9）步骤8（S8）：压力平衡

本步骤打开电磁阀 V104，燃油系统的压力经过消音器排放到大气中，使内外压力达到平衡的状态，持续时间 5s。

（10）步骤9（S9）：测试完成，等待松开枪头

本步骤关闭电磁阀 V104 和 V101，根据测试结果点亮灯塔进行提示。若测试结果合格，则灯塔绿灯被点亮；若测试结果不合格，则灯塔红灯被点亮。

（11）步骤10（S10）：松开枪头

按下测试枪头上的红色按钮，枪头松开，将其放回到枪架上。跳转到步骤 0（S0）。

342

7.5　PLC 的组态与编程

（1）CPU ST40 的组态

① 设置 CPU 的 IP 地址　编程电脑与 CPU ST40 通过以太网进行通信，因此设置 CPU ST40 的 IP 地址为 192.168.2.1，如图 7-5 所示。

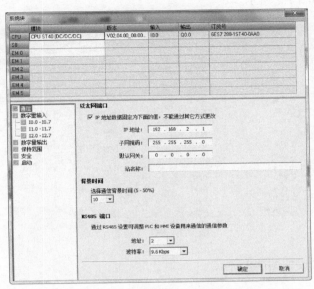

图 7-5　CPU ST40 设置 IP 地址

② 添加模拟量输入模块 EM AE04（4AI）　本例程中压力传感器 P100 为两线制、4～20mA 的电流信号传感器，因此需要使用模拟量输入模块。这里将 P100 连接到 EM AE04 的通道 0，并设置通道 0 信号类型为"电流"，范围为"0～20mA"，如图 7-6 所示。

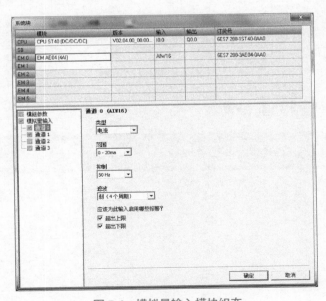

图 7-6　模拟量输入模块组态

对于电流信号，S7-200 SMART 模拟量模块只有 0 ～ 20mA 一种选择。当该模块连接 4 ～ 20mA 传感器时，需要在编程时使用转换值下限 5530。

（2）CPU ST40的编程

① I/O 符号表如图 7-7 所示。

		符号	地址	注释
1		P100	AIW16	压力传感器P100的值
2		EM0_输入1	AIW18	
3		EM0_输入2	AIW20	
4		EM0_输入3	AIW22	
5		I_S100	I0.0	接近开关S100的信号值
6		I_START	I0.1	测试枪绿色按钮
7		I_STOP	I0.2	测试枪红色按钮
29		Q_V100	Q0.0	电磁阀V100的信号控制
30		Q_V101	Q0.1	电磁阀V101的信号控制
31		Q_V102	Q0.2	电磁阀V102的信号控制
32		Q_V103	Q0.3	电磁阀V103的信号控制
33		Q_V104	Q0.4	电磁阀V104的信号控制
34		Q_LT_OK	Q0.5	灯塔OK信号灯
35		Q_LT_NOK	Q0.6	灯塔NOK信号灯

图 7-7　I/O 符号表

② 中间变量符号表如图 7-8 所示。

		符号	地址 ▲	注释
1		S1_Active	M0.0	步骤1已经激活
2		S2_Active	M0.1	步骤2已经激活
3		S3_Active	M0.2	步骤3已经激活
4		S4_Active	M0.3	步骤4已经激活
5		S5_Active	M0.4	步骤5已经激活
6		S6_Active	M0.5	步骤6已经激活
7		S7_Active	M0.6	步骤7已经激活
8		Process_Result	M0.7	过程结果
9		S8_Active	M1.0	步骤8已经激活
10		S9_Active	M1.1	步骤9已经激活

图 7-8　中间变量符号表

③ 顺控继电器符号表如图 7-9 所示。

		符号	地址 ▲	注释
11		S0	S0.0	步骤0·就绪
12		S1	S0.1	步骤1·枪头夹紧
13		S2	S0.2	步骤2·建立压力
14		S3	S0.3	步骤3·稳定压力
15		S4	S0.4	步骤4·压力泄漏测试
16		S5	S0.5	步骤5·二次建压
17		S6	S0.6	步骤6·二次稳定压力
18		S7	S0.7	步骤7·通气测试
19		S8	S1.0	步骤8·压力平衡
20		S9	S1.1	步骤9·测试完成，等待松开枪头
21		S10	S1.2	步骤10·松开枪头

图 7-9　顺控继电器符号表

④ 定时器及压力值符号表如图 7-10 所示。

		符号	地址 ▲	注释
22		T_S2	T37	步骤2的定时器
23		T_S3	T38	步骤3定时器
24		T_S4	T39	步骤4定时器
25		T_S5	T40	步骤5定时器
26		T_S6	T41	步骤6定时器
27		T_S7	T42	步骤7定时器
28		T_S8	T43	步骤8定时器
29		P100_Actual	VD0	P100的当前压力值（实时变化）
30		P100_S2	VD4	P100在步骤2的压力值
31		P100_S3	VD8	P100在步骤3的压力值
32		P100_S3_S4	VD12	P100步骤3与步骤4的差值
33		P100_S6	VD16	P100在步骤6的压力值
34		P100_S7_S6	VD20	步骤7与步骤6的压力差

图 7-10　定时器及压力值符号表

⑤ 主程序（MAIN）代码　当CPU第一次上电或者测试枪头放回枪架时，激活步骤0（S0），如图 7-11 所示。

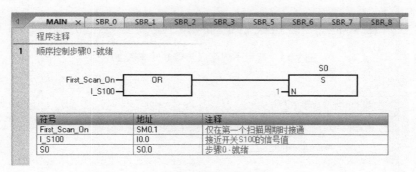

图 7-11　激活步骤 0- 就绪

获取压力传感器 P100 的数值，如图 7-12 所示。

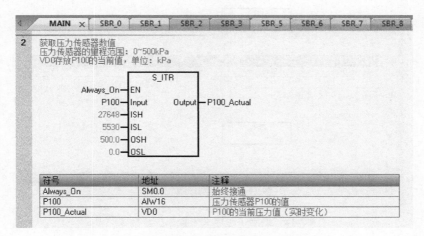

图 7-12　获取压力传感器 P100 的数值

调用子程序，如图 7-13 ~图 7-16 所示。

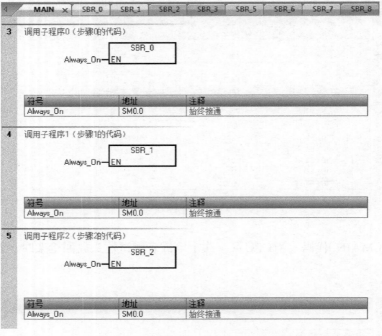

图 7-13　调用子程序（步骤 0 ~步骤 2）

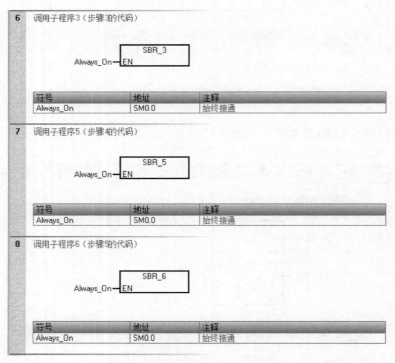

图 7-14　调用子程序（步骤 3 ~步骤 5）

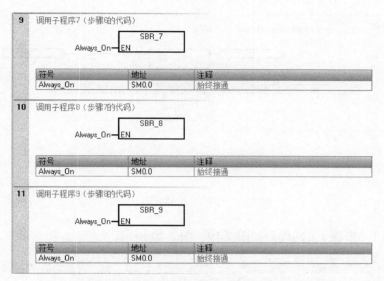

图 7-15 调用子程序（步骤 6～步骤 8）

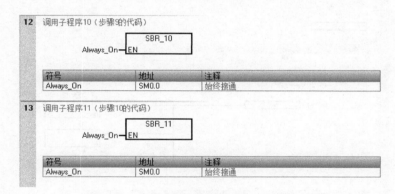

图 7-16 调用子程序（步骤 9～步骤 10）

⑥ 子程序 0（步骤 0）的代码如图 7-17、图 7-18 所示。

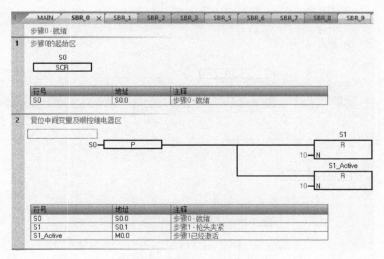

图 7-17 子程序 0 的代码（1）

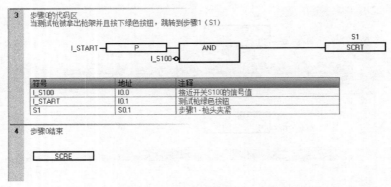

图 7-18　子程序 0 的代码（2）

⑦ 子程序 1（步骤 1）的代码如图 7-19、图 7-20 所示。

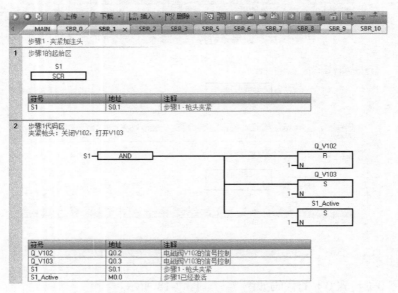

图 7-19　子程序 1 的代码（1）

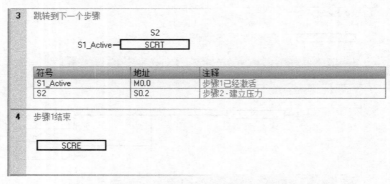

图 7-20　子程序 1 的代码（2）

⑧ 子程序 2（步骤 2）的代码如图 7-21 ～图 7-23 所示。

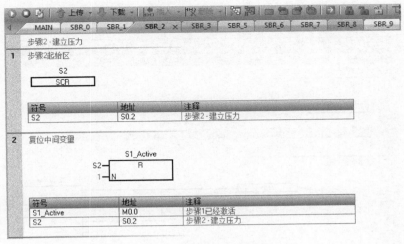

图 7-21　子程序 2 的代码（1）

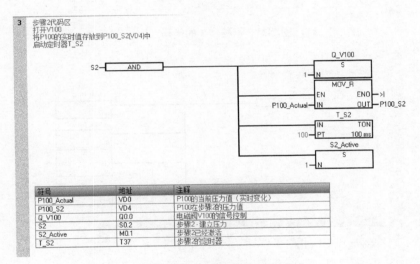

图 7-22　子程序 2 的代码（2）

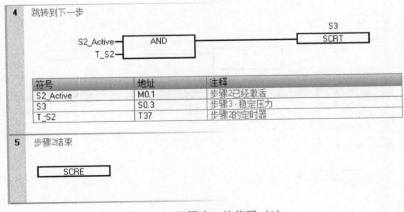

图 7-23　子程序 2 的代码（3）

⑨ 子程序 3（步骤 3）的代码如图 7-24～图 7-26 所示。

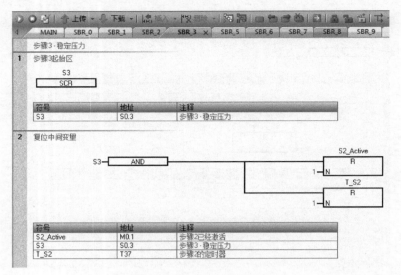

图 7-24　子程序 3 的代码（1）

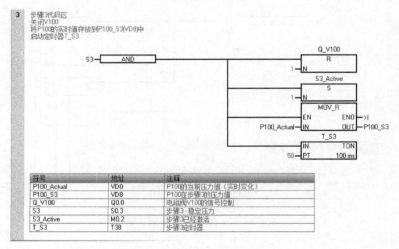

图 7-25　子程序 3 的代码（2）

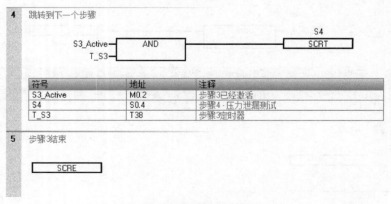

图 7-26　子程序 3 的代码（3）

⑩ 子程序 5（步骤 4）的代码如图 7-27 ～图 7-30 所示。

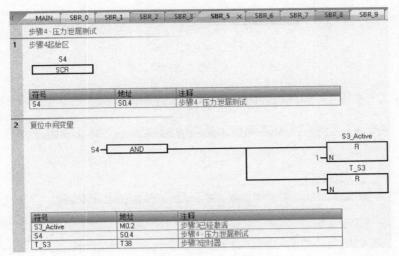

图 7-27 子程序 5 的代码（1）

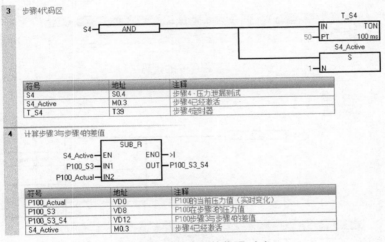

图 7-28 子程序 5 的代码（2）

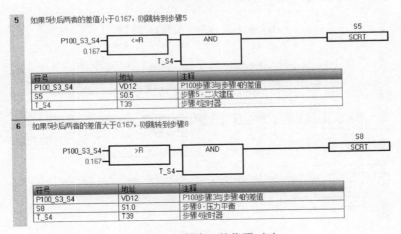

图 7-29 子程序 5 的代码（3）

7 步骤4结束

SCRE

图 7-30　子程序 5 的代码（4）

⑪ 子程序 6（步骤 5）的代码如图 7-31 ～图 7-33 所示。

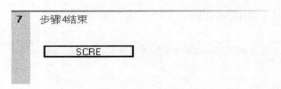

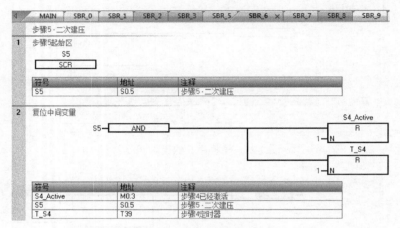

图 7-31　子程序 6 的代码（1）

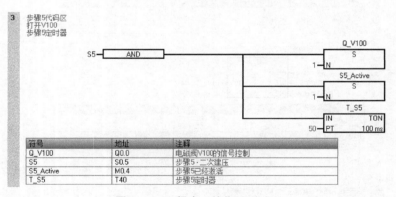

图 7-32　子程序 6 的代码（2）

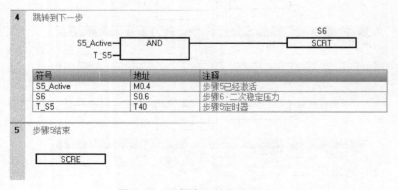

图 7-33　子程序 6 的代码（3）

⑫ 子程序 7（步骤 6）的代码如图 7-34 ～图 7-36 所示。

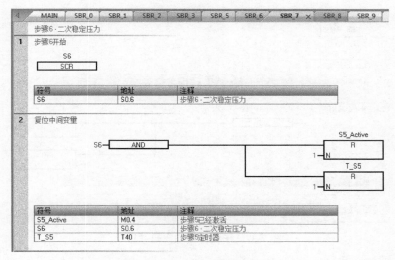

图 7-34　子程序 7 的代码（1）

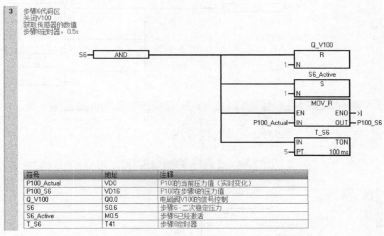

图 7-35　子程序 7 的代码（2）

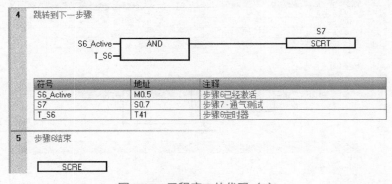

图 7-36　子程序 7 的代码（3）

⑬ 子程序 8（步骤 7）的代码如图 7-37 ~图 7-40 所示。

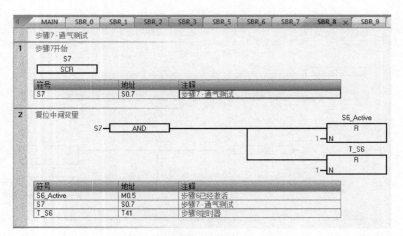

图 7-37　子程序 8 的代码（1）

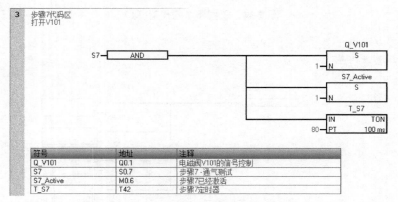

图 7-38　子程序 8 的代码（2）

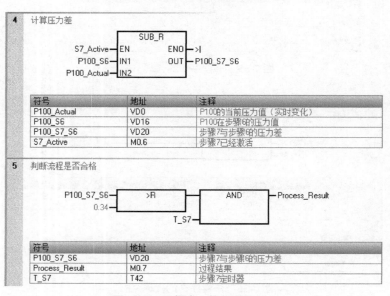

图 7-39　子程序 8 的代码（3）

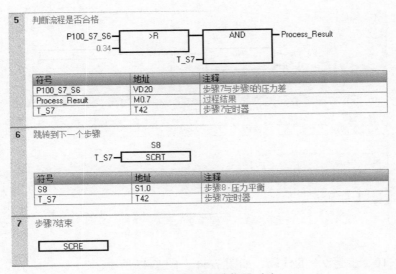

图 7-40　子程序 8 的代码（4）

⑭ 子程序 9（步骤 8）的代码如图 7-41 ～图 7-43 所示。

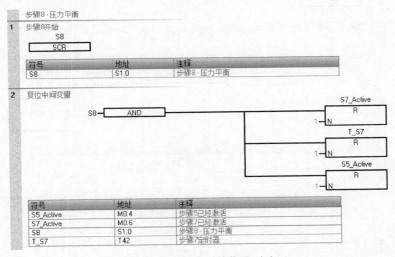

图 7-41　子程序 9 的代码（1）

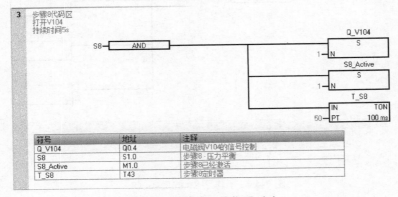

图 7-42　子程序 9 的代码（2）

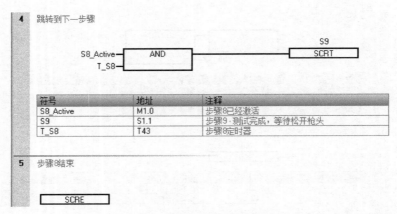

图 7-43　子程序 9 的代码（3）

⑮ 子程序 10（步骤 9）的代码，如图 7-44 ～图 7-47 所示。

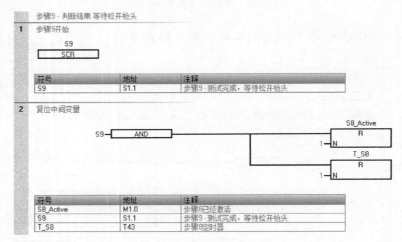

图 7-44　子程序 10 的代码（1）

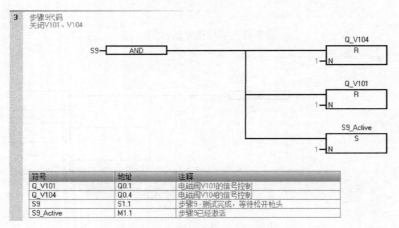

图 7-45　子程序 10 的代码（2）

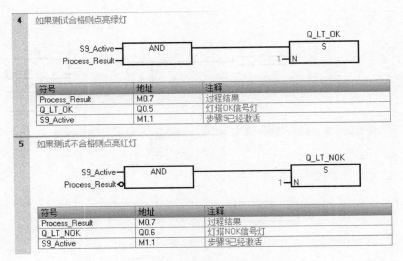

图 7-46　子程序 10 的代码（3）

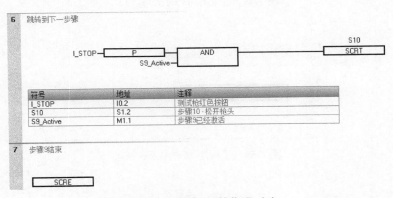

图 7-47　子程序 10 的代码（4）

⑯ 子程序 11（步骤 10）的代码如图 7-48～图 7-50 所示。

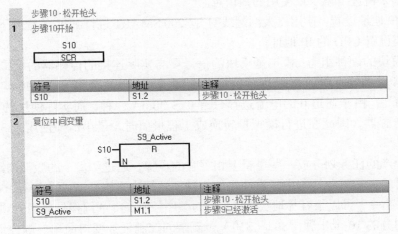

图 7-48　子程序 11 的代码（1）

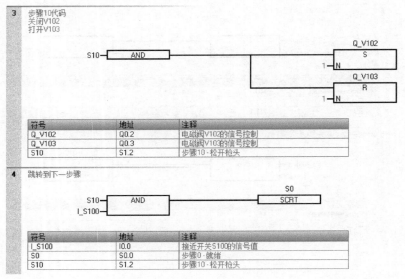

图 7-49　子程序 11 的代码（2）

图 7-50　子程序 11 的代码（3）

7.6　例程应用知识点分析

本节我们来梳理下第 7 章使用的知识点。

CPU 的 IP 地址设置：使用以太网网线对 S7-200 SMART 进行 PLC 的程序下载十分方便，在使用前需要设置 CPU 的 IP 地址。

模拟量模块的硬件组态：模拟量模块的信号要与实际连接的传感器的模拟量信号一致，本例程使用 4 ～ 20mA 电流信号传感器连接在通道 0，因此要将 EM AE04 通道 0 的信号设置为"电流"。由于通道 0 的电流选择只有 0 ～ 20mA 一种，而实际使用的是 4 ～ 20mA 的电流信号传感器，因此在进行模拟量转换成工程量值时，最小值要使用 5530，如图 7-51 所示。

将工业生产的任务划分成一些逻辑上相关联的步骤，通过"步"的激活与跳转，来达到控制任务的目的，是工业控制中经常使用的一种问题解决方法。S7-200 SMART 提供顺控继电器及其相关指令，可以很容易地实现"步"的顺序控制。本章例程是典型的顺序控制任务，通过逻辑上划分的 10 个步骤（S0 ～ S10），复杂的控制任务变得简单。顺控继电器编写的代码逻辑清晰，很容易理解及维护。

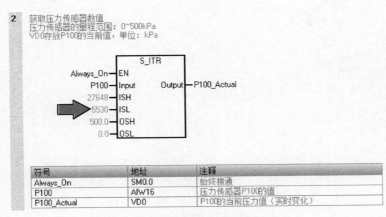

符号	地址	注释
Always_On	SM0.0	始终接通
P100	AIW16	压力传感器P100的值
P100_Actual	VD0	P100的当前压力值（实时变化）

图 7-51　4 ～ 20mA 模拟量信号转换

附录

附录1 CPU 接线原理图

CPU 接线原理图见附图 1-1 ～附图 1-5。

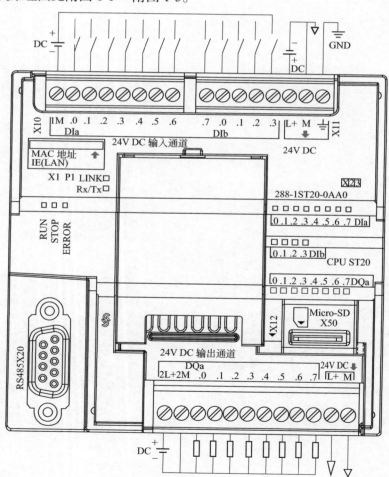

附图 1-1　CPU ST20 接线原理图

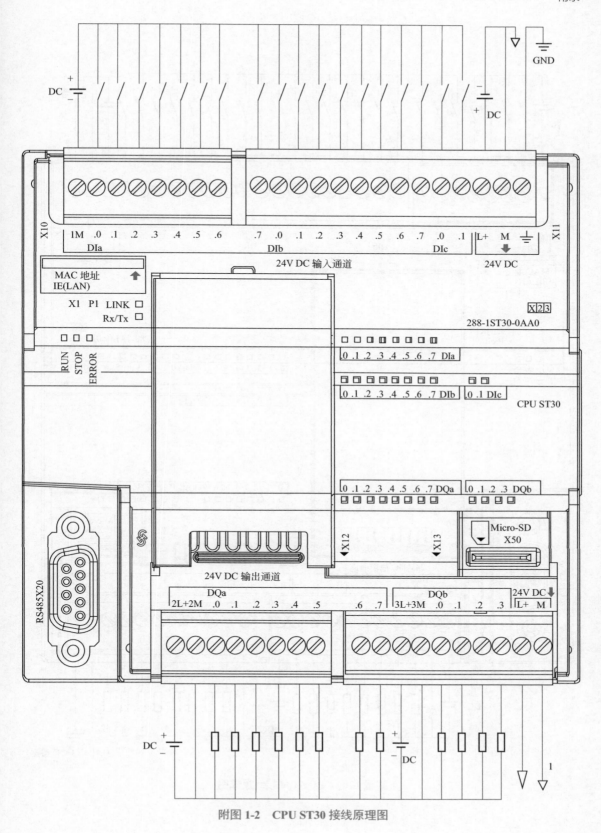

附图 1-2　CPU ST30 接线原理图

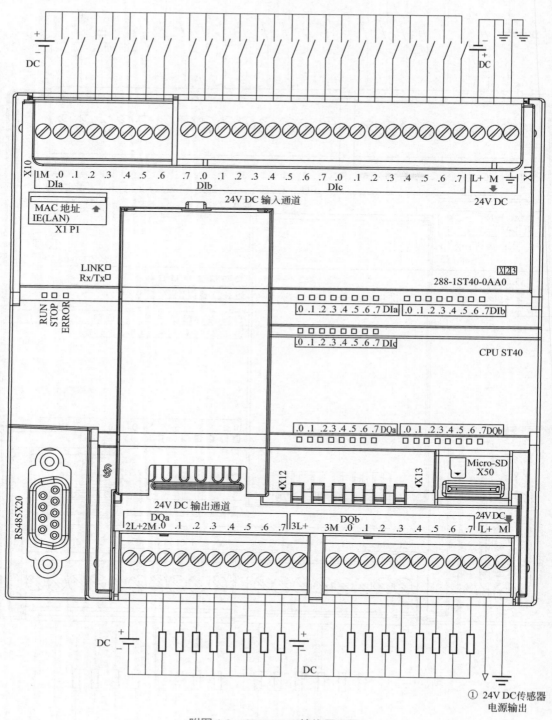

附图 1-3　CPU ST40 接线原理图

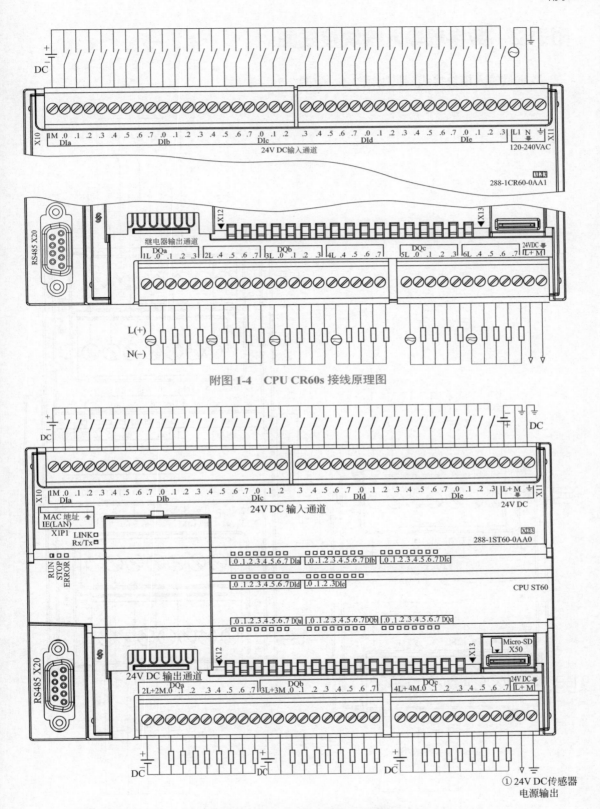

附图 1-4　CPU CR60s 接线原理图

附图 1-5　CPU ST60 接线原理图

西门子S7-200 SMART PLC 应用技术

附录 2 数字量输入模块接线图

数字量输入模块接线图见附图 2-1、附图 2-2。

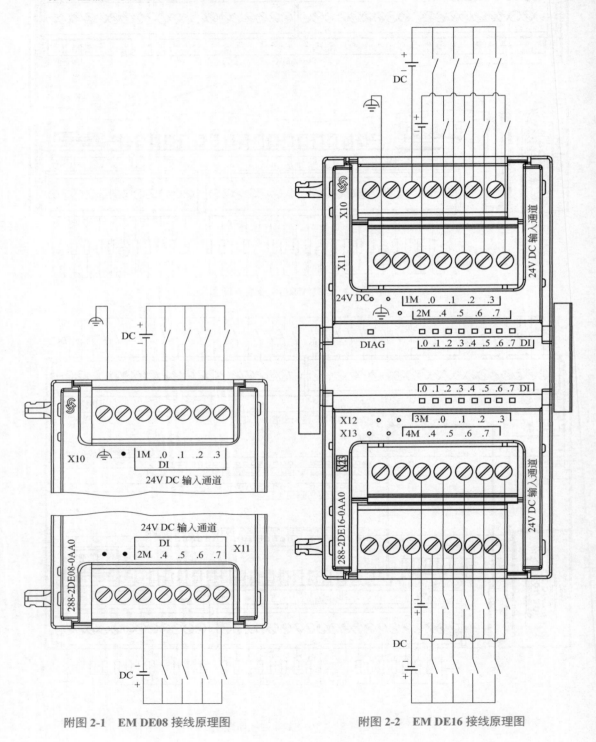

附图 2-1 EM DE08 接线原理图　　　　附图 2-2 EM DE16 接线原理图

附录 3 数字量输出模块接线图

数字量输出模块接线图见附图 3-1 ～附图 3-4。

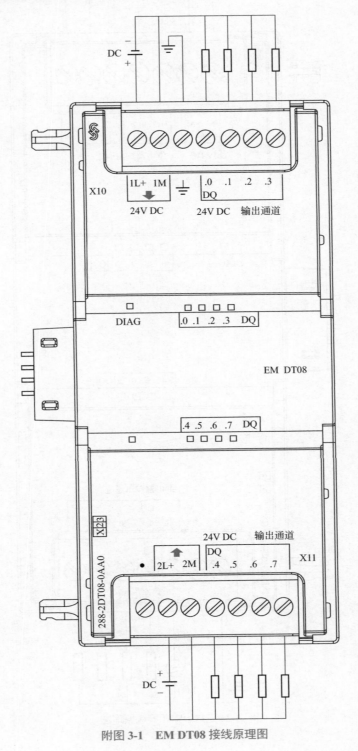

附图 3-1 EM DT08 接线原理图

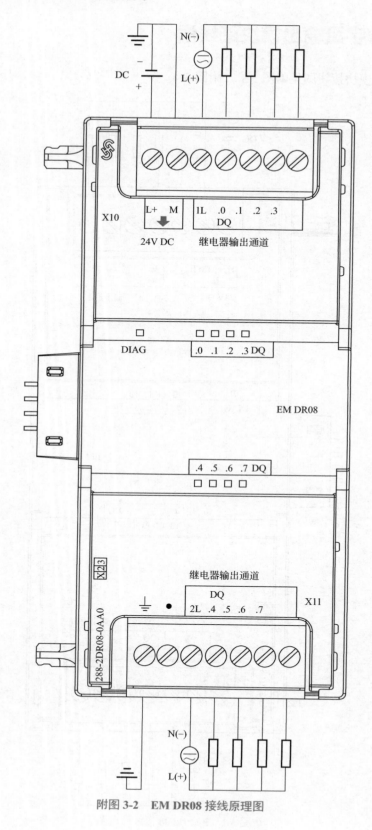

附图 3-2　EM DR08 接线原理图

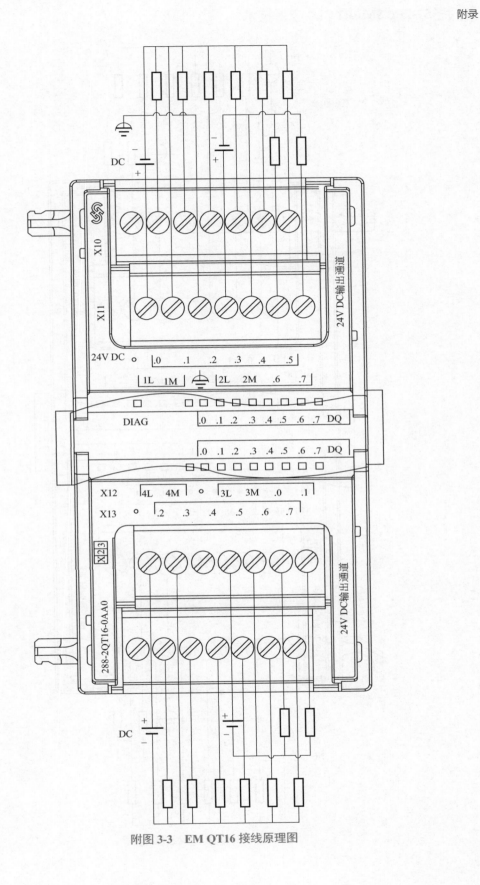

附图 3-3　EM QT16 接线原理图

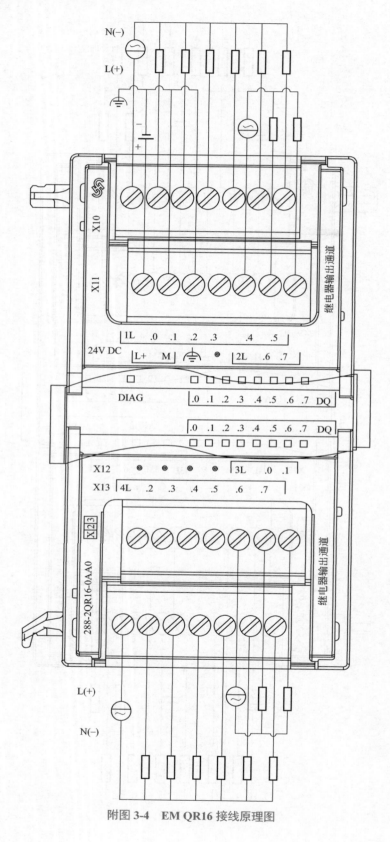

附图 3-4　EM QR16 接线原理图

附录 4　数字量输入及输出模块接线图

数字量输入及输出模块接线图见附图 4-1 ～附图 4-4。

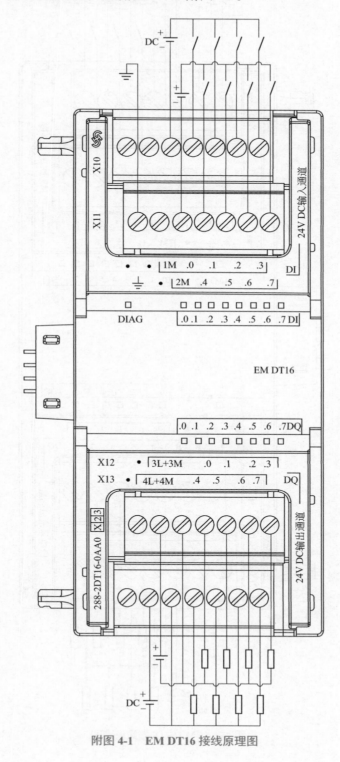

附图 4-1　EM DT16 接线原理图

西门子S7-200 SMART PLC 应用技术

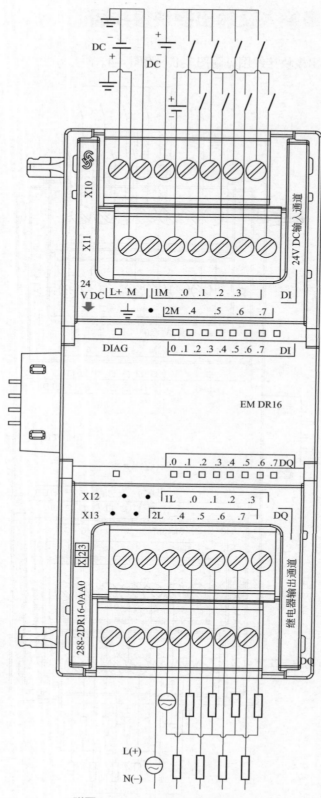

附图 4-2 EM DR16 接线原理图

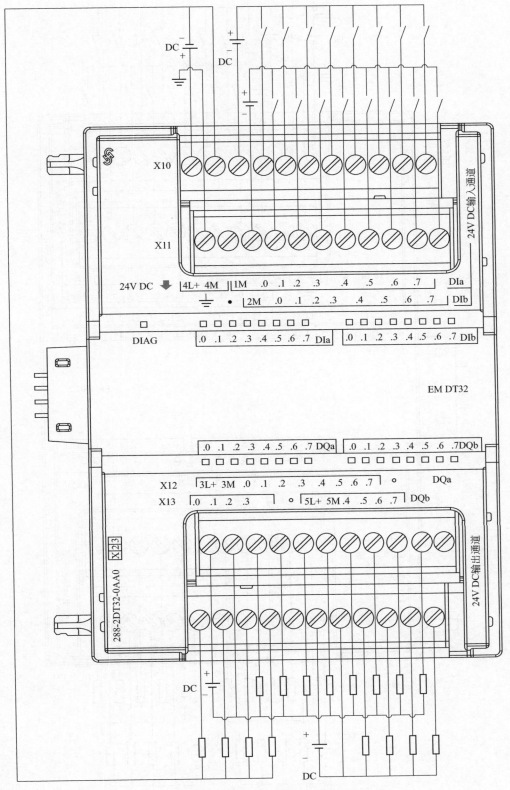

附图 4-3　EM DT32 接线原理图

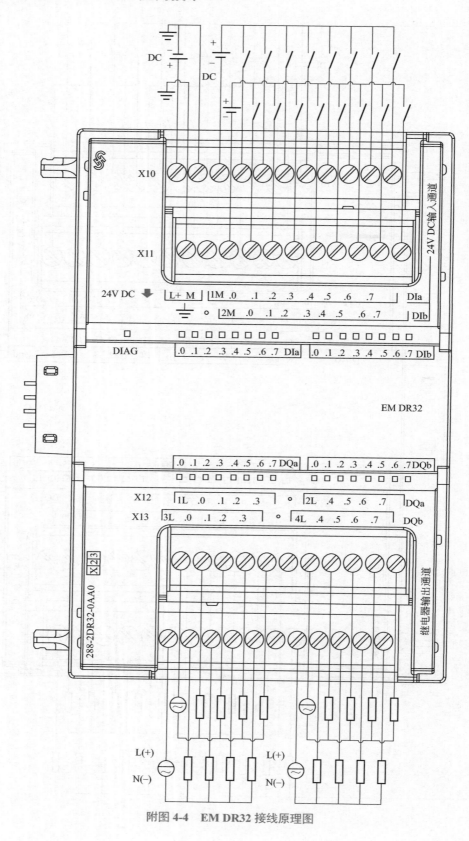

附图 4-4　EM DR32 接线原理图

附录 5　模拟量输出模块接线图

模拟量输出模块接线图见附图 5-1～附图 5-10。

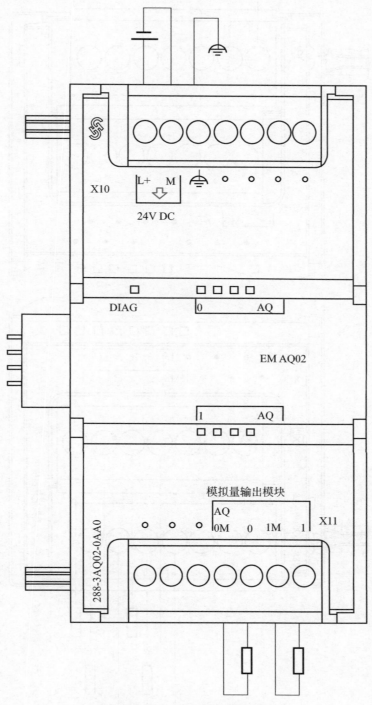

附图 5-1　EM AQ02 接线原理图

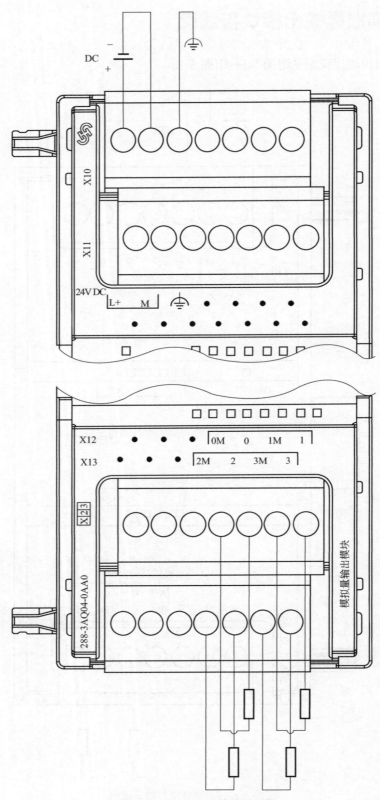

附图 5-2　EM AQ04 接线原理图

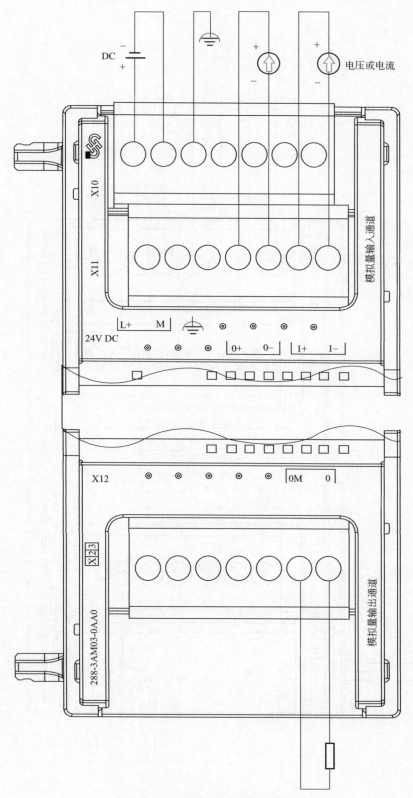

附图 5-3　EM AM03 接线原理图

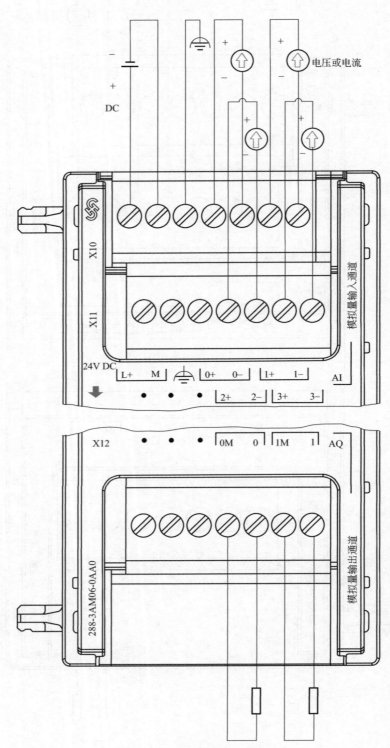

附图 5-4　EM AM06 接线原理图

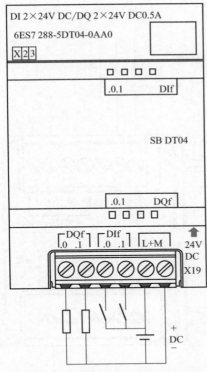

附图 5-5 信号板端子接线原理图

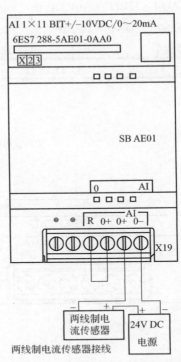

附图 5-6 SB AE01 两线制电流传感器接线原理图

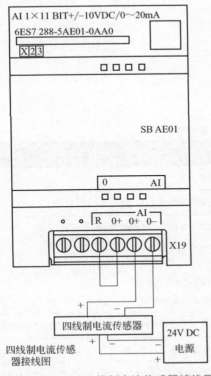

附图 5-7 SB AE01 四线制电流传感器接线原理图

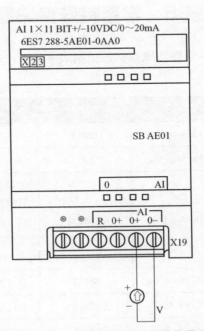

附图 5-8 SB AE01 电压信号传感器接线原理图

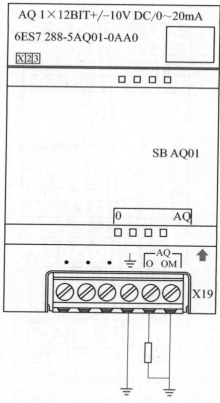

附图 5-9　SB AQ01 接线原理图

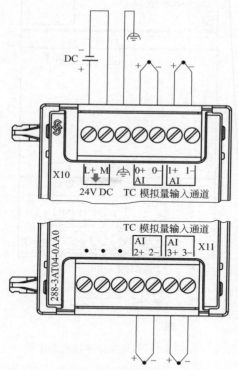

附图 5-10　EM AT04 接线原理图

附录 6　常用特殊存储器

常用特殊存储器见附表 6-1。

附表 6-1　常用特殊存储器

符号名	特殊存储器地址	说明
Always_ON	SM0.0	该位在 CPU 扫描周期内始终为 1
First_Scan_On	SM0.1	该位仅在 CPU 的第一个扫描周期内值为 1
Retentive_Lost	SM0.2	在以下情况 CPU 会将该位置 1 并保持一个扫描周期： ①重置为出厂通信命令； ②重置为出厂存储卡评估； ③当存储卡作为程序传输卡时对其进行评估； ④ CPU 在上次断电时保持性记录出现故障
RUN_Power_UP	SM0.3	通过上电或暖启动使 CPU 进入运行模式时，该位被置 1 并保持一个扫描周期
Clock_60s	SM0.4	该位提供一个时钟脉冲，周期为 60s。其中 30s 值为 1，30s 值为 0
Clock_1s	SM0.5	该位提供一个时钟脉冲，周期为 1s。其中 0.5s 值为 1，0.5s 值为 0（FALSE）

符号名	特殊存储器地址	说明
Clock_Scan	SM0.6	该位是一个扫描周期时钟，其值在当前扫描周期为1，在下一个扫描周期为0，如此交替
RUN_Err	SM4.3	当 CPU 检测到非致命运行错误时，该位的值为1
IO_Err	SM5.0	如果存在 I/O 错误，该位的值为1，否则为0

附录 7　字节序

　　本节内容为一个计算机科学（PLC 编程）的基础知识，即数据在内存中的存放序列（字节序）的问题。我们知道，"位"是计算机数据存储的最小单位，八个"位"组成一个字节，两个字节组成一个"字"，其中一个字节为该"字"的低字节，另一个字节为该"字"的高字节。当我们把一个整数（比如十六进制数 0x0384）存放到一个"字"里的时候，可以有两种存放方法：一种方法可以把"0x03"存放到低字节，把"0x84"存放到高字节；另一种方法正好相反，可以把"0x03"存放到高字节，把"0x84"存放到低字节。那么应该使用哪种存放方式呢？这个问题，曾经在计算机科学界引起巨大的争论。1980 年，英国计算机科学家丹尼·科恩（Danny Cohen）发表了一篇题为"在圣战中祈求和平（On Holy Wars and a Plea for Peace）"（注：北岛李工译）的论文。丹尼·科恩在论文中引述了英国作家乔纳森·斯威夫特（Jonathan Swift）于 1726 出版的一部长篇讽刺小说《格列佛游记》中的一个故事。故事中小人国的臣民为水煮蛋应该是从大的一端剥开还是小的一端剥开而争论不休。主张从大的一端把水煮蛋剥开的人被称为"大端"，主张从小的一端把水煮蛋剥开的人被称为"小端"，如附图 7-1 所示。

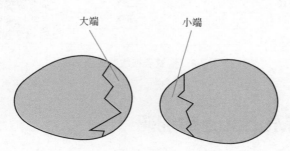

附图 7-1　大端与小端

　　丹尼·科恩在论文中用这个故事进行类比，并提出了最高权重位（MSB）和最低权重位（LSB）的概念。所谓"最高权重位（MSB）"，是指二进制数制中，位数最大的位。所谓"最低权重位（LSB）"，是指二进制数制中，位数最小的位。比如二进制数 1101，最左边的"1"，能代表"2"的"3"次方；从左数第二个"1"，代表"2"的"2"次方；而最右边的"1"，代表"2"的"0"次方。可见最左边的"1"权重最高，所以该位就是"最高权重位（MSB）"，最右边的"1"权重最低，所以该位就是"最低权重位（LSB）"。把"最高权重位（MSB）"存放到低字节，把"最低权重位（LSB）"存放到高字节，这种字节序，称为"大端"字节序；相反，把"最低权重位（LSB）"存放到低字节，把"最高权重位（MSB）"存放到高字节，这种字节序，称为"小端"字节序。比如要把十六进制数0x01020304 存放到起始地址为 0x100 的地方。按照大端字节序存放的方式，会把 0x01 存放到起始地址 0x100 中，把 0x04 存放到地址 0x103 中；而如果按照小端字节序方式存放，会把 0x01 存放到地址 0x103 中，把 0x04 存放到地址 0x100 中，如附图 7-2 所示。

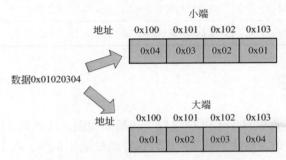

附图 7-2　大端与小端数据存放的不同

英特尔 X86 的微处理器使用的是小端字节序，ARM 系列单片机使用的是大端字节序。西门子 S7 系列 PLC 使用大端存放方式，比如给 DB801.DBW510 赋值 W#16#0384（即 0x0384），在线监控发现 DB801.DBB510 的值为 0x03，DB801.DBB511 的值为 0x84，可见存放方式为大端字节序。如附图 7-3 所示为变量表在线监控 S7-300 的字节序。

Address	Symbol	Display format	Status value	Modify value
1	DB801.DBW 510	"AC..."	HEX	W#16#0384	
2	DB801.DBB 510		HEX	B#16#03	
3	DB801.DBB 511		HEX	B#16#84	
4					

附图 7-3　变量表在线监控字节序

附录 8　常用 Modbus 功能码

8.1　功能码 01H

①功能：读取从站（远程设备）的 1 ~ 2000 个连续线圈的状态数值。读取采用起始地址 + 线圈数量的方式。

②操作方式：位操作。

③说明：Modbus 1 号线圈的地址为 0，2 号线圈的地址为 1，以此类推。因此，假设要读取 1 ~ 10 号线圈的值，其寄存器地址范围为 0 ~ 9。

④发送指令示例：假设从站地址为 0x03，要读取编号为 33 ~ 42 的 10 个连续线圈的状态值，其寄存器地址范围为 0x0020 ~ 0x0029，则发送指令如附图 8-1 所示。

从站地址	功能码	寄存器起始地址高8位	寄存器起始地址低8位	寄存器数量高8位	寄存器数量低8位	CRC校验高8位	CRC校验低8位
0x03	0x01	0x00	0x20	0x00	0x0A	0xXX	0xXX

附图 8-1 功能码 01H 发送指令

⑤ 应答数据格式：从站地址 + 功能码 + 返回字节数 + 数据值 + 校验码。其中，线圈的状态以位的形式返回。状态为 ON 时，其值为 1；状态为 OFF 时，其值为 0。数据以小端的形式进行组织，即先存放 LSB（最低权重位），再存放 MSB。每 8 个位组成一个字节，当线圈的数量不是 8 的倍数时，剩余的位数添 0 补位。本例程读取 10 个线圈，10/8 商 1 余 2，因此需要 2 个字节存放应答数据。字节 1 存放线圈编号 33 ～ 40 的数值（小端字节序，40 存放在 bit7，33 存放在 bit0）。字节 2 存放线圈编号 41 ～ 42 的数值，剩余位数添 0 补位。假设线圈状态及数值如附图 8-2 和附图 8-3 所示，则应答字节 1 的值为 11001011=0xCB，应答字节 2 的值为 10=0x02。

线圈编号	40	39	38	37	36	35	34	33
状态	ON	ON	OFF	OFF	ON	OFF	ON	ON
数值	1	1	0	0	1	0	1	1

附图 8-2 线圈编号 33 ～ 40 的状态

线圈编号							42	41
状态							ON	ON
数值	0	0	0	0	0	0	1	0

附图 8-3 线圈编号 41 ～ 42 的状态

应答消息帧如附图 8-4 所示。

从站地址	功能码	应答字节数	字节1	字节2	CRC校验高8位	CRC校验低8位
0x03	0x01	0x02	0xCB	0x02	0xXX	0xXX

附图 8-4 功能码 01H 应答消息帧

8.2 功能码 02H

① 功能：读取从站 1 ～ 2000 个连续离散量输入的状态值。读取采用起始地址 + 通道数量的方式。

② 操作方式：位操作。

③ 离散量输入通道地址编号从 1 开始，寄存器地址编号从 0 开始。

④ 发送指令示例：假设要读取从站地址为 0x03 的第 110 ～ 119 个数字量输入通道的数值，则发送如附图 8-5 所示的指令。

从站地址	功能码	寄存器起始地址高8位	寄存器起始地址低8位	寄存器数量高8位	寄存器数量低8位	CRC校验高8位	CRC校验低8位
0x03	0x02	0x00	0x6D	0x00	0x0A	0xXX	0xXX

附图 8-5 功能码 02H 发送指令

西门子**S7-200 SMART PLC** 应用技术

⑤ 应答数据格式：从站地址 + 功能码 + 返回字节数 + 数据值 + 校验码。假设应答字节 1 的数据如附图 8-6 所示，应答字节 2 的数据如附图 8-7 所示，则应答消息帧如附图 8-8 所示。

通道编号	117	116	115	114	113	112	111	110
状态	ON	ON	OFF	OFF	ON	OFF	ON	ON
数值	1	1	0	0	0	0	1	1

附图 8-6　应答帧字节 1

通道编号							119	118
状态							ON	ON
数值	0	0	0	0	0	0	1	0

附图 8-7　应答帧字节 2

从站地址	功能码	应答字节数	字节1	字节2	CRC校验高8位	CRC校验低8位
0x03	0x02	0x02	0xC3	0x02	0xXX	0xXX

附图 8-8　功能码 02H 应答消息帧

8.3　功能码 03H

① 功能：读取远程从站若干个保持寄存器的数值。

② 操作方式：每个保持存储器的数值以字（2 个字节）的形式进行应答。

③ 发送指令示例：假设要读取从站地址为 0x03 的 108 ～ 110 号保持存储器的数值，其寄存器地址范围为 0x006B ～ 0x006D，指令格式如附图 8-9 所示。

从站地址	功能码	寄存器起始地址高8位	寄存器起始地址低8位	寄存器数量高8位	寄存器数量低8位	CRC校验高8位	CRC校验低8位
0x03	0x03	0x00	0x6B	0x00	0x03	0xXX	0xXX

附图 8-9　功能码 03H 发送指令

④ 应答数据格式：从站地址 + 功能码 + 应答字节数 + 寄存器 1 高字节 + 寄存器 1 低字节 +…+ 寄存器 n 高字节 + 寄存器 n 低字节。假设编号 108 ～ 110 保持寄存器的数值如附图 8-10 所示，则应答消息帧如附图 8-11 所示。

寄存器编号	108		109		110	
	高字节	低字节	高字节	低字节	高字节	低字节
数值	0x1A	0xB2	0xCD	0x04	0x33	0xAF

附图 8-10　功能码 03H 寄存器数值

从站地址	功能码	应答字节数	字节1	字节2	字节3	字节4	字节5	字节6	CRC校验高8位	CRC校验低8位
0x03	0x03	0x06	0x1A	0xB2	0xCD	0x04	0x33	0xAF	0xXX	0xXX

附图 8-11　功能码 03H 应答消息帧

8.4 功能码 04H

① 功能：读 1 ～ 125 个连续输入寄存器的数值。

② 操作方式：每个输入寄存器存储器的数值以字（2 个字节）的形式进行应答。

③ 发送指令：假设要读取从站地址为 0x03 的 9 ～ 10 号输入存储器的数值，其寄存器地址范围为 0x0008 ～ 0x0009，指令格式如附图 8-12 所示。

从站地址	功能码	寄存器起始地址高8位	寄存器起始地址低8位	寄存器数量高8位	寄存器数量低8位	CRC校验高8位	CRC校验低8位
0x03	0x04	0x00	0x08	0x00	0x02	0xXX	0xXX

附图 8-12　功能码 04H 发送指令

④ 应答数据格式：从站地址 + 功能码 + 应答字节数 + 寄存器 1 高字节 + 寄存器 1 低字节 +…+ 寄存器 n 高字节 + 寄存器 n 低字节。假设寄存器的数据如附图 8-13 所示，则应答消息帧如附图 8-14 所示。

寄存器编号	9		10	
	高字节	低字节	高字节	低字节
数值	0x10	0x12	0x1A	0x04

附图 8-13　功能码 04H 寄存器数值

从站地址	功能码	应答字节数	字节1	字节2	字节3	字节4	CRC校验高8位	CRC校验低8位
0x03	0x04	0x04	0x10	0x12	0x1A	0x04	0xXX	0xXX

附图 8-14　功能码 04H 应答消息帧

8.5 功能码 05H

① 功能：对单个线圈进行写操作。线圈编号从 1 开始，地址从 0 开始。写值 0xFF00 表示将线圈置为 ON，写值 0x0000 表示将线圈置为 OFF，其他值是无效的。

② 操作方式：位操作。

③ 发送指令示例：假设要将从站地址为 0x03 的第 33 个线圈（地址为 0x0020）的值设置 ON，指令格式如附图 8-15 所示。

从站地址	功能码	寄存器起始地址高8位	寄存器起始地址低8位	写入值高8位	写入值低8位	CRC校验高8位	CRC校验低8位
0x03	0x05	0x00	0x20	0xFF	0x00	0xXX	0xXX

附图 8-15　功能码 05H 发送指令

④ 应答数据格式：从站地址 + 功能码 + 寄存器地址 + 写入值。如果数据成功写入，则应答数据与请求数据一样，如附图 8-16 所示。

从站地址	功能码	寄存器起始地址高8位	寄存器起始地址低8位	应答值高8位	应答值低8位
0x03	0x06	0x00	0x20	0xFF	0x00

附图 8-16 功能码 05H 应答消息帧

8.6 功能码 06H

① 描述：对单个寄存器进行写操作。寄存器编号从 1 开始，地址从 0 开始。

② 操作方式：字操作。

③ 发送指令示例：假设对编号为 2 的寄存器（地址为 0x0001）写入数值 0x0004，则指令格式如附图 8-17 所示。

从站地址	功能码	寄存器起始地址高8位	寄存器起始地址低8位	写入值高8位	写入值低8位	CRC校验高8位	CRC校验低8位
0x03	0x06	0x00	0x01	0x00	0x04	0xXX	0xXX

附图 8-17 功能码 06H 发送指令

④ 应答数据格式：从站地址＋功能码＋寄存器地址＋写入值。如果数据成功写入，则应答数据与请求数据一样，如附图 8-18 所示。

从站地址	功能码	寄存器起始地址高8位	寄存器起始地址低8位	写入值高8位	写入值低8位
0x03	0x06	0x00	0x01	0x00	0x04

附图 8-18 功能码 06H 应答消息帧

8.7 功能码 0FH

① 描述：写多个线圈寄存器。若线圈的值为 ON，则写入数值中对应位的值为"1"；若线圈的值为 OFF，则写入数值中对应位的值为"0"。

② 操作方式：位操作。

③ 发送指令示例：发送指令格式为从站地址＋功能码＋线圈地址＋线圈数量＋数据字节数＋数据。假设要从线圈编号为 100（地址为 0x0064）开始的 10 个线圈，其状态如附图 8-19 和附图 8-20 所示。

线圈编号	107	106	105	104	103	102	101	100
状态	ON	ON	OFF	OFF	ON	OFF	ON	ON
数值	1	1	0	0	0	0	1	1

附图 8-19 线圈 100 ～ 107 的状态

线圈编号							109	108
状态							ON	ON
数值	0	0	0	0	0	0	1	0

附图 8-20 线圈 108 ～ 109 的状态（添 0 补位）

10 个线圈总共需要 10 个位来表示，需要 2 个字节来存储（多余的位添 0）。写入数据字节 1 = 二进制 11000011=0xC3，写入数据字节 2 = 二进制 10=0x02。因此，发送指令如附图 8-21 所示。

从站地址	功能码	寄存器起始地址高8位	寄存器起始地址低8位	寄存器数量高8位	线圈数量低8位	数据字节数	写入数据高8位	写入数据低8位	CRC校验高8位	CRC校验低8位
0x03	0x0F	0x00	0x64	0x00	0x04	0x02	0xC3	0x02	0xXX	0xXX

附图 8-21 功能码 0FH 发送指令

④ 应答数据格式：从站地址 + 功能码 + 寄存器起始地址 + 线圈数量，如附图 8-22 所示。

从站地址	功能码	寄存器起始地址高8位	寄存器起始地址低8位	线圈数量高8位	线圈数量低8位
0x03	0x0F	0x00	0x64	0x00	0x04

附图 8-22 功能码 0FH 应答消息帧

8.8 功能码 10H

① 功能：写多个（1 ~ 123）寄存器指令。
② 操作方式：字操作。
③ 发送指令：发送指令格式为从站地址 + 功能码 + 寄存器起始地址 + 寄存器数量 + 数据字节数 + 写入数据。假设要将起始地址为 0x0035 的寄存器写入两个字（4 个字节），即 0x000A 和 0x0102，如附图 8-23 所示。

从站地址	功能码	寄存器起始地址高8位	寄存器起始地址低8位	寄存器数量高8位	寄存器数量低8位	数据字节数	写入字1高8位	写入字1低8位	写入字2高8位	写入字2低8位	CRC校验高8位	CRC校验低8位
0x03	0x10	0x00	0x35	0x00	0x02	0x04	0x00	0x0A	0x01	0x02	0xXX	0xXX

附图 8-23 功能码 10H 发送指令

④ 应答数据格式：从站地址 + 功能码 + 寄存器起始地址 + 寄存器数量，如附图 8-24 所示。

从站地址	功能码	寄存器起始地址高8位	寄存器起始地址低8位	寄存器数量高8位	寄存器数量低8位
0x03	0x10	0x00	0x35	0x00	0x02

附图 8-24 功能码 10H 应答消息帧

参 考 文 献

[1]　西门子 S7-200 SMART 系统手册（V2.4，03/2019）.

[2]　王永华，VERWER A. 现场总线技术及应用教程 . 2 版 . 北京：机械工业出版社，2012.